ファストファッション

クローゼットの中の憂鬱

OVER DRESSED

THE SHOCKINGLY HIGH COST OF CHEAP FASHION

OVER DRESSED

THE SHOCKINGLY HIGH COST OF CHEAP FASHION

エリザベス・L・クライン
ELIZABETH L. CLINE

鈴木素子 訳
MOTOKO SUZUKI

春秋社

ファストファッション　クローゼットの中の憂鬱　目次

・本文の通し番号は原註をさす。原註は巻末にまとめた。
・訳註は本文内に〔　〕で示した。
・本書に登場するアパレルブランド名には、原則として日本国内で多く使われる通称、表記を用いた。欧文表記に関しては原文のままとした。また、デザイナー名とブランド名の区別を明確にする必要のある箇所は、原文では同じ表記であっても訳文で区別した。
・企業名、経営・所属組織名は原書刊行当時のものとした。

（編集部）

ファストファッション

クローゼットの中の憂鬱

ふたりの祖母、ルースとマーガレットに

序章　ファッション民主主義の憂鬱

二〇〇九年の夏、マンハッタンのアスター・プレイスにあるKマートで、わたしは靴の売り場に立っていた。

ここは以前、ワナメーカー百貨店の新館だった。パリ直輸入の最高級ファッションをはじめ、ありとあらゆる高級品を扱う店だったのだが、それも過去の話だ。

Kマートの売り場には陳列用のポールが頭上までそびえ、平たい袋状のコットンにゴム底を貼りつけただけのキャンバス地のスリッポンが、木に実った果物のようにぶら下がっていた。わたしの目には、そのスリッポンはそこで生え育ったも同然に見えた。故郷も生い立ちもわからない靴が、魔法のように現れているのだから。そして信じられないほどラッキーなことに、一足一五ドルが七ドルに値引きされている。体に衝撃が走り、心臓が早鐘を打った。理性が働きはじめるより早く、わたしは七足のスリッポンをポールから摘み取って真っ赤な買い物カゴいっぱいに詰め込み、レジの前に立っていた。わたしのサイズはそれで売り切れになった。

大きな買物袋をふたつ抱えて、腕の痛みをこらえながら地下鉄の駅まで戻った。それなのに、このとき買った靴は、数週間後にはさよならだった。薄いゴム底が剥がれてぺらぺらのキャンバス地からぶら下がり、まるで地殻の断面のようになってしまったからだ。何より全部を履きつぶす前に飽きてしまい、流行遅れにもなった。結局、二足は履かないまま、今もクローゼットのなかで眠っている。

衣料品の平均単価はここ数十年で急落し、格安の服につきものだったマイナスのイメージもすっかり影をひそめている。今日では、安い服を着ているからといってデザインや品質で妥協するタイプの人とは限らない。今や格安ファッションはおしゃれで実用的、しかも人気があると見なされ、びっくりするような価格で掘り出し物を手に入れたことが日常の自慢話となっている。去年のわたしの誕生パーティーでは、大学時代の友人がカナリアイエローの合成皮革のフリルバッグをわたしの目の前につきつけて、こう言った。「これ五ドルだったのよ！」。また最近、別の友人がこんなEメールを送ってきた。「五〇ドルのドレスを一〇ドルで買っちゃった！　六〇ドルのは三〇ドルだったわ！」。近頃は、ファッション誌でも大衆紙でも、朝のテレビのトーク番組でも、お買得品をいかに手に入れるかが繰り返し話題になっている。

ここ一〇年、わたしは安い服しか買っていない。大半は、H&M、Old Navy（オールドネイビー）、Forever 21（フォーエバー21）など一〇年ほど前に降ってわいたように現れた格安ファッションの店か、ターゲットのようなディスカウントストアで買ったものだ。ロスやTJマックス、基本アイテムに的を絞ったユニクロ、それにスペイン資本のＺａｒａで買ったものも何点かある。ファストファッションの店として知られるH&M、Ｚａｒａ、Forever 21は最新流行のアイテムの品揃えでは他の追随を許さず、顧客を虜にして何度もリピートさせるノウハウを確立している。そして、売り上げの季節的な浮き沈みをなくし、客をコンスタントに来店させることに成功し始めているのはこの三つのショップだけではない。

格安ファッションの入手しやすさには、ある程度の地域差がある。あなたが好んで買い物をするのはアウトレットモールのブランド店かもしれないし、ＴＪマックス、Ｃａｔｏ（カトー）、Charlotte Russe（シャーロットルッセ）、Rainbow（レインボー）、Rue 21（ルー21）など地域型の格安店かもしれない。あるいはコールズなどの百貨店やウォルマート、ダラージェネラルなど純粋なディスカウントストアもしれない。しかし、これらの店すべてに共通することがある。安い商品を大量に販売するという業態だ。これこそが、アパレル業界から他のすべての業態をしめ出し、独立系の百貨店に合併を強い、中規模メーカーを廃業に追い込み、個人経営の店に最高級化か閉店かの二者択一を迫った張本人である。格安ファッションのやり方はアパレル業界全体のイメージを塗り替えた。同時に、服に対するわたしたちの考え方も大きく変わった。

日頃、わたしたちの多くは、「高い服を買う余裕などない」と自分に言い聞かせている。世のなかは不景気。医療費の高騰には歯止めがかからず、ガソリンの値段ときたらどうだろう。だが消費者の多くは、格安ファッションという回し車を回しつづけたあげく、降りるに降りられなくなっているにすぎない。より安く、より大量に買うことに、あっという間に慣れてしまったのだ。たとえばわたしの姉の場合、高級車に乗るためなら一カ月に四〇〇ドルの出費もいとわないが、ドレスとなると一着四〇ドルが限度だ。それより高価な服は、わたしが買おうとしても止められてしまう。近所のコーヒーショップで見かける若者たちもそうだ。仕事に使うパソコンは一台一八〇〇ドルもするアップル社のラップトップなのに、履いているのはウォルマートで買った一〇ドルの靴。アメリカ人は毎年、服より外食に多くのお金を費やしている。つまるところ、お金がないわけではなく、服にかける理由がないだけなのだ。

経済学者が口をそろえて言うように、消費は値段が安ければ安いほど活発になる。誰もがショッピングの自由を謳歌できるようになったのも、衣料品が今のように安くなったおかげだ。衣料品に対するアメリカ国民の購買意欲は高く、年間の購入数は総計約二〇〇億点にものぼる。[1] 一方で原油も水も不足し、人間が招いた地球の気候変動は半永久的。氷河も溶け始めている。現在アメリカ人が買っている衣料品のほとんどは中国製だが、その中国でも国民のファッションへの関心が高まっている。このままでは危機的なまでの環境問題を抱えながら、繊維をはじめとするファッション関連資源をアメリカ以上に大量に消費し、根絶やしにしてしまうだろう。中国だけではない。欧米のアパレル業界が生み出したさまざまな問題が世界じゅうに波及し、問題の深刻さは増している。衣料品を大量に買い、消耗品のように使い捨てれば、環境に多大な負荷がかかるのである。こんな消費の仕方をいつまでも続けられるはずがない。

信じられないような事実がある。わたしのクローゼットにある服の価格を平均してみたら、一枚三〇ドルにもならなかったのだ。靴もほとんどが一五ドル以下で買ったものだ。歴史的に見ても、衣料品がこんなに安く手に入る時代はなかっただろう。その昔、衣料品は高価で入手困難な貴重品として扱われた。貨幣代わりになることも多かった。二〇世紀に入ってからもしばらくは高価だったため、修繕や手入れやリフォームが何度も繰り返された。多くの人は二、三着の服しか持たず、完全にすり切れるまで着るのが普通だった。それが今はどうだろう。徹底的に着るどころか、買ってもほとんど着ない服や、一度も袖を通さない服さえあるのが現状だ。買っては捨てるという果てしないサイクルにはまってしまっている。これでは落ち着かないのは当たり前だ。しかも、何を買っても決して満足することがない。

本書を書きはじめたとき、わたしは自分の服を一枚残らず居間にひっぱり出してみた。寝室のクローゼットも廊下の物入れもすっかり空にし、ベッドの下から衣装ケースを引き出し、地下室から服がびっしり詰まったポリ袋を三つと特大サイズのプラスチック容器二つを運んできた。そうして山と積み上がった衣類をすべて分類し、ブランドやデザイナー名、製造国、素材、さらに思い出せるかぎりの値段と買った年を書きとめた。作業を全部終えるのに、ほぼ一週間かかった。地下室から衣類を運び上げるのを手伝ってくれたルームメイトは、あきれた調子でこう言った。「こんなにたくさん服を持ってるなんて……」。まるでわたしがわざとそうしたみたいな口調だ。でも、ここで一着、あそこで一着と買ったときは、たいした買い物ではないと思ったのだ。少しだけと思って食べ過ぎてばかりいるといつの間にかおなかに脂肪がついてしまうのと同じで、気がついたら格安ファッションで埋め尽くされていたというわけだ。

結果は次のとおりだった。トップス六一枚、Tシャツ六〇枚、タンクトップ三四枚、スカート二一枚、ドレス二四枚、靴二〇足、セーター二〇枚、ベルト一八本、カーディガンとフード付きスウェットシャツを合わせて一五着、ショートパンツ一四枚、ジャケット一四着、ジーンズ一三本、ブラトップ一二枚、タイツ一一足、ブレザー五着、長袖シャツ四枚、エクササイズ用パンツ三本、ドレスパンツ二本、パジャマのパンツ二本、ベスト一枚。ソックスと下着を別にすると、衣料品の数は三五四点にもなった。アメリカ人の年間の衣料品購入数は平均六四点で、なんと週に一枚強を買っている計算になる。[2]自分はそんなに買っていないと読者は思うかもしれない。だが、居間に服の山を積み上げてみれば一目瞭然だろう。わたしの衣料品の数は平均的なアメリカ人が五年強で購入する数に相当したが、わたしがこの部屋に住み始めてからちょうど五年強だった。ごく平均的なアメリカ人消費者だということが、見事に証明されてしまった。

　屈辱的な事実はもうひとつあった。持っている服の数は何よりも多かったのに、服に関する知識は何よりも乏しかったのだ。卵を買うときはラベルを確認するのに、Tシャツを買うときは確認しない。最近の衣料品にもっともよく使われているポリエステル、ナイロン、エラスチンといった繊維の特徴も知らなかった。服の構造についても何もわからないし、品質のよし悪しも見分けられない。わたしは流行に敏感なファッション大好き人間とはほど遠く、流行全般の発信源であるデザイナーを大勢知っているわけでもない。ファッションに詳しい女の子たちのような着こなしができたらいいのに、と時々思うだけだ。わたしがファッションの本を書いていると言うと、「あなたが？」と友人は驚く。気がつかなかっただけで実はすごくおしゃれだったのかしら、とでも言いたげな目で見る。でも最先端のファッション知識を持っていなくても、服のことを何ひとつ知らなくても、わたしは大量の服の山を築いたのだ。

　昨今のニュースによると、消費傾向に不況からの回復の兆しが見えるという。だが、かつては国内の基幹産業のひとつだった衣類・繊維業界に起きたことを考えると、とても信じられない。アメリカの消費者が購入する衣料品のうち、国産品の割合は現在わずか二パーセントで、一九九〇年の五〇パーセントとくらべると劇的に減少している。これは消費者が輸入物の安い衣料品を支持したためだ。アパレル産業関連の貿易赤字がひとつの大きな要因となって、国民の平均賃金は低下し、中流階級は消滅し、所得最下層の人々を中心に失業問題も生じている。中国をはじめとする諸外国と競争できるまでにアパレル産業を立て直すには、巨額の投資と膨大な職業訓練が必要だろう。現在アメリカで購入されている衣類のうち、なんと四一パーセントが中国産である。わたしは中国に出かけて縫製工場を取材したが、設備が最新であるという点だけでなく、アメリカの消費者のライフスタイルがそのまま目の前に広がっていることに驚いた。

ファッション関連の本といえば、ファッションについて考えることがいかに重要か、という話から始まることが多い。だが本書はそれとは一線を画すものだ。アパレル業界に浴びせられている悪評は、おおよそ的を射ているとわたしは思う。アパレル産業は今や一兆ドルの規模を誇る強力なグローバル産業に成長している。消費者の家計と収納スペース、それにひとりひとりの個性に与える影響は絶大だ。だが、環境や人権にはまったく配慮していない。アパレル産業は普段着というものの基本的なルールを変えてしまった。流行がめまぐるしく変化すればするほど、わたしたちは個性を失う。無数の色、柄、デザインに囲まれて、毎年、季節が変わるたびに右往左往しているが、購入する衣料品のほとんどは、その時々の流行色のタンクトップやセーター、流行のテイストを加えただけのシンプルなブラウスやジーンズといった基本的なアイテムだ。シーズンごとの流行を少しだけ取り入れたものを、くり返し買っているにすぎない。

品質やセンスといったものは重視されず、デザイナーの名前やブランド名がそのかわりを務めている。アウトレットモールで大幅に値引きされたブランド品を購入するため、アメリカ人はわざわざガソリン代と高速料金を支払って平均で往復六〇マイル〔約九七キロ〕も移動している。[3] ヴェルサーチやミッソーニといった高級ファッションの服を模した粗悪品をいち早く入手するため、ターゲット、H&M、メイシーズなどに行列をつくる人、夜通し並ぶのもいとわない人さえいる。値段に見合う価値があるかどうかを判断する基準は、完全に失われてしまった。アパレル業界は超高級と格安とのふたつに大きく分かれ、その結果消費者も、競ってバーゲン品に群がる人々と高級店で買い物をする人々に二極化されている。両者のあいだはほぼ完全な空白地帯だ。そして今では「高品質の」衣料品は目をむくような値段となり、安物を買う以外の道はわたしたちが思っている以上に閉ざされている。

ファッションには柔軟性と即応性が要求される。だがグローバルに展開するチェーン店は、リスクを抑えるために足並みを揃え、流行に沿った同じような商品を売る。他の小売店もその流行を追いかける。商品は画一化され一般化されてしまった。アパレル業界は、半世紀にわたって続いてきた価格競争のせいで、品質や縫製レベル、それ以外の細部についても妥協せざるを得なくなった。その結果、わたしたちにはぞんざいに縫い合わされた痛ましいほど単純なデザインの服しか残されていない。わずか二〇年前には、アパレル業界がこれほどの一斉行動をとるなどありえないことだった。選択肢は豊富で、売上重視の市場操作などなかったのだ。

ファッションとは、今あるものを意図的に時代遅れにしてしまうことである。変化してこそファッションなのだ。最新流行のデザインが、わずか数週間から数カ月で、何千ものバリエーションを持つ安価な商品となって店舗に並ぶ。これは現代の驚異だ。デザイン画を描き、企画を通し、生地を注文し、手作業で縫製し、世界じゅうに出荷し、店舗に並べる。それがこれほどの短期間でできるのだから。流行の服を安く売ることこそがアパレル業界のそもそもの使命であり、業界はそれを果たせるようになったのだという見方もできるかもしれないが。

衣料品の価格が下がったおかげで、わずか数ドルあれば流行を追うことが可能になった。だがその流行はすぐに廃れる。アパレル業界にとっては新たな商品提供のチャンスだ。このサイクルが加速し、今やかつてないほど多くの流行が常に同時進行している。以前、ブルックリンで流行が広まっていく様子を目のあたりにしたことがある。ある週、ブルーと白のマリンテイストのストライプシャツを着ている人を数人見かけたと思ったら、二カ月後には、なんと五人に一人が同じような服を着ていたのだ。ここ数カ月で、ハイウエストのショートパンツ、ジャンプスーツ、チューブトップ、コンバットブーツ、花柄ドレスでも同じことが起きている。

ファッションは社会的表現だ。流行から外れている人がいれば、すぐにわかってしまう。最新の流行に追いつくには、常に新しい服を買わなくてはならない。ＴＪマックスの最近のコマーシャルはこうだ。リンゼイという名の服飾学科の学生が言う。「わたし、同じものは二度と着ないわ」。いつもお金に困っている学生でさえ、一年三六五日、一日も欠かさず新しい服を買うべきだと消費者を洗脳したいらしい。同様に、多くのセレブは二度同じ服を着て写真に収まることはない。流行を仕掛けているのは、どうやら世のなかで最も頻繁に着替えをする人たちのようだ。

現代は、誰もが流行を追い、最先端の服を身につけることができる、いわばファッション民主主義の時代だ。だが、居心地はどうだろうか？　わたしが本書を書こうと思いたったのは、値段を気にしながら流行を追っても、少しも自分の服を好きになれなかったからだ。集めた服の山を見て、自分が奴隷のようだと感じた。こんなに服を買ったのに、着こなしはまったくといっていいほど上達していない。服については恥ずかしいほど無知なのに、服を買うという習慣に膨大な時間と居住空間を割いている。服のことを何ひとつ知らない人間が大量の服を持っているのだ。なぜこんなことになったのだろう？

　人は自分と持ち物との関係性を求めるものだが、わたしと服とのあいだにはそれがなかった。自分が選んだスタイルには社会的な意味と結果がともなうが、それを見きわめるにはかなりの洞察が必要だった。服の生産拠点は世界じゅうに広がっているのに、国内ではほとんど生産されていない。ファッションが環境にどれだけ大きな負荷をかけてきたか、どれだけ多くの雇用をアメリカ人から奪ってきたかについて、わたしたちはまったく無自覚だ。そしてその代価は服の値段には反映されていない。実際、値段は年々下がり続けている。これまでの無知を埋め合わせるべく、わたしは探求を始めた。

　誰もが生活のほとんどの時間を、服を着て過ごしている。服は、生きていくために必要なだけではなく、今や日常生活のなかで欠くことのできない大きな位置を占めている。経済的にも重要度が高く、食品に次いで消費部門の第二の地位をゆうに保っている。[4] アパレル産業の誕生以前から、わたしたちは洗練されたおしゃれを楽しんだり、念入りに着飾ったり、着るもので迷ったりしてきた。その価値は、アパレル業界とは無関係だ。わたしたちのクローゼットの中身は、とんでもなく値の張るオートクチュールやアウトレット価格で手に入るブランド品でもなく、遅れて登場した格安の流行品でもない、何か別のものによって決まってもいいはずだ。

最新のものを最安値で手に入れることばかり考えるのをやめ、かわりに服と自分との関係を育むことを考えれば、服は今より長く着られる、意味のあるものになるのではないだろうか。時間をかけて少しずつレパートリーを増やしたり、出費を切りつめて上質の服に投資したり、裾かがりの完璧さにこだわったり、生地のよさを堪能したり、繕ったり、リフォームしたり。そんな習慣は完全に失われてしまった。だがこの習慣こそ、安さにつきものの画一性がもたらす空虚感からわたしたちを解放し、深い満足感を与えてくれる解毒剤ではないだろうか。裁縫という忘れられた技術や行きつけの仕立屋を持つ人が増えれば、いつでも新しいものを考案し、手持ちの服を自分流にアレンジし、改良できるようになる。誰もが自分自身の専属デザイナーになれるのだ。

今後服をどう選ぶべきかを決める手がかりになるのは、過去の習慣だけではない。技術の進歩と衣料品生産モデルの向上、そしてより環境に優しい繊維の開発のおかげで、見栄えを損ねずに社会的責任を果たすことが可能になっている。事実、そんな職業倫理をきちんと持つデザイナーは何人もいる。株主を満足させなくてはならないというプレッシャーとも、注目を集めるファッションショーとも無縁な彼らこそ、市場で最も魅力的ですばらしい生地を創り出しているだけでなく、業界で最も革新的なデザイナーでもあることが明らかになった。

スリッポンを入れた特大の買い物袋を引きずって、恥ずかしい思いをしながらニューヨーク二番街を歩いたあと、わたしはこれまでどんなふうに服を買ってきたかに思いをめぐらせた。少女時代を過ごした一九九〇年代の半ばはさほど遠い昔ではないが、大手アパレル企業はすでにグローバル展開を始めていた。だが衣料品はまだ高価で、新しい服を買えるのは年に二度ほどの特別な機会に限られていた。中学生の頃は友だちと服を貸し借りし、買い物をするのは主にリサイクルショップだった。古着ならわたしの小遣いで買えたからだ。そこは思いがけない掘り出し物の宝庫だった。救世軍のリサイクルショップをあさっては、自分で加工できそうなTシャツや、切ってアレンジできそうなジーンズを見つけてきたものだ。わたしが小さい頃は、母もミシンを持っていた。仕立屋に服を持って行って、サイズを詰めたり広げたりしてもらった記憶もある。

どうすればよいのか、それほど確信があったわけではない。ただ、これだけはわかっていた。かつて服は、こまやかな関係を育み、生涯にわたってつき合うものだった。わたしたちは、自分の服の主人だった。だが、今日に至るどこかで道を誤ったのだ。本当に服を愛し理解する方法が、別のところにあるはずだ。そんな思いと、地下鉄の通路を特大の袋を引きずって歩いたあの恥ずかしさから、わたしは探求の旅を始めた。その結果、格安ファッションがどのようにアパレル業界を乗っ取ったのかが明らかになった。流行という名の独裁から逃れた人々とも、出会うことができた。そしてついには、安価な服への手に負えない欲求に歯止めをかけることに成功したのである。

第一章　「店を開けるくらい大量の服を持ってるわ」

「とくに必要なわけじゃないということはわかってるわ。似たようなブレザーを何枚も持ってるもの。四五ドル以下なら即決するところだけど」。リー・カウンセルは、ニューヨークのソーホーにある、混雑したH&Mの店内で、おしゃれが大好きな女の子たちに囲まれて立っていた。カウンセルがそのブレザーを買うかどうか、みんなが注目している。「ブレザーって大好きなのよね。ドレスの上にはおるのに便利だし、一年中着られるしね」。ついブレザーばかり買ってしまうことの言いわけをしながら、カウンセルは、ボーイッシュなジャケットの実用的な使い道を次々に挙げた。

キム・カーダシアンばりの大きな瞳の二三歳の彼女は、ブレザーだけで一六着は持っているという。しかも、そのうち少なくとも一着は、今買おうかどうしようか迷っているのと同色のアイボリーなのだ。だが、ブレザーであろうと何であろうと、服が多すぎるという発想は彼女にはない。「友だちに言われるの。そんなに服があったら店を開けるわねって」

H&Mは全米に二〇〇以上の店舗を持つ、スウェーデン発の格安ファッションチェーン店である。店に一歩足を踏み入れたとたん、彼女は獲物を狙うタカさながら、マネキンが着ていたブレザーに目をつけた。「目に留まったってことは運命なのよ」と彼女は真剣に言った。その型のジャケットはさまざまなサイズ展開で窓際に吊るされていた。H&Mにしては、ずいぶん高価だった。

カウンセルは布地をつまんで感触を確かめた。「ものはいいわね」と自信たっぷりに言う。ラベルを確認すると、ポリエステル一〇〇パーセント。裏地はなく、ボタンはプラスチック製だ。だが、彼女の言いたいことはよくわかる。流行の格安品を買う場合、品質の評価は相対的なものでしかない。決め手は洗濯にどれだけ耐えられるかだ。毛玉、色落ち、型崩れ、ボタンの脱落、ほつれといった問題が起きる前に何回洗濯できるかがポイントなのだ。「これまで買った服のなかには、一度洗っただけでぼろぼろになっちゃったのもあったわ」とカウンセルは言う。格安ファッション世代にとって、服は、流行が変わるまでのあいだ持てば十分なのである。

このブレザーは買わない。カウンセルは、すぐに決断した。理由は値段。五九ドル九五セントだったのだ。「ブレザーには四五ドル以上出さないことにしているの」。彼女はきっぱりと言って、売り場をあとにした。実際、それまでに買ったブレザーは、安いものばかりだ。その数々は、彼女がユーチューブに投稿した動画「♥My Blazer Collection♥（わたしのブレザーコレクション）」で見ることができる。そこに登場するMiley Cyrus Max Azria（マイリーサイラス&マックスアズリア）のブレザーは、ウォルマートでたった八ドルだった。コルセットスタイルの黒のブレザーと、スリムフィットのグレーのブレザーは、Forever 21で買った。この店では三〇ドルを超えるブレザーはまず見かけない。ピンストライプのブレザーを買ったのはKマート。わたしがこの原稿を書いている現在、Kマートのホームページでは、五種類のブレザーがそれぞれ一五ドル以下で売られている。

ここ一五年、アメリカでは衣料品の平均価格がかつてないほど大幅に下落した。現在、アメリカ人が衣料に費やす金額は、所得に対する割合で見ると史上最低である。二〇〇九年の統計では、衣料品関連の支出は家計費全体の三パーセントに満たない[1]。衣料に限って言えば、これほど恵まれた時代はないだろう。ここ数十年で、アメリカの物価は上がった。住宅費もガソリン代も、教育費も医療費も、はては映画のチケット代まで、何もかもだ。そんななか、衣料費だけが過去最低の水準になったのだ。

　お買得品はどこにでもころがっている。思いがけない掘り出しものを手に入れたという話は、枚挙にいとまがない。あなたにも経験があるはずだ。もちろん、わたしにもある。これを書いている今、着ているものを全部挙げてみよう。フード付きスウェットシャツ一二ドル九五セント、Forever 21で購入。人工皮革のレザージャケット二八ドル、ＴＪマックスで購入。赤のＴシャツ一六ドル、Urban Outfitters（アーバンアウトフィッターズ）で購入。黒のニットのミニスカート五ドル、Ｈ＆Ｍで購入。タイツ一四ドル、American Apparel（アメリカンアパレル）で購入。三〇ドル以上のものはひとつもない。まして、四五ドルなんてとんでもない。わたしならブレザーにいくら出せるかって？　カウンセルのように上限を決めているわけではないが、四五ドルのブレザーより、ウォルマートの八ドルのブレザーのほうがしっくりくることだけは確かだ。

　カウンセルの買い物のポリシーは単純だ。「一二〇ドル未満なら、何も考えずに買う」。これはごく普通のことだろう。わたしも、おそらくあなたも同じではないか。アメリカの消費者がもてはやすのは一番の安値を提供する店だ。失業率が上がり、国民所得が伸び悩み、経済的に厳しくなるにつれて、財布の紐は以前より堅くなっている。だが、その分、少しでも品質のよいものを選んでいるだろうか？　とんでもない。ウォルマートのようなチェーン店や、Ｈ＆Ｍのようなファストファッションストア、それにアウトレットモールで買う格安品の割合が増えただけだ。

S&Pの工業統計〔米国の格付会社スタンダード&プアーズが発表する株式関連情報〕によると、景気が後退していた時期にもっともブランド価値が高かった企業、つまり熱狂的支持を得て株の買い注文が殺到した企業のトップ3は、H&M、ウォルマート、Zaraの親会社だったという。Forever 21も、上場していれば必ず上位に入ったことだろう。カウンセルの一番のお気に入りは、国産品を多く扱うForever 21だ。女性誌ウィメンズ・ウェア・デイリー（WDD）によれば、Forever 21の商品の価格は、二〇一〇年九月時点で平均一五ドル三四セントだったという。二番目のお気に入りはH&Mだが、セールをしていれば（いつも必ずセールをしているのだが）メイシーズにもよく行く。ウォルマートやKマートのようなディスカウントストアも、ここ数年で品揃えがぐっとおしゃれになっているので、そういった店に行くことも多い。

買い物を終えたあと、カウンセルは新しい服を店の袋に入れたままにしておく。「クローゼットにしまうと、撮影するのを忘れちゃうから」。彼女はインターネットの消費者レビューのパーソナリティーなのだ。服を買うたびにそれを撮影し、ユーチューブに投稿する。こうした動画は「ホール・ビデオ」と呼ばれる一ジャンルを形成している〔ホールは買いあさるという意味。ホールで手に入れた掘り出しものもホールと呼ばれ、その魅力を語る動画を投稿する消費者はホーラーと呼ばれる〕。インターネットの動画サイトのなかでも二〇一〇年に視聴数がもっとも増大したジャンルだ[2]。アクセス数が一〇〇万回に達した動画もある。ファッションブランドやアパレル企業から、無償で商品を提供したいという申し出がくることもあるそうだ。

カウンセルの買い物仲間は皆、インターネットを通じて知り合ったホーラーだ。そんな仲間のなかでも、カウンセルはとくに華やかで商才に長けている。典型的な「セクシーガール」といった容姿のおかげもあって、格段の成功をおさめているのだ。彼女のユーチューブチャンネルであるmamichula8153には、二〇一三年一月時点で五万人のフォロワーがおり、何十社ものアパレル企業や化粧品会社がこぞって公式スポンサーになっている。最先端のスタイルで有名なマイアミのあるブランドも、彼女の動画に登場させるという条件のもと、無料で商品を提供しているそうだ。

「ホール・ビデオは、こんなにお金を使ったのよ、という単なるひけらかしだと言う人もいるの」とカウンセルは打ち明ける。動画の投稿は月に一度が限度だ。二回以上投稿すれば、悪意に満ちたコメントがあふれ返るからだ。だが、そんな批判はまったくの的外れだ。彼女の動画でももっとも視聴回数の多いRainy Outfit of the Day（雨の日のいでたち）に登場するセーターは、H&Mでたった一〇ドルである。一〇ドルといえば、レストランでの食事代にもならない。お金に余裕のない高校生でも買える値段なのだ。

Rainy Outfit of the Dayのなかで、カウンセルはセーターがよく見えるように立ったまま、こう語る。「一見するとありきたりの白いセーターですが、ここのところにほら、大きなリボンが」。そう言いながら、リボンの模様が編み込まれた胸の上で円を描く仕草をする。服を持ち上げて見せながら、何色ですとか、ドレスです、シャツです、イヤリングです、というふうに一目瞭然のことを並べたてて特徴を説明するだけというホーラーも多い。だが、ホール・ビデオの人気と魅力は、単なる販促用の情報提供とは別のところにある。親しみやすさだ。ホール・ビデオは、今風の庶民の楽しみ、つまり誰もがいかに安くたくさんの服を手に入れるかを楽しみ、戦略化するための手段になっている。

ホーラーもホール・ビデオも、格安ファッションを抜きにしてはありえない。ましてユーチューブもForever 21も存在しなかった二〇年前には、まったく考えられなかったことだ。想像してみてほしい。二〇年前に、人並みの収入の普通の女の子が、買った服を同じように動画に撮ったとしたら、どんな動画ができるだろうか？　きっと投稿は一シーズンに一度きり、新しい服の数はせいぜい一度に二、三枚が限度だろう。それが平均的なアメリカ人の服の買い方だったからだ。そんなホール・ビデオなどさぞや退屈にちがいない。

ホール・ビデオは格安の服と、言うまでもなくインターネットの存在があって成り立っている。インターネット上で二ドルのジーンズフェアをしょっちゅう開催しているForever 21は、ホール・ビデオへの登場頻度がもっとも高く、これまでに一〇万回以上登場している。ポケットの中の小銭で服が買えるまでに価格を下げているH&M、ウォルマート、ターゲットも、登場回数は数万回にのぼる。ホール（買いあさり）の魅力はそのお手頃感にある、とカウンセルも友人のホーラーたちも口をそろえる。「買いあさるって言ってもね、Guess?とか、もっと高級なDolce & Gabbana（ドルチェ&ガッバーナ）みたいなお店で買うわけじゃないもの。一着に七〇〇ドルも出すのとはちがうのよ」とカウンセルの友人、メリッサは語った。小柄で快活な二三歳の女性だ。「ホール・ビデオは安い服のファッションショーのようなもの。だから人気が出たんだと思う。見ている女の子たちはたいてい、あまりお金を持っていないのよ」。ホーラーの多くは、一〇代から二五歳くらいまでの女性である。昔から、限られた予算で多くの買い物をする世代だ。

　カウンセルがH&Mのブレザーをあきらめると、わたしはホーラー仲間たちを誘って、一ブロック先のForever 21へ行ってセール品を探すことにした。流行に敏感なその子たちと一緒だと、去年買ったブーツと黒のフード付きスウェットシャツという自分の冴えない格好が気になった。ブロードウェーの人混みをかき分けて歩いているとき、カウンセルがいたずらっぽく訊いた。「実は、隠れ買い物マニアだったりして?」。そのとおり。しかも、たぶん最低のね、とわたしは心のなかで答えた。買い物ばかりしているくせに、おしゃれのセンスはちっともよくならないときている。

　Forever 21の店内に入ると、ぴかぴかの白と黒のタイルの床とは対照的な、少女っぽいカラフルな服の数々が目に飛び込んできた。チープなアクセサリーがテーブルの上できらめいている。今季一番流行したアイテムである花柄のプリントドレスとマリンストライプのトップスが、よれよれになってハンガーにぶら下がっていた。処分品大セールの争奪戦の後らしく、明るい黄色の値札にはH&Mよりさらにお得な価格が表示されていた。Forever 21の大セールに遭遇すれば、きちんとしたパーティードレスが三ドルで手に入ることだってある。

　わたしは、気がつくとカウンセルたちをそっちのけにして、格安ガーリーファッションに夢中になっていた。この店の商品は上品な高級ファッションとはちがい、少女っぽく、きらきらしている。ヒールにレパード柄をあしらったスティレットパンプスや、隅々までリボンとラインストーンをあしらったハンドバッグなど、くらくらするほど魅惑的だ。ただし、実際に身につけるとなると勇気がいる。ティーンエイジャーでないのでなおさらだ。わたしは薄手のノースリーブのドレスに目をつけた。八〇年代に流行した黒のブラッシュストローク柄だ。ストレッチ素材の黒い裏地のおかげで、適度な重厚感もある。洗濯可能な回数という観点で「品質」を考慮すると、一九ドル八〇セントはまあまあの値段だ。今シーズンしか持たなかったにしても、お買得だろう。

レジでは、わたしの前にカウンセルの別の友人、キャリンが並んでいた。キャンバス地のトートバッグを買うのだという。ネイビーとホワイトのコンビで、二〇ドル八〇セントだ。「海に持っていくのにぴったりだわ」と彼女は説明した。わたしは自分のドレスを見せた。「あら、かわいいわね」。だが、実際にはこんな会話にはなんの意味もないのだ。理由はどうでもいい。二〇ドル以下の商品に、買う理由など必要ないのだから。

*

ジョナサン・バンミーターは早くから、この状況を予言するような記事を書いていた。「Fast Fashion: Americans Want Clothing That Is Quick and Easy（ファストファッション――アメリカ人好みのお手軽な服）」という題で、一九九〇年のヴォーグ誌に掲載されたものだ。意外なことに、そこではGapが取り上げられている。現在のGapといったら、思い浮かぶのは眠気をもよおすような基本アイテムばかりだが、二〇年前には目新しい人気最高のブランドだったのだ。

バンミーターによると、「経済的あるいは地理的な理由で、デザインに優れた仕立てのよい正統派ファッションは、アメリカ人には手が出なかった」という。せいいっぱい善意に解釈しても、これは歴史的事実の曲解だ。少なくとも二〇年前に限っていえば、当時の正統派ブランド、たとえばラルフローレンやカルバン・クラインといった高級なデザイナーズブランドに比べると、Ｇａｐの価格ははるかに手頃で、アメリカ人にも十分手の届く値段だった。一九九〇年当時の価格で、ＧａｐのシンプルなＴシャツは一一ドル、ジーンズは三〇ドル前後、タートルネックのプルオーバーが二三ドルだった。高級雑誌に広告を出したり宣伝にセレブを起用したりして高級ブランドのイメージを固めながらも、Ｇａｐはどこへ行っても見かける店となった。その結果、消費者は普及版のＴシャツやジーンズを買うことこそファッションの殿堂に至る道だと信じるようになった。この販売戦略によって、真のファッションがアメリカ人から遠ざけられたのだ。

　Ｇａｐはまた、顧客のリピート回数を大幅に増やしたという点でも先駆的だった。一九九〇年代にＧａｐ向け商品のメーカーに勤務していたカリフォルニア・ファッション協会（ＣＦＡ）会長のイルゼ・メチェックは、当時のＧａｐを次のようにふり返る。「ショーウィンドウに毎月必ず新色が展示されました。同じセーターを飾るにしても、テーマカラーは月ごとに必ず変わりましたね」。全米のＧａｐに突然人が押し寄せ、新色のタートルネックが飛ぶように売れたのも、その頃だ。「Ｇａｐからは一〇万枚単位で（最新スタイルの）注文が入ったものです」とメチェックは言う。「しかも途切れることなく続きました。基本アイテムはもちろんジーンズでしたが、それを引き立たせるためのセーターやジャケット、アクセサリーや小物も次々に入れ替わりましたね」

　一九六〇年代後半にオープンした当初、ＧａｐはレコードとLevi's（リーバイス）のジーンズを扱う店だった。だがジーンズ店はあまりに多く、八〇年代には早くも会社の方針を見直す必要に迫られた。そこでミッキー・ドレクスラー〔のちにJ.Crewの最高経営責任者〕を招いて新たなＣＥＯに据えるとともに、社内にデザイン部門を立ち上げた。小売店としては異例の戦略だった。当時、婦人服のデザイン部門の責任者だったリサ・シュルツは言う。「よく自前の店を持つデザイナーっているじゃないですか。逆にＧａｐは、自前のデザイナーを持つ店になったのです」

だが、Ｇａｐのような巨大アパレルチェーンの専属デザイナーは、必ずしも憧れの職業というわけではないだろう。毎年、変わりばえのしないありきたりの服をデザインするだけの仕事だからだ。Tommy Hilfiger（トミーヒルフィガー）で働いていたというあるデザイナーは、そこでの経験をこんなふうに表現した。「つまらない普及品のデザインを描きまくってたわ」。だが、プライベート・ブランドとかチェーン・ブティックなどと呼ばれる、こうしたデザイン部門を持つアパレル企業は、とてつもなく高い収益を上げている。小売まで中間業者を介さないことで、似たような商品を他社より安く提供できるからだ。一九八六年にアドウィーク誌が指摘したように、自社ブランドの服は企業にとって「高マージンと特定商品の独占販売を保証し、店の独自性を構築する手段」[3]だったのだ。ウォルマートやOld Navy（オールドネイビー）、H&MからAbercrombie & Fitch（アバクロンビー&フィッチ）、Express（エクスプレス）といったブランドまで、デザインも販売も同時に手がける企業は、今日のアパレル業界では一般的になった。

変身を成しとげたわずか数年後の一九九一年までに、Ｇａｐの売上高は年間約二〇億ドルに達した。[4]その後一〇年間、Ｇａｐが毎日、新店舗を少なくとも一店、世界各地にオープンしつづけたのは有名な話だ。新規にオープンした店の数は一九九九年の一年間だけで五七〇にのぼった。[5]ほかのアパレルショップもすぐにＧａｐに追随した。その結果、Eddie Bauer（エディ・バウアー）、American Eagle

Outfitters（アメリカンイーグル）、The Limited（リミティッド）などの巨大ブランドが全米を席巻した。

　Gapは、アメリカ国民の大半のスタイルを左右するほどの影響力を持つようになった。わたしの高校時代の写真がその証拠だ。クラスメートはひとり残らず、Gapのシンプルなテーパードジーンズを履いている。リサイクルショップには今も、時代遅れになったGapのTシャツとセーターがあふれ、カジュアルファッション黎明期の時代精神を見ることができる。Gapがそこまで流行を支配できたのは、圧倒的な店舗数と潤沢な広告費のおかげだ。「みんなでコーデュロイを着よう」とTVコマーシャルで呼びかける。すると、たいていの人は自宅の近くにGapがあるので、簡単にその呼びかけに応えてしまえるのだ。一九九〇年の記事で、バンミーターはこう書いている。「今のアメリカ人は、セブン－イレブンにでも入るように気軽に近所のGapに入るだけでいい。それほど深く考えなくても、出てきたときには、まるで生まれつきセンス抜群だったみたいに錯覚できる」

　Gap革命とも呼べるこの現象が最高潮に達したのは、一九九六年のアカデミー賞授与式だった。シャロン・ストーンが、Gapのチャコールグレーのタートルネックにヴァレンティノのスカートというでたちで登場したのだ。メディアはこぞって、大衆的な服とデザイナーズブランドの組み合わせが画期的だ、と褒めたたえた。格安ファッションがすべての所得層に受け入れられたことを世に示した歴史的な瞬間だったと、メチェックも言う。「メディアの評価はファッション界全体に波及しました。当時は気づかなかったですが、あのときにファストファッションが初めて世に認められたわけですよね」

　それから二〇年後の現在、バンミーターが「ファストファッション」という名で予言した事態は、ことごとく現実になっている。だが、それを牽引しているのはもはやGapではない。Gapは二〇一〇年の売上高が一四〇億ドル以上、店舗数は米国内だけで一〇〇〇以上と、今でも世界最大のアパレル企業のひとつではあるものの、主役の座は、はるかに安い服を速く回転させる他企業にあっさり奪われてしまった。

今日のセレブは、デザイナーズブランドの高級服をH&Mやターゲットといった店の非常に安価な服と組み合わせて着こなす。ターゲット第一号店がハリウッド西部にオープンした際のセレモニーには、俳優のチャーリー・シーンとヒラリー・ダフが招かれ、サンドラ・バーンハードが司会を務めた。ターゲットのドレスは通常四〇ドル以下で買えるが、オバマ大統領夫人は、何度か、ターゲットのブランドのひとつMerona（メローナ）のプリントドレス姿でメディアの前に現われたことがある。朝のニュース番組「トゥデイ・ショー」にも三四ドル九五セントのH&Mの服を着て出演し、大きな話題を呼んだ。モア誌の編集者、スーザン・スウィマーは、著書『Michelle Obama: First Lady of Fashion and Style（ミシェル・オバマ――スタイルを持った大統領夫人）』のなかで、「H&Mのような新しくスタイリッシュなディスカウントストアの服を着こなすとは、なんと賢明な人だろう」と称賛した。そしてオバマ夫人のファッションスタイルは「憧れを抱かせると同時に手が届く」という点で「アメリカ人ならではのスタイルである」と評している。

*

何百年ものあいだ、アメリカでは、服といえば手づくりかオーダーメイドだった。入植当時の女性は手織りの生地でつくったドレスにベストを重ね、その下に草木や動物由来の染料で色をつけた二枚重ねのペチコートをつけていた。[6] 服は手間暇のかかる貴重品だったのだ。工場生産の服が店で買えるようになったのは一九〇〇年頃だが、最新流行の服はおおよそ一般の人の手の届かないところにあった。『100 years of U.S. consumer spending（アメリカの個人消費一〇〇年史）』に掲載された米国労働省の二〇〇六年の調査によると、一九〇一年の国民一世帯あたりの平均所得は七五〇ドル。そのうち衣料関連の年間支出は一〇八ドルで、所得の一四パーセント以上にあたる。

『Service and Style: How the American Department Store Fashioned the Middle Class（サービスとスタイル――デパートはいかにして中産階級をつくったか）』の著者で消費者史研究者のジャン・ウィッテーカーは、当時の服の価格リストを作成している。彼女によると、一九世紀末にもっとも売れていたのは、レディメイドの婦人用スーツだった。一着一五ドル（現在の貨幣価値で約三八〇ドル）と、どうにか手の届く値段だった。一九〇六年には、デパートの地下のセールで格安の既成スーツが売られたが、それでも八ドルはした。今の価格に直すと二〇〇ドル前後だ。

第一次大戦後になると服の値段は下がり、ドレスは中央値〔統計データの全標本のうち、真ん中の順位にある数値〕で約一六ドル九五セント（今日の二〇〇ドル弱）となった。[7] 国民の服飾関連の年間支出は二三八ドルで、所得の一七パーセント弱を占めた。服が安くなり、所得が増えるとともに、一般の女性でも流行を追うことが可能になった。とはいえ、できることは限られていた。ある資料によると、一九二九年に中産階級の男性が持っていた仕事着は平均六着、女性でもわずか九着だった。[8] わたしの祖母は大恐慌のさなかの一九三一年に生まれたが、子供時代には服を五枚しか持っていなかったそうだ。しかも、そのうち数枚は粉袋の布でつくったものだったという。近所の男の子たちは、つぎの当たった一枚きりのオーバーオールを毎日はいていた。「服を捨てるなんてことはなかったよ。絶対に」と祖母は言う。「考えられないことだわ」

アメリカ人が実際に豊かになり始めたのは第二次大戦後のことだ。所得が上がるにつれて、衣料費もその他支出も増大した。中産階級が生まれ、消費社会が始まったのだ。一九五〇年までに年間所得は四二三七ドルに達し、そのうち四三七ドルが衣料品に費やされた。身につけきれないほど大量の服をためこみ、競って流行を追い、先取りするようになった。それでも、持てる量はまだ限られていた。収納スペースにも制約があった。平均的な住宅の延床面積は、二〇〇四年には約二二〇平方メートルであるのに対し、一九五〇年にはわずか約九〇平方メートルだった。[9] 一九四九年生まれのわたしの母の記憶では、一〇代の頃は三足の靴を持ち、一週間毎日違う服を着ていたという。その他に教会に着ていく服が数着と、特別な行事のための服もあった。

年間衣料費四三七ドルで、どれだけ服が買えたかは、どこで何を買うかによる。最新流行の服を繁華街のデパートで買うか、去年の売れ残りを地下催事場のセールで買うか、はたまたシアーズやモンゴメリー・ウォードのカタログ販売で買うかによっても、大きく違っただろう。この四三七ドルには夫や子供たちの衣料費も含まれていたはずだ。安く買いたいという消費者向けに、シアーズは一九五五年にカタログを出版した。大量生産でコストが削減できるため、このカタログの商品価格は低めに設定されていた。ナイロン一〇〇パーセントのバレリーナ・ガウンが一五ドル九八セント（現在の価格で約一三〇ドル）、レーヨンのブラウスは一ドル八九セント。「最終価格」と広告で銘打たれたドレスは二ドル四九セントだ。インフレ率を考えると、今日の格安ファッションチェーンが売りにしている「二〇ドル以下」に相当する値段である。中産階級向けジュニアファッション店Jonathan Logan（ジョナサンローガン）も、一九六三年のタイム誌の記事で「価格も〝ジュニア〟だ」と賞賛されている。ただし、この店には一四ドル九八セント（今の約一〇〇ドル）を下回る商品は、さほど多くなかった。

　商務省経済分析局の年次統計によると、アメリカ国民の年間の衣料関連支出は現在、一人当たり一一〇〇ドル弱、一世帯当たりでは約一七〇〇ドルだ。[10] 所得に占める割合では史上最低の水準だが、国民がこれほど大量の服を買っていたことはかつてない。今では、一七〇〇ドルも出せば、めまいがするほど大量の服を買うことができる。Forever 21の「Ｆａｂのスクープネック」プルオーバーなら四八五枚、Family Dollar（ファミリーダラー）のレディースサンダルなら三四〇足、Goody's（グッディーズ）のサッカー地のカプリパンツなら一六三本、ターゲットの「Mossimo（モッシモ）のスキニー・ユーティリティー・シリーズ」のカーゴパンツなら五六本、Charlotte Russe（シャーロットルッセ）のラメ入り厚底ウェッジパンプスなら四七足買える計算だ。ＪＣペニーの「Dockers（ドッカーズ）のメンズ・スーツ」でも一一着、メイシーズで「ラルフローレンのスパンコールのイブニングドレス」を買うと九着という計算になる。

　衣料品価格の下落はあまりに大きい。かつて、服を買うことは破産にもつながりかねない一大事だったのに、今では気楽な散財になっている。ニューヨークの地下鉄では、Forever 21の黄色い買い物袋と一緒にドラッグストアのデュアン・リードの袋をさげたままスナック菓子を食べている女性をよく見かける。最近のヴォーグ誌には、Ｈ＆Ｍのセールで四ドル九五セントになったドレスを取り上げて、こんな問いかけをする記事もあった。「コーヒーでも飲む？　軽く食事でもする？　それとも服でも買おうか？」

アメリカ服飾産業の初期には、家族経営に近い小規模メーカーの商品が、おびただしい数の独立系デパートを通して販売されていた。ジャン・ウィッテーカーは言う。「アメリカの服飾業界には、何十年も大規模メーカーが存在しませんでした。誰でもいつでも事業を始めることができたので、多数の小規模メーカーが乱立していたのです」。一九九〇年になっても、独立系服飾メーカーの総数一万二〇〇〇社以上に対し、上場企業数はわずか六五社にとどまっていた[11]。衣料関連企業が初めて株式市場に上場したのは一九六〇年代で、先陣を切ったのはジュニアファッション専門のジョナサンローガンとBobbie Brooks（ボビーブルックス）だった。以来、消費者の選択はブランド戦略に大きく左右されるようになる。ウィッテーカーによると、これらの「大企業体」がマドモワゼル誌やセブンティーン誌など国民的雑誌の全面広告を独占しはじめ、第二次大戦後のアメリカで何がファッショナブルかを決めるうえで大きな役割を果たしたという。「今、消費者の心をつかんでいるのはどちらでしょう？　デパートでしょうか、それともブランドでしょうか？」。当時は、広告といえば、まずは地元紙で見るデパートの広告だった。流行のスタイルを描いたデッサン画がせいぜいだったのだ。「消費者がデパートでボビーブルックスはどこかときくようになってから、ボビーブルックスはデパートをしのぐ存在となったのです」とウィッテーカーは言う。

しかしながら、ジョナサンローガンとボビーブルックスには今日の巨大アパレル企業との共通点はほとんど認められない。一九六二年にジョナサンローガンの売上高は八〇〇〇万ドル、ボビーブルックスは四四〇〇万ドルだったのに対し、国内の服飾業界の売上総額は一二〇億ドルにのぼっていた。[12]今のアパレルショップは、一企業だけで当時の国内総売上高を上回る。二〇一〇年のGapの売上高は、傘下のオールドネイビーとBanana Republic（バナナ・リパブリック）との合計で、一四〇億ドル以上だ。同じ年に、H&Mは四〇億ドル近い金額を達成している。

今日の生産量は、第二次大戦後とはまるで違う。当時は大量注文といっても、ひとつのデザインについてせいぜい二〇〇〇枚から三〇〇〇枚だっただろう。それに対して、Gap、トミーヒルフィガー、Nike（ナイキ）、ウォルマート、ターゲットなど今日の大衆市場向け企業は、同じものを何万枚、何十万枚、さらには何百万枚とつくるのが普通だ。わたしが中国で会ったある工場のマネージャーは、アパレル業界で働いて三四年のベテランだ。一九九〇年代後半には若者向けのブランドAéropostale（エアロポステール）で生産を担当していた。同社がプライベート・レーベル製品の販売を始めた当時と現在を比較して、彼は言う。「注文数は、ひとつのデザインにつき二〇〇〇枚くらいだった。今なら一〇万枚から五〇万枚にはなる」。トミーヒルフィガーで働いていた別のデザイナーも、デザインごとの発注数は一〇万単位だったと証言している。「トレードマークのあの小さい旗のマークをプリントしたタンクトップを、世界じゅうの店で売ったものよ」

今日最大の発注数を誇るのは、おそらくウォルマートやターゲットなどのディスカウントストアだろう。デザイナーのアイザック・ミズラヒも、二〇〇三年にターゲットと提携した際、次のように語った。「ずっとポインテッド・トウ（つま先がとがった）のスニーカーをつくりたいと思っていましたが、ひとりでは実現できませんでした。たった五万足のために靴の型をつくろうとする者はいませんからね。でもターゲットと契約したとたんにそれが実現したんです。この契約のおかげで、ぼくは本当に自由になれました」[13]。ミズラヒは高級ファッションのショーデザイナーとして一九九〇年代に脚光を浴びたが、その後、次第に表舞台から遠ざかっていた。気まぐれなカリスマデザイナーが大衆市場に返り咲いたことを多くの人が称賛したが、わたしの関心は別のところにある。彼のつくった五万足の靴や、Ｇａｐの二〇〇万枚のジーンズ、トミーヒルフィガーのタンクトップは、今どこにあるのだろう？　クローゼットのなかで、ほこりにまみれているのだろうか？　アフリカの中古品市場で売れ残っているのだろうか？　アフリカ人にポインテッド・トウのスニーカーを履く趣味はなさそうだ。それとも廃棄されて、有害物質を発散しているのだろうか？

アパレル企業が利益を出す方法はふたつある。利鞘の大きい商品を少量売るか、利鞘の小さい商品を大量に売るかのどちらかだ。地域型のブティックや独立系のデパートは前者であり、ウォルマートは後者の究極の例だ。消費者の大半は、ディスカウントストアやファッションチェーンが開拓した薄利多売戦略のほうが公正だと見なしている。ペンシルバニア州立大学でマーケティングを教えるリサ・ボルトン教授の説明では、消費者は商品を少量ずつしか仕入れないというだけの理由で高い利鞘を設定されるのを嫌うという。「それだけで値段が上がるなんて理屈に合わないと思っているのです」。こうした消費者の志向を反映して、業界はますます服の生産量を増やしつづけているのだ。

＊

最近、わたしは父と一緒にジョージア州のベルクデパートで買い物をした。一〇年ぶりに訪れたデパートは、痛々しいほど変わりばえがなかった。競技場型の通路。見つけづらくて店員のいないレジ。通路の真んなかの陳列台の上に積み上げられたノーブランドのネクタイや時計。公平を期すために言うが、このデパートの周辺は開発から取り残され、もう何十年も前から変わっていない。それにしても、H&Mのような店だったら、もっと安くてデザインもよいものが買えるのにという考えが、買い物のあいだじゅう頭から離れなかった。ベーシックなシャツが一枚六〇ドルという値段も、雑多なテイストの商品が無秩序に混在していることも、格安ファッションに慣れ親しんだわたしをいら立たせた。

　だが今のデパートは、父が子供のときから見てきたそれとはまったく別ものだ。一九〇〇年代から第二次大戦後にかけて最盛期を迎えたデパートは、都市生活と経済活動を支える小売りの専門機関で、つくり手、売り手、買い手の三者のバランスを図る役割を担っていた。一時はアメリカ各地の主要な都市に必ず地元密着型のデパートがあり、一等地の一ブロックをまるまる占領していることも多かった。父が子供の頃は、土曜日になると家族全員でよそいきの服を着て、車でデパートに出かけたそうだ。三〇分の道のりを北上し、テネシー州チャタヌーガのラブマンズ・デパートに行くこともあった。特別なときには、二時間かけてジョージア州アトランタのリッチズにも行った。地上五階、地下一階建ての大デパートでエスカレーターに乗ったときの興奮や、たくさんの最新流行の服にいちいち感嘆の声を上げたことは強く記憶に残っているそうだ。「まるでオズの国に行ったドロシーだったよ。あの豪華さときたら、気が遠くなりそうだった」と父はふり返る。

　当時は全国のどの都市にもデパートがあった。都市によっては何店かあった。シンシナティならシリトーズ。ダラスならニーマン・マーカス。フィラデルフィアならストローブリッジ&クロージアとワナメーカー。ニューヨークならブルーミングデールズとメイシーズ、それにベストアンドコー。シカゴなら市民に愛されたマーシャルフィールズといった具合だ。デパートの使命は、地域住民のニーズに応えることだった。メチェックによれば、全国チェーンを展開しているデパートであっても、店舗ごとに別々のバイヤーを雇っていたという。たとえジョナサンローガンのような大手企業であろうと、当時は地域ごとにデザイン調整が必要だったのだ。

第二次世界大戦後、国民は都市の中心部から郊外へと移り住むようになり、ショッピングモールが人々の新たな待ち合わせ場所となった。都市の中心部で買い物をする人の数が減ったのは、デパートにとって打撃だった。そのうえ、新種のデパートともいえるチェーンストアが出現し、顧客を奪いはじめた。たとえばJCペニーは一九六六年にはすでに全米五〇州に店舗を展開していた。ブラッドリーズやマンモスマート、ザイレ、JCペニー傘下のトレジャリー、EJコルベットといったディスカウントストアも続々と市場に参入した。デパート史を研究するマイケル・リシキーからのEメールにはこうある。「EJコルベットはアメリカじゅうのデパートを恐怖のどん底に突き落としました。何しろ駐車場は無料で、夜遅くまで営業しているだけでなく、衣料品ばかりか家電や家具のたぐいまで安かったのですから。太刀打ちできるデパートなんてひとつもなかったのです」

一九七〇年代に入るとショッピングモールが全国に急増し、ディスカウントストアやショッピングモールのチェーン店での買い物が当たり前になった。わたしの父が初めてKマートで服を買ったのも、ちょうどその頃だ。買ったのは輸入物のポリエステルのシャツだった。安い服が売れはじめたのは、文化や人々の嗜好が変化したからだが、それだけではない。人口構成の変化も関係していた、とリシキーは言う。「中産階級が消滅しつつあり、企業は顧客開拓の必要に迫られました。一九七〇年代に都市の郊外に住んでいた主婦たちは、衣料費をできるだけ切り詰めていました。子育て世代はとくにです。それがディスカウントストアの価格が好まれた理由でしょう。中産階級はその後二派に分かれ、やがて消滅していきます。金銭的な余裕がある者は高級志向に走り、そうでない者は生活レベルを下げるしかなくなったのです」。二〇年後には、ディスカウントストアのウォルマートの衣料関連売上高は、国内の全デパートの合計を上回るまでになった。[14]

この傾向はさらに進み、一九八三年にはニューヨーク・タイムズ紙に「Revolution in American Shopping（アメリカ人の買い物革命）」と題する記事が掲載された。そこにはPlums（プラムス）、Mandy's（マンディーズ）、TJマックスなどのアパレルショップの爆発的な成長が描かれている。「こうしたショップでは、ブランドの服がデパートよりはるかに安く手に入る。かつてはデパートに行けばそこにしかない服が見つかったものだが、今日ではデパートの商品と似たような、あるいはまったく同じものが他の多くの店で手に入る」として、比較的大きな利鞘に頼っていた従来の小売店が、急増する格安店に対抗するための数々の戦略を提言している。たとえばサービスの向上、プライベート・レーベル商品の開発、自主的な値下げなどだ。[15]

一九八〇年代を通じてデパートは熾烈な値下げ競争にさらされ、ひっきりなしにバーゲンセールを繰り返した。ニューヨーク・タイムズ紙が提言した最終戦略に、全面的に頼ったのだ。その戦略とは「バーゲンセールで格安品を提供し、商品の回転を速めて通常価格品の売上を増やす」というものだった。だが、その結果どうなったか？　消費者はセールを待って買い物をすることを覚え、デパートの価格を信用しなくなった。「デパートの姿勢は長年変わっていません。セールこそ顧客を呼び込む唯一の方法だと思っています」とメチェックは言う。「だからアパレル関連の新聞広告はセールの広告ばかりなのです。新しいスタイルを紹介する広告など、まず見かけません」。現在のデパートはどこでも、一〇週に一度はセールをし、商品を一掃している。そして大手のブランドは「値引き分」つまり希望小売価格と実際に売れたセール価格との差額をデパートに支払うことで合意している。二〇〇五年にデパートで売れた衣料品のうち、セール品が占める割合は実に六〇パーセントにのぼった。[16]

さらに、シェアを獲得するために、そして安さを求めつづける消費者をつなぎとめるために、デパートの統合が急速に進んだ。消費者の平均所得は減りつづけ、求められる価格は下がる一方だったからだ。フィラデルフィアのリットブラザーズやシュネルンブルクをはじめとするデパートの多くは、郊外型のモールへの転身を試みたものの、失敗して閉店に追い込まれた。『The End of Fashion: How Marketing Changed the Clothing Business Forever（『ファッションデザイナー――食うか食われるか』文春文庫）』の著者、テリー・エイギンスによれば、デパートはこの頃、「販売の効率化を図り、より安価な商品にシフトし始めた」という。より安く、より予測可能な販売に向かう、新たな戦略のせいだ。そうなると仕立てのよい服は不要になり、高級服飾部門が多くのデパートから姿を消した。一九九〇年代には、フェデレーテッド・デパートメントストアーズの四二〇のうち四五店舗を除く全店舗が新ブランドを導入した。Ellen Tracy（エレントレーシー）、Anne Klein（アンクライン）、DKNYといった、最高級デザイナーズブランドよりいくぶん低価格の、橋渡し的なブランドである。Isaac

Mizrahi（アイザックミズラヒ）の普及版ライン Isaac（アイザック）のドレスは一五〇ドル、ジャケットが三〇〇ドルだったが、高価すぎたためか一九九七年に撤退を強いられた[17]。

こうしてデパートは、昔とは似ても似つかない普及品販売のチェーン店となった。ブルーミングデールズやメイシーズなどいくつかのチェーンをすでに合併吸収していたフェデレーテッド・デパートメントストアーズは、二〇〇五年、ライバルのメイ・デパートメントストアーズを一一〇億ドルで買収し、シアーズ・ホールディングス（二〇〇四年時点で傘下にKマートを持つ）に次ぐ業界第二位のデパートとなった。以後、九五〇の店舗の運営を統括し、すべての店で似たような国産ブランドを提供している。

買収を終えたフェデレーテッドは、社名をメイシーズに変更した。さらに、買収したさまざまな店舗の名称をすべてメイシーズに書き換えはじめた。地元で長年親しまれてきた数えきれないほどのデパートも対象とされた。ボンマルシェ、バーディンズ、フェイマスバー、フォーリーズ、ヘクツ、ゴールドスミス、カウフマンズ、ラザルス、ＬＳエイレス、マイヤー&フランク、リッチズ、ロビンソンズ・メイなどが次々にメイシーズと名を変え、あるいは閉店した。

閉店がもっとも大きな話題となったのは、ピッツバーグ中心部にあったカウフマンズの旗艦店と、シカゴのマーシャルフィールズだった。シカゴでは、今でも反対派住民がメイシーズをボイコットしつづけており、毎年、店名が変更された日に抗議集会を開く。ボストン中心部の交差点で一九一二年から営業していたファイリーンズも閉店になった。道を隔てた反対側にすでにメイシーズが建っていたからだ。統合が進んだ結果、なんとか踏みとどまることができたデパートは、商品調達力は上がったものの、競争力は低下した。経営方法があまりに柔軟性に欠け、品揃えも競合相手の大型チェーン店と似たり寄ったりだったからだ。価格はH&MやForever 21と比較にならないばかりか、同じ地域のGapより高いことも多かった。

類似商品や同一商品がどこででも手に入るようになると、消費者はもっとも価格の安い店をもっとも公正と見なし、その店でしか買わなくなる。だが、それだけではない、とリサ・ボルトン教授は指摘する。ある店で、魅力的なドレスやシャツが三〇ドルで売られていたとする。それより少し品質がよいだけの似たような服が、別の店では一〇〇ドルだったとすると、消費者は不当な金額を支払わされていると思ってしまう。高い店のほうが大型店より商品の数が少なく、サービスがよく、経費が余計にかかっているとしても、買い手はそこまでは考えない。こうして常に値段を比較されるせいで、小売店はありとあらゆる手段で値引きをせざるをえなくなるのである。

デパートの合併やGapなどのブランド・ファッションチェーンの成長の陰で、メーカーも多数が犠牲になった。廃業には至らないとしても、輸入商品の小売店に転身したり、買収されたりするメーカーが続出した。ボビーブルックスも生産を中止し、Dollar General（ダラージェネラル）という名のブランドになった。今では一六ドルもしないジーンズやトップスを売るブランドとなっている。ジョナサンローガンは廃業した。

今日わたしたちが服を買っている店は、三〇年におよぶ過酷な競争の（そのほとんどが価格競争だったが）生き残りと言える。アパレル業界はあまりに均質化したため、消費者が選ぶのは一番最初に一番安値をつけた店、そしてその価格を上げない店だ。つまりはウォルマート、コールズ、ターゲットといったディスカウントストアである。消費者はまた、ブランド品を格安で買えるアウトレットモールにも足を運ぶ。バーリントン・コートファクトリー、センチュリー21、レーマンズ、マーシャルズ、ロス、チューズデイモーニング、そして、とりわけ大きな成功を収めているＴＪマックスといったディスカウントストアをさまよい歩く。こうした店では、デパートで仕入れすぎて余った服が、元の価格の二割から八割引で売られている。今では高級服やデザイナーズブランドの服さえ、Bluefly（ブルーフライ）、Gilt Groupe（ギルト・グループ）、Ideeli（アイディリー〔後にグルーポンが買収〕）などのオンラインショッピングサイトを通してディスカウント価格で買うことができる。

*

　わたし自身が格安ファッションを買うようになったきっかけは、オールドネイビーだった。Ｇａｐが立ち上げたこの低価格チェーンは、わたしが高校生になった一九九四年に誕生した。その年のニューヨーク・タイムズ紙が指摘したとおり、アパレル業界を震撼させる事件だった。オールドネイビーは当時の「平凡で、縫製が粗雑で、展示もいいかげんな」格安ファッションのイメージを塗り替えたからだ。しかしオールドネイビーもまた、それまでデパートで買い物をしていた消費者に「Ｇａｐより合成繊維が多く縫い目や仕上げが雑な[18]」低品質の商品を提供するという点では、従来の格安チェーンと変わらなかった。
　だが、親会社のマーケティング力をてこに、オールドネイビーは格下のブランドという自らのイメージを引き上げた。誕生直後には、すでに年間二〇〇〇万ドルから三〇〇〇万ドルという膨大な広告費を計上していた。ヴォーグ誌の元編集者で流行の仕掛け人、キャリー・ドノバンをブランド創立キャンペーンに起用したのをはじめ、[19]モデルのマーカス・シェンケンバーグやジェリー・ホールといったセレブをアパレル業界に取り込んだのもオールドネイビーだ。さらには格安ファッション店としてのノウハウを蓄積し、格安店ならではの一歩進んだマーケティング戦略も実践した。シュリンク包装〔商品のサイズに合わせて透明フィルムを加熱し、密封加工する包装。冷凍食品などに多く用いられる〕をほどこしたTシャツやスウェットを、冷凍庫に似せた棚に並べたのだ。ネオンサインやにっこり笑う大量のマネキン、レトロ調の看板（「なんと！ 店内すべて四割引！」）といった奇抜な演出は、今でもオールドネイビーの定番だ。

同じ頃、ターゲットも格安ファッション市場に参入し、Kマートとウォルマートに代わるファッショナブルな「ワンランク上のディスカウントストア」としての地歩を急速に固めた。競合他社より服の売り場面積を広くとり、一九九一年にはいち早く消費者モニターを使った。格安流行品の買い付けに消費者の意見を取り入れたのだ。[20]二〇〇二年にKマートが破産申請に追い込まれたのも、ウォルマートのブランド価値が失墜したのも、原因はターゲットの成功だと見られている。ウォルマートは最先端のファッションブランドという企業イメージを取り戻すために、二〇〇五年九月号のヴォーグ誌上に八ページにわたる特集を打つ必要に迫られた。

ターゲットもまた、マーケティングに巨額の予算をかけた。あのよく知られた標的のマークとブルテリアの登場する広告を大量に世に送り出したのだ。そうして、人型ディスカウントストアはもちろんのこと、格安ブランドの商品を身につけてもスタイリッシュで上品に装えると、新世代のおしゃれなセレブたちを説き伏せた。二〇〇六年七月二八日版のヴァラエティ誌には、ロンダ・リッチフォードによる次のような記事が掲載された。「ファッショナブルを自認する人たち、時にニコール・キッドマンやアル・パチーノを気取るような人たちが、郊外の主婦たちと一緒にターゲットの売り場に殺到している」。熱狂的なファンがあまりに増えたため、出店を要請する自治体さえ出たほどだ。一九九一年から二〇一一年までに、ターゲットはアメリカ国内に一七六三店舗を展開し、Ｇａｐさながらの成長を実現した。

格安ファッションチェーンとディスカウントストアは、今ではアパレル市場でかなりの割合を占めている。格安ファッションによるこの独占状態と、デパートで売られる服の半数以上が値引きされていることで、価格と品質に対する消費者の期待レベルは一変した。価格がなし崩し的に下がったために、以前なら「手頃」と感じた妥当な価格を、「高すぎる」と感じるようになったのだ。わたし自身も、お買得品を探し歩くうちに、トップスに一枚三〇ドル以上の値札がついていると腹が立つようになってしまった。

今日の小売店は、一五年前と同じ商品を当時より安く売らざるをえなくなっている。二〇〇八年にニューヨーク・タイムズ紙が行ったアパレル関連の物価下落傾向の調査によると、Liz & Co. のカプリパンツの価格は以前の三分の一に、ラコステのポロシャツはほぼ四分の一に下がっている。また、現在のリーバイス５０１の小売価格は四六ドルだが、この価格はインフレ率を考慮すると一九九〇年代後半より約四ドル安いという。価格が下落した九品目のうち、もっとも大きな下げ幅を記録したのは下着やＴシャツなどのベーシックなアイテムで、下落率はなんと六割に達している[21]。

三一歳のダイアナ・バロスが格安ファッションに関するブログ The Budget Babe を二〇〇七年に

立ち上げたとき、彼女の知り合いは誰ひとり驚かなかった。彼女は子供の頃から服には決して無駄づかいをしないタイプで、デパートの在庫一掃セールなどを片っ端からあさっていたからだ。現在、ウェブサイトOprah.comのライターを務めるバロスは、つつましい収入で常におしゃれに着飾っており、周囲の人に「バーゲンハンター」として知られている。「ほとんどのライターや編集者やプロデューサーと同じく、わたしの収入は最低ラインだったけど、それでもおしゃれをしたかったの。だからよくForever 21やターゲットで買い物をしたわ」と彼女は言う。

バロスは一九九〇年後半に初めてForever 21で買い物をして以来、デパートには行かなくなった。店に足を踏み入れたとたん、まったく新たな世界が目の前に開けた。そのときのことははっきり思い出せると言う。「子供がお菓子屋さんに入ったようなものだった」と彼女は回想する。「颯爽とお店に入っていって、好きな物をなんでも買えたのよ。いつもみじめな気持ちでセール品のコーナーに行っている人なら、誰でも最高の気分になると思う。買いたい物を好きなだけカゴにつめこんで、お姫様にでもなったみたいだったわ」

バロスの話で、わたしもH&Mで初めて買ったときのことを思い出した。二〇〇一年、バロスが初めてForever 21で買い物をしたのとほぼ同じ時期だ。ニューヨーク州シラキュースのカルーセル・センター・モールでエスカレーターを降りていくあいだ、店に入っていって欲しいものを全部買う自分を想像して、胸を高鳴らせたものだ。

H&Mの店舗は、安っぽく見えないのが魅力だ。数十年前までは、ディスカウントストアといえば照明は蛍光灯、店内は雑然としていると決まっていた。だが、H&Mは真っ白な壁に、磨きこまれたグレーの木の床。値札が大きく目立つこともなく、セール用の派手な宣伝もない。服はデザインの傾向や種類や色別にきちんと分類されている。だがそれ以上に魅力を感じたのは、その独自性だった。わたしが買い物をしたのはアメリカに上陸した初のH&Mだったのだ。のちに全国民が一〇ドルのドレスに群がることになろうとは、当時のわたしには知るよしもなかった。

初期のターゲットとオールドネイビーは、格安ファッションに対する消費者のイメージを塗り替え、魅力的でおしゃれなものとして売り出す必要があった。だが今日の格安ファッションに能書きはいらない。格安ファッションの店だろうとデパートのセールだろうと、はたまた純粋なディスカウントストアだろうと、わたしたちが買う服は一着三〇ドル、あるいはそれよりずっと低価格である。それはすでに、消費者文化に根づいた習慣と言える。もはや、多くの人が服を買うときのルールなのだ。一方、格安ファッションチェーンは社会主義的な使命を担っているかのように立ちまわっている。H&Mは「上流階級のためだけでなく、みんなのために」[22]とうたい、格安のベーシックアイテムを扱うユニクロは、地下鉄の広告で「あらゆる人々のための」という革命調のコピーを使う。アイザックミズラヒのターゲット向けコレクションのキャッチフレーズはこうだ。「贅沢を。あらゆる場所の、あらゆる女性のために」

富裕層でさえ格安ファッションを自分のワードローブの一部に取り入れて、自分は消費者の民主化の賛同者であるとアピールしている。人気ドラマ「セックス・アンド・ザ・シティ」でブランド中毒の登場人物、キャリー・ブラッドショーを演じ、多くのアメリカ人女性を高級ブランド店に走らせた張本人のサラ・ジェシカ・パーカーでさえそのひとりだ。二〇〇八年に、すでに倒産してしまったが当時流行していたファストファッション店Steve & Barry's（スティーブ&バリー）のために新作シリーズをプロデュースした。代表作は八ドル九八セントの花柄のサンドレスや「ファッションは贅沢品じゃない」と書かれたプリントTシャツなどだ。ニューヨーク・タイムズ紙のインタビューで、彼女はこう語っている。「昔と違うのは、誰もが服の値段を自慢できることね。最近もパーティーである人のパンツを誉めたら、『H&Mで一四ドルだったのよ』って得意気に答えた。最近はそんな自慢が日常会話の一部になってるわ[23]」

二〇〇九年には、かのヴォーグ誌までもが「今月のお買得品」と題するコラムの連載をはじめて、「一〇〇ドル以下で買える服一〇〇選」の特集を組んで、多くの人を驚かせた。もっとも、そういったコラムは、すでに主だった女性向けファッション誌でもおなじみになっている。マリ・クレール誌のコラム「贅沢品と格安品」も、デザイナーズブランドのドレスを五〇〇ドルも出して買うより、H&Mのドレスを買うほうが賢明だと勧めている。

最近ではThe Budget Babe、Frugal Fashonista、The Recessionistaなどの格安ファッション関連ブログが大人気だ。特に注目を集めているThe Budget Fashionistaの執筆者、キャスリン・フィニーは、NBCの「トゥデイ・ショー」、CNNの「ヘッドライン・ニュース」と「E!ニュース」、ABCの「グッド・モーニング・アメリカ」など数々のニュース番組の出演依頼を受け、格安ファッション購入の際のアドバイスをあちこちで行っている。バロスもまた、最初は異端だった自分のブログが主流になっていくのを経験した。彼女はThe Budget Babeにこう書いている。「四年前にこのブログを立ち上げたときは、格安ファッションはまだアパレル業界でタブー視される存在でした。今では、真っ先にMarc Jacobs（マークジェイコブス）を着るのは格安ファッションのブロガーで、ミッソーニだってターゲットとコラボしています。〝格安ってクール〟という言葉が今ほどぴったりの時代はありません」

カウンセルの動画Rainy Outfit of the Dayでは、初めてH＆Mの驚きの安さを知ったときの喜びが語られている。「最初はこの店も、四〇ドル以下のシャツなんて置かないようなお高くとまった店かと思っていたのよ」。格安ファッションは選択肢のひとつとして万人に認められ、今やアパレル産業で非常に大きな位置を占め、無視できない存在となっている。あまりにも広く行き渡ったがために、誰にでも受け入れられるものとなったのだ。「安さ」は、もはや隅に引っ込んでなどいない。巧みにひとり歩きをし、少しでも高価なものは強引に追い払って、ついには全滅させてしまう。

一〇年前に「大人になってもまだH＆Mで買い物をするつもり？」と聞かれたら、わたしはおそらく否定しただろう。ゆくゆくは上質の生地で豪華なドレープが入ったような、そんな服を売る店で買い物をするようになると思っていたのだ。だが、高い服を買うことへの嫌悪感は、あまりにも大きく育ってしまった。しかも、仕立てもセンスもよく、値段もさほど高くない服を買おうとしても、どこで探せばいいのかわからない。父の時代なら、中心街のデパートに行けばよかった。他にはない、仕立てのよい服が売られていたのだから。だが今はどこへ行っても、判で押したような画一的な服が、どれもこれも大幅に値引きされて大量に並んでいるだけだ。選ぼうにも、あまり選択肢がないのが実情なのである。

第二章　アメリカでシャツがつくれなくなった理由《わけ》

服飾産業振興会社（Garment Industry Development Corporation、ＧＩＤＣ）のオフィスに電話をしたが、誰も出なかった。呼び出し音が何度も空しく鳴り続けるだけだ。数日経って、ようやくＥメールの返事がきた。マンハッタンの中心にあるガーメントセンター（服飾品センター）にお越しください、とある。さっそく出かけていった。西三四丁目で地下鉄を降り、「安さが命」と書いた布を入り口に掲げた、現代風の小さなブティックの前を過ぎ、通りを横断すると、ごみごみした七番街に入る。ファッション街と呼ばれるところだ。ディスカウントの卸売店ジョーイの前を通った。ここで一枚一ドルのＴシャツを五〇枚買って、オリジナルプリントをほどこして売ったことがある。買ってくれた友人が、数カ月後に連絡してきた。「あのＴシャツ、縫い目がほどけちゃったんだけど、別のをもらえる？」

角を曲がって西三八丁目に入ると、やっと人の気配がした。建設用の足場の奥に見え隠れする、生地店とアクセサリー店の前を通りすぎる。ビニール袋に入った新品のドレスを荷下ろししているトラックを横目で見ながら、二〇世紀末に建設されたとおぼしきビルに入った。エレベーターで五階まで上り、なんの表示もないドアをノックすると、ジーンズにぴったりしたドレスシャツを着た、背の高い魅力的な男性がドアを開けてくれた。小さな部屋の真んなかにぽつんと置かれた椅子を勧められる。

部屋には誰もいないデスクがふたつとハンガーラックが一ダースほどあるだけだった。アンディ・ウォードという名のこの男性だけが、ここで働いているようだ。彼はわたしの向かいに座り、「規模を縮小したところなんでね」と皮肉っぽく眉を上げた。ここで誰かが電話に出るとしたら目の前にいるこの男性しかいなかったが、電話はどこにも見あたらない。服飾産業振興会社という名前から思い描いていたオフィスとはずいぶん違う。

　アメリカにおいて、服飾産業は、ここ一〇年間でもっとも衰退している産業のひとつと言われている。より急速に落ち込んでいるのは、新聞社、有線電話企業、繊維工業だけである。その三部門の衰退ぶりはどれも似たり寄ったりだ。[1]　一九九七年から一〇年間のアパレル産業の失業者数は約六五万人。[2]はたして、格安ファッションの台頭と関係があるのだろうか？　わたしは、ニューヨーク市内の縫製工場を調べることにした。

　ここへ来るまで知らなかったが、ＧＩＤＣは非営利組織だった。一九八〇年代後半に、ガーメントセンターのオンブズマン組織として設立されたという。ガーメントセンターはマンハッタン西部の三四丁目から四二丁目のあいだに位置する、細長い地区だ。過去一〇〇年以上にわたって、服飾産業が発展し、衰退してきた場所だ。八七年から服飾メーカーのための特定区域に指定されている。ＧＩＤＣの正式な役割は、この地区に法律事務所などの無関係な業種が入り込まないよう監視することだった。かつては、服飾関連業者が高額の賃貸料を支払うことによって、他業種を締め出すことができた。だが、今やそれは無理な相談だ。ニューヨーク周辺には、もはやこの特定区域のスペースを埋めるだけの服飾メーカーは残っていない。ガーメントセンターの約八三六万平方メートルの地区内の服飾業者の数は、かつての五分の一以下に減ったという。

近頃では、ＧＩＤＣは独立系デザイナーの要望に応え、生き残っている縫製工場のなかからもっとも目的に合ったところを選んで斡旋することを主な業務としている。「イブニングドレスをつくりたい人がいれば、それにぴったりの縫製工場を探すんだ」とウォードは言う。「必要なものがうまく調達できるように調整するのがここの仕事でね」。かつては、ＧＩＤＣにも多くの従業員がおり、オフィスももっと広く、立派なショールーム付きだったという。だが、賃貸料の支払いが滞り、そこを出ざるをえなくなった。そこまで困窮した責任は当時の経営陣にもあるが、市やニューヨーク州からの助成が打ち切られたのも大きな要因だった。社員はほぼ全員解雇され、残ったのはアンディ・ウォードただひとり。そのウォードにしても、ここしばらくは無給で働いているそうだ。何をするにも予算はゼロ。「今ではこのぼくがＧＩＤＣなんだよ。決して居心地がいいとは言えないけどね。風前の灯ってやつさ」と彼は言った。アメリカ国内の服飾産業全体にも、そっくりあてはまる言葉だ。

メルセデス・ベンツ ファッション・ウィークの開催地であり、八〇〇以上のアパレル企業の本社があるニューヨークが服飾デザインの一大拠点であることは、誰にも異論がないだろう。[3]だが、かつてのニューヨークは、服飾メーカーの拠点でもあった。服飾生産業は一九〇〇年にはすでに、ニューヨークでもっとも多くの労働者を抱えるようになっていた。二〇世紀には、アメリカじゅうのドレスやおしゃれな婦人服の半数以上がここで生産された。婦人服より市場は小さいものの、紳士服業界も活況を呈していた。ガーメントセンターの歩道には、裁断された布地を積み上げた台車や、仕上がった洋服でびっしりのハンガーラックが所せましと並び、通り抜けが困難な状態が何十年も続いたという。当時アンディ・ウォードがいたオフィスから見下ろす通りには、布地やボタン、小間物といった服の付属品の店がずらりと並んでいた。当時のような業界内のエコシステム〔複数の企業が協調して業界全体で収益構造を維持し、発展させていくあり方〕は今でも残ってはいるが、規模は大幅に縮小している。

かつてのガーメントセンターは、移民や学歴の低い人々にとっての出世の場だった。服飾業界では、今よりはるかに多くのブルーカラーや中産階級の人たちが働いていた。仲買業者や卸売業者の他にも、販売員や染布、型紙、裁断などを担当する労働者がひしめいていた。もちろん縫製員も、ミシン軍団とでも呼びたくなるほど大勢いた。現在のニューヨークで、今もどうにか生計を立てている服飾関連の組合員は、わずか数百人だ。年収は経験と技術のレベルによるが、三万五〇〇〇ドルから一〇万ドルプラス諸手当といったところだ[4]。

ニューヨークのいくつかの縫製工場を一年以上かけて取材するうちに、ガーメントセンターはすっかり馴染みの場所になった。最初は寂しいすさんだ印象しかなかったが、慣れてくるとちがった目で見られるようになった。ここはものをつくる場所で、買う場所ではない。だから、洗練された魅力的な場所である必要はないのだ。こつこつと働き続けているデザイナーがいて、工場がある。ボタンホール職人や、裏地、接着布、糸や針、スナップボタンなどを商う小さな気取らない店が、今もこの地区を支えている。

ダルマ・ドレス制作会社は三〇年以上におよび、激動の時代をニューヨーク市内で生き延びてきた。輸入品のほうが圧倒的に有利な現在でも、服飾業界で競争力を失わずにいる。同社は、ガーメントセンターの西三九丁目に一九七〇年代後半に設立。当初は二階建ての建物全体を借りきり、従業員二〇〇人を抱えていた。その頃つくっていたのは高品質で価格の手ごろな婦人服だった。納入先はAbe Schrader（エイブシュレーダー）やMalcolm Starr（マルコムスター）など、かつては伝説的とも言われた大手ドレスメーカーや、ラルフローレン、Bill Blass（ビルブラス）などの大企業だった。設立時には知るよしもなかったが、ダルマ・ドレスが操業を開始したのは、服飾業界全体の変動が始まった時期とぴったり重なっていた。「変化はあっという間でしたね。一九七〇年代後半のあの頃がこの地区の最盛期だったのではないでしょうか」とダルマ・ドレスの責任者マイケル・ディパルマは言う。創業者アルマンドは、彼の父親だ。

ダルマ・ドレスのアトリエの雰囲気には、古きよき時代の魅力がある。何本ものロール状の布地、デザインごとの技術的な仕様書、ボディー型のスタンドなどが小さな作業室に散在している。わたしがディパルマのオフィスで話をしていると、そこに縫製員がひとり飛び込んできた。「これ、ミシンでもできましたよ！」。買ったら数千ドルはしそうなゴールドのビーズのついたドレスを見せる。「ミシンでできるかどうかなんてどうでもいいんだ」とディパルマは怒鳴った。「言われたとおりにやってくれ」。ミシンで縫いつけることはできても、手作業で仕上げないと布地の重みでファスナーの端が破けてくることをディパルマはわかっている。神経質そうなディパルマの口からは、服飾業界の専門用語がぽんぽんと飛び出してくる。従業員のいるフロアに出ている時間も長い。彼が手助けをして服を仕様通りに仕上げなければ、会社は存続できないからだ。「ここでは誰も座ってじっとしている余裕はありませんよ」とディパルマは言う。

初期には、ラルフローレンなど取引先からの注文で同じ型のブラウスを一〇〇〇枚つくるといった仕事が中心だった。「とてもありがたかったですね。そういう注文を『拾い物』と呼んでいたくらいです。最初にアジアに持っていかれたのは、そういう注文でした」。現在、ダルマ・ドレスは規模を縮小し、工場も一階部分しか使っていない。従業員数も四〇人に減った。今は、アメリカのふたりの超有名デザイナーから注文を受けて、高級イブニングドレスとウェディングドレスを制作している。一時期、ダルマ・ドレスをはじめとするニューヨークの工場の大半は、発注数の少ない手のかかる注文を断っていた。だが今ではそうした注文こそが、ここで生き残るための最後の手段だ。「高級服の注文は昔からありました」とディパルマは言う。「でも昔は、そういう注文はちっともありがたくなかったんです。一般の服の注文なら、家に帰ってくつろいで、週末にはまた五〇〇ドルが入ってくるのをただ楽しみにしていればよかったんですから。高度な技術を必要とするドレスの注文はいつの時代にもありますが、昔はそういうものは、誰もが敬遠していました」

縫製工場では、受注数の多い単純な仕事が好まれる。ひとつひとつの注文について、従業員に細かいことまで教え込むには時間もコストもかかる。注文数が多ければ多いほど、一枚あたりのコストは少なくてすむ。またデザインがシンプルであればあるほど縫製に時間がかからず、高度な技術や特殊な機械も不要だ。そして受注数が多かろうが少なかろうが、布地や糸、機械の調整、サンプル品の作成や発送、購入する圧縮包装用ビニールパックやタグなどにかかる初期費用は変わらないという実状もある。

バングラデシュのダッカに縫製工場を持つアシュラフル・カビーア、通称ジュウェルも同じことを言っていた。ジュウェルの工場はＥｃｈｏ（エコー）、ユニバーサル・スタジオ、Umbro（アンブロ）

などの服を生産している。仕事を受けるならこうした大企業の大量注文に限る、と言う。注文が大量なら、投資した分を回収できるだけでなく、相当な利益も見込める。「注文数が五〇〇枚であろうと五〇〇〇枚であろうと、かかるコストは同じだ」とジュウェルは説明した。「だから受けるなら大量注文。そのほうが断然いい。利益は受注する数で決まる。大企業だってまったく同じ方法で利益を上げているよ」

ジュウェルの縫製会社の名はダイレクト・スポーツウェア・リミテッド。約二〇〇人の従業員がTシャツや競技用パンツなど、ベーシックなアイテムを月四〇万枚以上生産している。同一商品の受注数が一〇〇〇枚単位で増えると、縫製代は大幅に値下げできる。数が増えるほど、一枚ごとの経費が劇的に下がるからだ。一〇〇〇枚分なら一枚一〇ドルだが、「受注数が一万枚に増えれば縫製代は一枚五ドルにできる」とジュウェルは言う。つまり半値だ。だがある時点でスケール・メリットは相殺され、縫製代は下げられなくなる。では、工場がそこそこの利益をあげつつも、小売り価格がもっとも安くなる枚数は？　ダイレクト・スポーツウェア・リミテッドでは、その数はなんと二万五〇〇〇枚だという。

低賃金と低価格を求めてニューヨーク州外に進出しはじめたファッション関連企業は、一九三〇年から四〇年頃には早くも西海岸や南部にまで広がっていった。だが、さらに国外まで足を延ばすと、驚異的な低賃金が存在した。アンディ・ウォードの祖父はメイン州に毛織物工場を持ち、父親はかつての紳士服の大手ブランド、New York Sportswear Exchange（ニューヨーク・スポーツウェア・エクスチェンジ）のオーナーだったというが、彼によると、海外への生産移転がはじまったとたん、国内の工場は競争力を失ったという。「みんなが海を越えたとき、パンドラの箱が開いたんだ。以来、アジア以外の国では服をつくれなくなった。そうなった以上、もう箱は閉められないし、以前に戻ることもできないんだ」

一九五〇年代には早くも日本からの綿製品の輸入がはじまった。その一〇年後には香港やパキスタン、インドからも衣類が流入するようになったが、まだ少量だった。一九六五年にアメリカで販売された衣料品のうち、輸入品は五パーセントに留まっていた。ディパルマによると、初期の海外生産は今よりずっと単純で基本的な服に限られていたという。当時は携帯電話もファクスもインターネットもなかったから、シンプルなデザインでないと仕様を伝えることが難しかったからではないかというのが彼の推測だ。「『ブラウスをつくってくれ』『ブラウスってなんですか？』『前身頃が二枚、後身頃が一枚で、袖が二本に襟とポケットがついているものだ。ボタンもつけてくれ』といった具合ですよ」と彼は説明した。「ほら、今の説明なら一分もかからないから、電話でも大丈夫でしょう」。だが当初はまだ、輸入品の品質を一定に保つことは難しかった。

アパレル産業の生産がこれほどまでに海外に奪われてしまった理由は、生産にかかるコストの大部分が賃金だからだ。たとえ労働力のすべてを賃金の安い海外でまかなっても、その点は同じだ。最近の試算によると、一着の服をつくるのにかかるコストの内訳は、生地などの原材料費が二五～五〇パーセント、賃金が二〇～四〇パーセントである。[5]「アパレル産業でもっとも必要とされるのは技術力ではありません。膨大な労働力です。ミシンの前に座る人間はどうしたって必要ですからね」とディパルマは言う。工場でつくられるとはいえ、衣料品はいくつもの工程を経てつくられる手工業製品だ。

ミシンも、機械というよりは道具と呼ぶべきだろう。性能を上げたとしても、手仕事を助けてスピードアップすることしかできない。多くの手間が要求されること。それが服づくりの特徴であり本質だ。だからこそ、縫製の仕事は世界じゅうにもっとも広く存在し、アパレル業界でもっとも一般的な職業なのだ。

衣料品が本来手工業製品であるのは当然だと思われるかもしれない。だがこの単純な事実が、服の価格を大きく左右している。縫製員の賃金と工場の収入が、製品の価格を決めるのだ。安い車をつくるには安い部品が必要である。同じように、安い服をつくるにも安い原料が必要だ。ところが、ディパルマによれば布地の価格はどこでもそう変わらないという。たとえば、日本と中国では五〇セントしか違わないこともある。「生地の値段は製品の価格とは無関係です」とディパルマは言う。「生地ではコストダウンができませんからね。できるとしたら賃金しかありません。でも、アメリカには労働基準法があって、最低賃金以下では人を雇えませんからね」。安い服をつくろうと思ったら、安い労働力が欠かせないということになる。

アメリカ国内の賃金は、ケースバイケースだ。アンディ・ウォードによると、ニューヨークでは、高度な技術を持つ縫製員の時給は一二ドルから一五ドル、腕のよいパタンナーならおそらく一七ドルから一八ドルだという。政府の統計によると、縫製員の現在の平均賃金はそれよりずっと低く、時給九ドル、月給にして一六六〇ドルだ。これがドミニカ共和国の自由貿易区域内だと、最低賃金は月四九〇〇ペソ。ドルに換算すると一五〇ドルにもならない。近年、給与水準が急激にアップしている中国沿岸部でも、最低賃金は月一一七ドルから一四七ドルにとどまっている。[6]バングラデシュの最低賃金は二〇一〇年一一月に引き上げられたが、それでも縫製員の最低賃金は月わずか四三ドルだ。今日のアメリカでは服飾工場労働者の賃金は国民平均より低いが、同じ職種の中国人の四倍、ドミニカ人の一一倍、そしてバングラデシュ人の三八倍にもなる。

この大きな賃金格差が衣料品の価格にどう影響するかを示す例を挙げてみよう。高級ジーンズブランドJ.Brand（ジェイブランド）の取締役、ジェフ・ルーズがウォールストリート・ジャーナル紙のインタビューで語ったところによると、彼がデザインした三〇〇ドルのジーンズは、「もし生産を中国に移せば、四〇ドルにできるはずだ」という。[7]

わたしは自分のギャザースカートをディパルマのところに持っていった。Urban Outfitters（アーバンアウトフィッターズ）のセールで三〇ドルほどで買った、ポリエステルの黒い裏地付きミニスカートだ。これと同じものをあなたの工場でつくったらいくらかかるか、と質問した。彼は、わたしが言い終わるのを待たずに、勢いよく答えた。「三〇ドルですね」。ただし生地代は別だ。中国で訪ねた四つの工場でも同じ質問をしたが、見積もりは、三つの工場では一着五ドル未満、少し高級な工場でも一二ドルだった。しかも、こちらは生地代込みだ。バングラデシュのある工場でも、やはり、一枚五ドル未満と言われた。中国のある工場は、一着一ドル五〇セント以下で配送も請け負いますと申し出た。海外なら経費を全部ひっくるめても、自分の町のダルマ・ドレスの半値よりはるかに安いのだ。

もちろんアメリカにも、最低賃金以下で労働者を雇っている工場は多い。コストカットに邁進するアパレル業界は、賃金を低く抑えることでなんとか競争力を維持してきたからだ。労働搾取工場とアメリカとの関係は、産業革命の時代にまで遡る。服飾業界においては、労働搾取反対運動が遅くとも一九一一年には始まっている。きっかけは、ニューヨークのトライアングル・シャツブラウス工場の火災で従業員一四六人が死亡したいまわしい事件だった。工場は窃盗を防ぐため施錠されており、従業員が閉じ込められるかたちになった。死亡者の約三分の一は窓から飛び降りるか、倒壊しかかった非常階段から落ちて亡くなった。

ニューヨークの服飾産業はまた、マンハッタンのチャイナタウンで違法操業をする工場ともつき合いが長い。サリー・レイドはニューヨークで三〇年以上のキャリアを持つ衣料品の生産と品質管理のコンサルタントで、一九九〇年代に工場がこぞってチャイナタウンに押し寄せたときのことを記憶している。当時仕事を請け負っていた一五丁目のイタリア人が経営する工場には、労働組合があった。裏地つきのブレザーを専門に、一着四二ドルから四八ドルで縫製していた。だが、チャイナタウンの工場が現れて、裏地つきのブレザーを二八ドルでつくると言い出した。レイドの取引先のブレザー工場は廃業に追い込まれた。それだけではない。ニューヨークでその種の衣料品を合法的につくることは、もはや不可能になったのだ。

チャイナタウンの工場には、どうしてあれほどの値引きが可能だったのだろう？　ある工場でつくるのに四八ドルかかる同じジャケットが、別の工場では半額でできるとはどういうことだろうか。「従業員に最低賃金を払っていないからです。間違いありません」とレイドは言う。「二八ドルの値をつけた工場では、ゴキブリがそこらじゅうにうようよいるし、ネズミも走り回っている。トイレさえなかったんですから」。当時、チャイナタウンの工場の多くは、危険建物の判定を受けていた。敷地に穴がいくつも掘られていたのも、レイドは記憶している。工場主がトイレを設置していなかったからだ。

チャイナタウンで何十年も操業を続け、量販店用に大量の衣料品を生産していた多数の縫製工場は、今はほとんど残っていない。チャイナタウンは服飾特定区域には指定されず、開発業者が入り込んで賃貸料をつり上げてしまったため、工場はガーメントセンターよりもすみやかに一掃された。ウォードの推計では、二〇〇三年にはチャイナタウンに二五〇の大量生産型の服飾工場が残っていた。「それが今ではわずか二〇ってところだね」と彼は言う。一番最近チャイナタウンを追われたのは、週末だけで四万着のスカートを生産でき、しかも縫製の質がよいと評判の工場だった。

ロサンゼルスでは、一九五〇年代前半にはすでに低賃金の縫製工場が次々に誕生していた。それがニューヨークの縫製工場衰退とともに勢いを増し、一九九〇年代後半には労働者数が約一二万人に達した。ロサンゼルスの服飾産業は、現在もアメリカ最大の規模を誇っている。[8] だが、西海岸のファッションはニューヨークファッションとはまったく違うことから、ニューヨークの直接のライバルとはならなかった。東海岸で生産される服は、どちらかというとフォーマルウェアとオーダーメイドに特化されていた。一九六〇年代を舞台にしたテレビ番組「マッドメン」の登場人物が着ているイブニングドレスやビジネススーツのような服だ。今日でも、アメリカでオーダーメイドの紳士物ジャケットや高級イブニングドレスをつくるなら、ニューヨークが一番だ。

それに対してロサンゼルスは、もっとラフなスポーツウェアと呼ばれるカリフォルニアファッションの発祥地だ。スポーツウェアとは、ジョギングパンツやヨガパンツのようなものを指すのではない。軽くてゆったりした、フォーマルの対極にあるような服を指す業界用語である。今日ほとんどのアメリカ人が日常的に着ているのが、このスポーツウェアだ。カリフォルニア・ファッション協会会長のイルゼ・メチェックは、西海岸でスポーツウェアの人気に火がつき始めた一九六〇年代に、服飾業界でのキャリアをスタートさせた人物だ。彼女は、ガードルと大きなペチコートを重ねるドレスから、よりシンプルな服に女性が鞍替えしたときのことをよく覚えている。「上品なニューヨークスタイルからカリフォルニアスタイルへの方向転換は、突然起きました」とメチェックは当時をふり返る。最近のロサンゼルスには、一本一五〇ドル以上もする高級ジーンズも出現している。

　二〇一〇年八月、輸入品が西海岸のアパレル産業にどの程度影響を与えているかを確認するため、わたしはロサンゼルスの縫製工場を訪ねた。同行者がふたりいた。ひとりは通訳を務める大学生のミッシェル。もうひとりはロサンゼルスで二〇年近くも縫製に携わってきた、メキシコシティ生まれのルペ・エルナンデスだ。ルペは一〇年前のForever 21への抗議運動の際、他のメンバーとともに陣頭指揮をとった人物である。抗議運動の発端は、ロサンゼルス中心部のForever 21の工場で、縫製員の賃金が法律で定められた最低賃金をはるかに下回っていると判明したことだった。[9] エルナンデスはその工場で働く縫製員のひとりだった。抗議運動の後、Forever 21は製品の多くを海外から調達するようになったが、一部の商品は今でもロサンゼルスで生産している。流行の先端を行くデザインは、少しでも早く店舗に並べる必要があるからだ。

　エルナンデスは現在三七歳。身長一五二センチ、細い肩ストラップのタンクトップに金の十字架を下げ、真っ赤な口紅にくっきりと眉を描いた、溌剌《はつらつ》とした女性だ。彼女はわたしたちを西八丁目とサウスブロードウェイが交差するロサンゼルスの中心街に連れて行ってくれた。そこに建つあるビルで、

Forever 21とその子会社Reference（リファレンス）が、今も一部の商品を生産している。各階に、およそ六つずつの縫製会社が入っている。いずれも小さいシンプルな工場で、ヒスパニック系の中年女性従業員二〇数名と、男性従業員数名が働いている。わたしが見かけた男性従業員はミシンの針の下に布地をセットしたり、でき上がった製品をハンガーに吊るしたりしていた。

ロサンゼルスの服飾関連労働者の賃金は、実質的に全員が出来高払いである。たとえばエルナンデスのような仕上げ作業（主に糸端の始末）を担当する作業員には、シャツの仕上げ一枚につき四〜五セントが支払われる。だが厳密に言えば、雇用主は出来高にかかわらず最低賃金を支払う義務がある。経験が長く作業の速い従業員は、理屈の上では最低賃金を上回る賃金がもらえるはずだ。メチェックは「計算上、最低賃金分の仕事ができなかったとしても、雇用主には法律的に最低賃金を払う義務があります」と言う。だがその規定は、ロサンゼルスの多くの工場では守られていない。最低賃金をもらえるのは、毎週毎週、とてつもない数のノルマを達成した場合に限られる。

エルナンデスによると、ロサンゼルスの工場で働く知り合いのほとんどは、日に一〇時間、週に六日間働き、法定最低賃金を得ているという。他の工場の人たちがどれだけ稼いでいるか、どうしてそんなにはっきりわかるのだろうか？　賃金は工場によって違うのではないか？　彼女にその点を尋ねると、エルナンデスは憤慨してこう言った。「わたしが一八年前にここに来て以来、賃金はどこもほとんど変わっていない。今は生活費が高くなったぶん、昔以上に働かなきゃいけないの。わたしたちは前よりたくさん働いているのよ。なんとか生きていくためにね」

わたしが会ったとき、エルナンデスは流行の先端をいく若者向けブランドAmerican Apparel（アメリカンアパレル）で働いていた。きわどい広告と、商品がすべてメイド・イン・ロサンゼルスであることで有名になったブランドだ。ところが連邦政府の調査が入り、一八〇〇人の移民従業員が不法就労で解雇された。二〇〇九年一〇月、失業率が過去二五年でもっとも高くなった時期だった。解雇された従業員の多くは一〇年以上もそこで働いてきたベテランだった。失業中だったエルナンデスは、突然の人手不足に陥ったこの工場を公共機関から斡旋された。メチェックによると、物議をかもしたこの移民制限政策のせいで、ロサンゼルスはもっとも経験豊かな労働者の一部を失ったという。エルナンデスも同意見だ。「失業率がとても高かったから、新人がどっさり送り込まれたわ。その人たちは仕事の仕方を知らないから、ただ場所をふさいでいただけだったけどね」

自社工場で国内の労働力を使っているだけでも異例だが、アメリカンアパレルには他にもいろいろ型破りな点がある。従業員は健康保険や新株予約権を与えられ、時には職場で無料マッサージを受けられる。それでもエルナンデスに言わせれば、労働者の生活水準をアメリカ人の標準レベルまで押し上げるには不十分だ。実際、彼女には服を買う余裕などないという。工場でつくっているポリエステルのシャツは、店で買うと五八ドル。一般的には妥当な値段だが、今の服飾産業労働者は買うことができないのだ。わたしはエルナンデスに、ここで働くのは好き？　と尋ねた。「わたしたちがここで働いているのは、最低賃金が保証されているからよ」と彼女は答えた。加えて休憩時間や残業手当もある。だが、いい仕事だ、とまでは言わなかった。膨大なノルマ（日に一二三〇〇枚）を毎日課される重圧は大きい。エルナンデスは言う。「アメリカンアパレルは、他よりは<u>まし</u>というだけよ」。他とは、他の縫製工場という意味である。

ロサンゼルスの服飾産業が世界と渡り合える競争力を持てたのは、低賃金のおかげだった。しかし労働条件は次第に悪化し、低賃金、劣悪な労働環境、雇用の極度の不安定さが常態化してしまった。カリフォルニア大学バークレー校で労働研究センターの副代表を務めるケイティー・クワンによると、労働環境を改善したくても、組合を組織すること自体が不可能に近いのだという。「現在の服飾業界はグローバル化が非常に進んでいます」と彼女は言う。「そのため、たとえ組合をつくったとしても、雇用を国内に確保しながら長期的に賃金が上がっていくような改善案を提示するのは無理なのです」。実際、雇用条件では他社よりリードしているアメリカンアパレルにさえ、組合組織はない。二〇〇三年、縫製・繊維労組・ホテル・レストラン従業員組合（UNITE HERE）がアメリカンアパレルの従業員組合を結成しようとした。[10] 有給休暇、健康保険料の軽減、生産工程や職場待遇の改善を勝ち取るためだ。だがこの試みは失敗した。会社側は労働者たちが組合化を望んでいないと主張し、従業員側は、管理側は横暴だと非難した。クワンは言う。「わたしたちはしょっちゅう言ったものです。ロサンゼルスの賃金と労働環境はあまりにも劣悪で、まるでカリフォルニアのなかにメキシコがあるみたいだって」

ロサンゼルスに出かける数週間前、わたしはスモーキー・マウンテン山脈を越えて、七時間におよぶドライブをした。ジョージア州とサウスカロライナ州の州境を通過し、着いたところはサウスカロライナ州グリーンビル。絶滅寸前のアメリカ繊維産業のかつてのメッカである。グリーンビルからグリーンズボロにかけての州間高速道路85号線沿いは、かつて繊維工場が連なっていたところだ。ここへ来た目的は、父の幼なじみのオリーン・カイカーに会うことだった。カイカーは四〇年以上も繊維業界で働いた実績を持つ、思慮深く情熱的な人物だ。彼はラップアラウンドのサングラスにスポーツサンダルといういでたちで現れた。車に乗せてもらい、数マイル走ったところで85号線を降りて、インマンというとても小さな町に入った。もう長い間、ハーディーズ〔ハンバーガーショップ〕とマクドナルド以外に新しい店ができていないという。インマン商業地区と書かれた緑の看板があったが、そこには何もなかった。地区のはずれの丘のてっぺんに、南部風の白い大邸宅が建っていた。「たぶん昔の工場主の家だろう」とカイカーは言い、住宅街のせまい道路に入っていった。道の両脇に庭付きの小ざっぱりとした四角い家が並んでいる。繊維工場が建てた労働者用住宅だ。

道の突きあたりに工場があった。産業革命時代の写真集から抜け出たような、四階建てのレンガ造りの建物だ。煙突が一本、高く空へ伸びている。わたしは車を降りて脇道に入り、雑草の生い茂った守衛室まで行ってみた。なかは空っぽで、ガラスがはまっていない窓も多い。そんな窓ごしに、青く澄みわたったカロライナの空が見えた。これが製糸工場のインマン・ミルズだったところだ。その昔、ここはサウスカロライナの人々が憧れる就職先だった。現ＣＥＯ、ノーマン・チャップマンからのＥメールによると、同社は従業員のために野球場、教会、学校、地域開放型スイミングプール、ボーリング場をつくり、さまざまな運動競技連盟のスポンサーも務めたという。

インマンは今でもいくつかの工場を経営しているが、一番古い工場は二〇〇一年に閉鎖したそうだ。理由のひとつは、今日の繊維業界が非常にハイテク化され、一〇〇年前の建物は完全に時代遅れになってしまったことだ。繊維工場は服飾工場とはまるで違う。今日では高度にオートメーション化され、織布や染布、プリントや仕上げ、乾燥といった工程にさまざまな精密機械を使用している。必要な労働力はほんのわずかだ。たった一〇人から二〇人で、一時間当たり数千平方メートルもの布を織ることができる。[11] チャップマンは繊維工場と比べると「服飾工場のほうが身軽だ。電力もほとんどかからず、従業員教育もはるかに少なくてすむ」と言う。だがそんな繊維業界も、やはり海外との熾烈な競争にさらされている。一九九六年にはアメリカの繊維業界には六二万四〇〇〇人の労働者がいたが、今日では一二万人まで減少している。[12] 工場を閉鎖した最大の理由は何かと尋ねると、チャップマンは「仕事がなくなったことだ」と返信をくれた。そこにはこうつけ加えられていた。「驚くほど安いアジアの繊維が、洪水のようにアメリカに押し寄せたせいだ」

州間高速道路85号線沿いに立ち並ぶ、すでに閉鎖された工場の数々を金網越しに覗きながら、カイカーとわたしは午後の残りの時間を過ごした。アメリカ南部で、およそ三〇年間も繁栄を続けてきた繊維業がもはや消滅してしまったことは残念でならない。その午後に見た多くの工場の跡地には、富裕層のためのマンションが建っていた。何ごともなかったように瀟洒な建物が並んでいたが、ここで大量の雇用が失われたことを思うと、なんともいえない気持ちだった。サウスカロライナ州の失業率は二〇一一年七月時点で一〇・九パーセントと、全米でも最悪のレベルだ。

カイカーのキャリアは一九六八年、紡績工場の下級管理職からスタートした。時給は一ドル二五セントだったという。「目の前にかざしても自分の手が見えなかったほど、空気が汚れていたよ」とカイカーは当時の工場の大気汚染のすさまじさをふり返った。年月とともに、繊維業界の賃金と労働環境は大きく改善した。今日、時給は一一ドルから一三ドル。従業員は厳しい法律で健康被害や環境汚染から守られている。最終的にカイカーはTNSの工場長にまで出世した。ジョージア北部に本社をかまえるＴＮＳは、当時三つの紡績工場を稼働させ、週に計一〇〇万ポンドの糸を生産していた。長年の大口取引先にはLevi's（リーバイス）も名を連ねている。

グローバル市場での競争力を確保するため、ＴＮＳは生産工程を最大限オートメーション化した。だが十分な受注がなく、取引先も次々に廃業に追い込まれていった。二〇のＴＮＳの工場のうち、六つの拠点が二〇〇二年に閉鎖。翌年、カイカーは残った工場の生産を統括する副社長に任命された。それでも、輸入が増えつづけるなかでの生き残りは不可能だった。二〇〇九年、最後に残った二つの工場の売却と同時にカイカーは退職し、繊維業界でのキャリアを終えた。

カイカーが繊維業界の出世階段を上りつづけた一九七〇年代後半、アメリカ人が着ていた服の四分の三は国産品だった。だが、安い賃金の労働力でつくられた輸入品が脅威となるだろうことはすでに明らかだった。それに対し、国際婦人服労働組合（ＩＬＧＷＵ）は、人々の愛国心に訴える作戦に出た。キャンペーンに使ったテレビコマーシャルは「組合マークを見て買おう」というキャッチフレーズで有名になった。一九八一年のコマーシャルでは、ふわふわした髪の女性が栗色のカウルネックのブラウスを掲げて見せながらこう言う。「これは輸入ものではありません。わたしたちがつくったものです。組合マークはここに縫いつけられています。このマークの服を買ってくだされば、わたしたちの願いがかなうのです。願いは、皆さんと同じ。仕事を持ち、まじめに働き、働きに見合うお給料をもらうことです。このマークを見たら、わたしたちのことを思い出してください。わたしたちは、ここアメリカであなたの服をつくって暮らしています」。この組合マークが縫いこまれている一九九〇年以前につくられた服を、今も見ることができる。

アメリカの繊維工場や服飾工場の経営者たちも、強力な政治団体や陳情団を結成し、衣料品の輸入数量に制限を加えた。一九六二年のアメリカでは日本からの輸入に関する合意が唯一の輸入制限措置だったが、そうした措置はその後数十年間で大幅に増えた。一九九四年には対象国が四〇カ国に拡大し、輸入衣料の約半数がこの規制の対象とされた。[13]

さまざまな規制を一本化するため、一九七四年には世界共通の輸入制限である多国間繊維取決め（MFA）が締結される。これは開発途上国から先進国へ衣料を輸出する場合、国ごとに量的制限を定めて輸出総量を割り当てるものだ。ただしこの制限は、一国からの輸入量が増えて国内産業への脅威と見なされるレベルに達しない限りは適用されない。結果的に、輸出量割り当て制は非常に複雑になった。割り当て量の設定はニットスカート、ブルージーンズなど一〇〇以上のカテゴリーに分けて行われ、さらに国ごとに異なっていた。

こうしてMFAは、一九七四年から二〇〇五年にかけての世界の服飾産業のありかたを決めることになった。その影響は今も残っている。割り当てられた上限を減らされないように、各国は毎年必ず限度ぎりぎりまで輸出しなければならない。割り当て量取引の専門家を自称するいかがわしい人物まで現れる始末だった。MFAが与えた影響はそれだけではない。上限いっぱいに輸出をくり返した途上国に、多大な労働力を生み出したのだ。海外の巨大工場は従業員を何千人も抱えるのが当たり前になり、とくにここ数十年の中国でその傾向が著しい。アンディ・ウォードによれば、こうした工場は規模が大きくなりすぎ、一〇〇枚単位や数千枚程度の注文は受けつけなくなったという。「割り当て量の達成のためには、工場の従業員数は二〇〇〇人から三〇〇〇人になる。そうなると、一〇〇枚単位の注文などには見向きもしなくなる。ＪＣペニーからの注文でワイシャツを一〇万枚つくるほうがいいに決まってるんだから」。こうした理由で、海外に生産拠点を持つ余裕さえあれば、その企業の生産枚数は増えていく。そして海外の工場は、今もなお膨大な量を生産する体勢にある。何しろ、巨額の資金を注入して大量の人員を雇い、高額の機械を導入し、巨大な施設や、さらには従業員の住居棟まで建設してきたのだ。

巨大で効率的な海外の工場は、企業にとって重要なドル箱だった。各チェーンストアは、割り当てによる制限をなんとか回避しようと画策した。つまり、サプライチェーンを世界じゅうに広げることによって、できる限り多くの国の割り当てを利用し、コストを抑えようとしたのだ。傘下にBanana Republic（バナナ・リパブリック）とOld Navy（オールドネイビー）を持つＧａｐの生産拠点は、二〇〇三年時点で四二カ国の一二〇〇以上の工場に広がっており、Juicy Couture（ジューシークチュール）などを傘下に持つLiz Claiborne（リズクレイボーン）も四〇カ国に生産拠点がある。[14]結局、ＭＦＡは、輸入品がアメリカになだれ込んで来るのを食い止めるには大して役に立たなかったが、割り当て制限が甘いという有利な条件を求めて多数の工場が集まった国（たとえばバングラデシュなど）の服飾産業を育てるほうに役立ったといえる。

海外への生産移転は、新たなタイプのアパレル企業が生まれるきっかけともなった。服の生産そのものは行わずに、デザインとマーケティングのみを手がける企業だ。Ｎｉｋｅ（ナイキ）のようなブランドやＧａｐのような巨大な小売店の出現は、安価な労働力があって初めて可能になった。一九八〇年代から九〇年代にかけて消費者の崇拝を集めたそうしたブランドは、生産の大部分を外部に委託している。そもそも、商品を自社内でデザインし、プライベート・レーベル化したことで、競合他社と比べてすでにコスト面で非常に優位に立っていた。そこへさらに、輸入によるアドバンテージが生まれた。一九九五年、まだ市場に出回る衣料品の半分が国産品だった頃、Ｇａｐはすでに自社製品の六五パーセントを海外の工場で生産していた。[15] ＧＩＤＣはＧａｐに、国内でのテスト生産を検討するよう呼びかけたものの、今日に至るまで一度も興味を示さない、とウォードは言う。「一〇〇〇枚か二〇〇〇枚を国内で試験的に生産してみて、うまくいったら国内生産に戻してくれないかと頼んだんだ。なぜできないと思う？　はなからその気がないんだよ」と彼は訴える。ナイキにいたっては、靴をアメリカ国内で生産したことは一度もない。労働搾取工場の査察官をつとめたＴ・Ａ・フランクが二〇〇八年四月号のワシントン・マンスリー誌で指摘したように、「自社では靴の製造を行わない。行うのはデザインとマーケティングのみ」という前提のもとに事業を行っている。ナイキのこの上なくアメリカ的なスニーカーは、最初から日本と台湾で生産されてきたのだ。[16]

Ｇａｐ、ＪＣペニー、シアーズ、ナイキなど、早くから商品を海外で生産し、それを輸入してきた企業が、今日まで生き延びているのは偶然ではない。Ｓ＆Ｐが一九九〇年に発表したアパレル関連の工業統計によると、海外生産のプライベート・レーベル商品の利鞘は当時、最低でも六五パーセント、最高で七五パーセントにも達していた。対照的に、国産ブランド品の利鞘は五〇パーセントから六〇パーセントにとどまっていた。南半球の労働力は当時とても安かったため（たとえば一九九五年当時、エルサルバドルにおける時給は五六セントだった）、人件費を小売価格の一パーセント未満に抑えることのできる輸入企業も多かった。[17]

生産を海外で行う輸入型企業は、競合他社と同等、またはより高品質でスタイリッシュな服を、ずっと安く売ることができた。国産品を売る企業はまったく太刀打ちできず、廃業するか輸入に転じるかのいずれかだった。リチャード・P・アップルバウムとエドナ・ボナシチの共著『Behind the Label: Inequality in the Los Angeles Apparel Industry（ブランドの暗部——不平等なロサンゼルスのアパレル業界）』にあるように、安い労働力という優位性を利用するアパレル企業の存在は、必然的に「それをしない企業に圧力をかけ、結果的に、あらゆる企業に同様のコスト削減対策を強いた」[18]のだ。カリフォルニア発のブランドGuess?は初期には全商品の生産をロサンゼルスの工場に発注していたが、一九九〇年代後半、わずか半年間で国内生産の割合を四〇パーセントも削減した[19]。大手服飾メーカーのなかで生産を海外移転せずに最後まで国内に踏みとどまったのは、リーバイスだ。だが、そのリーバイスも、二〇〇四年にはテキサス州サンアントニオの最後の自社工場を閉鎖せざるを得なかった。

巨大なエンジンが徐々に減速してやがて停止し、その後ゆっくりと反転を始めるように、衣料品の輸入制限は一九九〇年代半ばには急速に撤回されていった。貿易の自由化と割り当て制の撤廃が進んだこの数年間こそが、服飾関連の失業率がもっとも高かった時期だ[20]。ロサンゼルスの服飾業界を見舞った最初の打撃は、一九九三年に批准された北米自由貿易協定（NAFTA）だった。これによってメキシコへの輸出関税が撤廃され、多くのアメリカ企業が裁断や縫製をメキシコとの国境付近のマキラドーラに移転した。最低賃金はアメリカ国内よりはるかに安い。メチェックは当時をふり返ってこう言う。「工場全体も機械も、何もかもがメキシコに移りました」。これによってロサンゼルスの服飾業界で働く何万人もが失業し、賃金レベルは低下した。

翌年、世界貿易機構（WTO）は、MFAが設定した割り当て制は先進国に有利で不平等な制度だという裁定を下し、MFAはその後一〇年間で段階的に失効した。メチェックはこの話に触れるだけで怒りだす。「言いだせばきりがありません。当時も今も、悔しさでいっぱいです。中国はジーンズやTシャツ、トレーナー、そのほかくずのような商品をトン単位で送り込んでくるのに。トン単位でですよ！」MFAの有効性が弱まり始めると同時に、中国からの輸入量は飛躍的に増加した。MFAが完全に失効した二〇〇五年には、輸入量の増加率は、信じられないことに、コットンパンツで一五〇〇パーセント、コットンのニットシャツで一三五〇パーセントに達した。この年、アメリカでは服飾関連の労働者一万六〇〇〇人が失業し、少なくとも一八の工場が閉鎖に追い込まれた。[21]

二〇〇〇年にはカリブ海貿易パートナー法（CBTPA）とアフリカ成長機会法（AGOA）が施行され、カリブ海やアフリカ諸国からの靴や衣料品の輸入もいっせいに始まった。続く二〇〇二年には、ボリビア、コロンビア、エクアドル、ペルーからの衣料品と靴の輸入をほぼ全面的に非課税にするという通商法が成立した。それでも、各国はアメリカ向け衣料品の生産でまとまったシェアを得るには苦闘を強いられた。なんと言っても最大の競争相手は中国である。

MFAの失効後にロサンゼルスの労働者を対象に調査を行った労働研究センターのクワンによると、割り当て制が撤廃されて、ロサンゼルスの工場では「雇用が急激に落ち込んだ」という。もともと悲惨なほど低かった賃金に、さらに打撃が加わった。「MFA失効の翌年には賃金が九パーセント下がり、求人も減りました」とクワンは言う。服飾工場の失業者のほとんどは英語を話せない移民で、賃金がさらに低い託児や在宅介護、さらには課税や統計の対象とならない「雑仕事」に追いやられた。

二〇一一年三月、ニューヨーク・タイムズ紙の記者ナディア・サスマンは、ニューヨーク市の服飾関連労働者の実態を取材し、Struggling to Stitch（雇用の激減する服飾業界）と題する動画にまとめた。ガーメントセンター内の八番街の西三八丁目通りに、ヒスパニック系の日雇い労働者が早朝から列をつくって並んでいる。縫製、梱包、アイロンがけ、糸端の始末といったわずかな仕事を求めて集まっているのだ。ここでのインタビューによって、ニューヨーク市の現状はロサンゼルスと驚くほど似ていることが判明した。労働者たちはここでも、ハウスクリーニングやベビーシッターといった、より低賃金の仕事に追いやられている。祖国に帰った者もいる。現在のアパレル業界は、かつてのように多くの移民の生活は支えられない。それができるだけの雇用は、もうどこを探しても見当たらない。

アパレル業界の賃金低下で打撃を受けたのは、移民や服飾関連の労働者だけではなかった。経済政策研究所（Economic Policy Institute、ＥＰＩ）の報告書には、「過剰な競争と海外から供給される安価な労働力のために、アメリカ人労働者の賃金は下がり、交渉力も低下している」と記されている。また、グローバリゼーションの影響で、フルタイム労働者の給与の中央値は二〇〇六年の一年間に一四〇〇ドル下がったという[22]。二〇一〇年のニューヨーク・タイムズ紙は、不況が始まるずっと以前から、労働市場の二極化が驚くほど進展していたと報道した。根拠となった多数の経済研究は、高学歴や高度な技術が要求される高賃金の職業の増加と並行して、低賃金で経験不要のサービスや小売関連の雇用が増加したことを示している。この実態は、製造業の衰退と密接に関係している。かつて工場労働者のほとんどは、中程度の賃金が保証される経験を積んだ人々だった。しかし、その中間層の雇用が、工場の消滅とともに失われている。現在の不況で、そのスピードにはさらに拍車がかかっている[23]。

そもそも、アメリカという国全体で見ても、雇用は減少している。ディパルマは言う。「失業者の大部分は製造業で働いていた人たちです。彼らをどうしろというのでしょう？　アメリカには世界じゅうから技術を身につけた人々が集まってきます。働きたいと願い、働けば働くだけ出世できると信じてやってくるのです。そういう人はまだまだ増えます。それなのにここには仕事がありません。アメリカは怠け者の国ではないはずです。でも、仕事がないのです」

＊

ディノテクス社は、ニューヨーク市ブルックリンのグリーンポイントに建つ縫製会社だ。操業を開始した一九九九年は、国内のほとんどの工場が輸入品との競争に敗れ、次々に閉鎖した年だった。創業者は香港生まれのアラン・ネグ。本国のアパレル業界で二〇年の経験を積み、ニューヨークにやってきた。状況は不利であるにもかかわらず、アメリカのアパレル業界に参入しようと決心したのだ。ガーメントセンター内に最初の工場を持ったが、その後、賃貸料が比較的安いブルックリンへ移転した。

スタート当初は、プライベート・レーベルのブランドJ. McLaughlin（Jマクラフリン）が唯一の取引先だった。だが、五〇以上の店舗を展開しているJマクラフリンは、事業拡大にともない一部の生産を海外に移転した。その結果、ディノテクスは、事業の中心となる他の取引先を開拓する必要に迫られた。今ではダルマ・ドレスと同様、より高級志向で生産数の少ないブランドを相手にしている。

新人デザイナーが仕事を始めるときには、海外生産という選択肢はない。渡航費用がかかるうえ、海外生産ができるほど大量の注文もないからだ。注文数が少なければ、海外生産のコストは国産品と同レベルになりかねない。そもそも海外の工場は少量の注文を受けつけない。それに対してネグの工場は、たとえ四〇枚であっても注文を受ける。実際には、ひとつのデザインにつき四〇〇枚ほどの注文があるのが普通だ。多いように見えるかもしれないが、「海外では嫌がられる量ですね。少なくとも一〇〇〇枚は発注しないと」とネグは言う。

ディノテクス社はまた、他社より高度な縫製技術を提供し、型紙やサンプルの製作などの周辺サービスで付加価値を高め、競争力を保っている。ネグは言う。「弊社のセールスポイントは、品質のよさと高い縫製技術です。デザインや仕立てに関する非常に細かい要求に対応できます」。ネグによると、ディノテクス社の成功の鍵はふたつある。「ひとつは高級品をつくる技術。もうひとつはメイド・イン・ニューヨークをアピールすることです」。ディノテクスのドレスの縫製費の平均単価は約二〇ドル。ニューヨークでももっとも高い工場のひとつだと、ネグは胸を張った。

高名な婦人服デザイナーのナネット・レポーは、デザインした服の八五パーセントを現在も国内で縫製している。数にすると月に約二万点から三万点だ。秘書のエリカ・ウルフによると、できるだけニューヨーク市内で生産したい、というのがレポーの意向なのだという。ニューヨークには今も、型紙の専門家や高級品ならではの手仕上げが可能な縫製師など、高度な専門技術が残っているからだ。「ガーメントセンターの業者は、H&Mのようなその場限りの服づくりはしません」とウルフは言う。「流行に追随する、三週間しか持たないような服もつくりません」。また生産拠点が近くにあれば、デザイナーは最後の最後まで、誰にも真似のできないような高度な調整や品質のチェックができる。ウルフは言った。「納期短縮の点でも、生産管理や品質管理の点でも、ニューヨークでつくるのが一番だとナネットは考えています」

ネグによると、激しい競争のため、ニューヨークでの生産コストは長い間ほとんど上がっていない。さらに、高品質で高級な服をつくるという評判を変わらず維持している。地元で生産することで、デザイナーの目も細かな点まで行き届く。時代とともに変わったのは、どれだけお金をかけてどんな服を着るかという、消費者の行動のほうなのだ。ウルフが指摘したように、ナネットレポーの小売価格もディノテクスの卸値も、H&Mやターゲットの安さにははるかに及ばない。また、ニューヨークでは使い捨ての流行品がつくられることもほとんどない。だが、手頃な価格の服なら今でも国内の工場でつくれるし、実際につくられてもいる。ディノテクスの製品の小売価格はブラウスで一二五ドル、スラックスで一五〇ドル、ジャケットで二〇〇ドル前後になるだろうとネグは言う。ナネットレポーのドレスは、ほとんどが二四〇ドルから四〇〇ドルといったところだ。

この程度の価格は、わたしたちのひとつ前の世代にとっては当たり前だった。実際に、年間の衣料費のほんの一部にしか当たらない。だが、今の消費者はそれを高すぎると感じる。消費者価格の専門家が妥当と見なすのは、トップスなら二九ドルから六九ドル、スカートやスラックスなら四九ドルから一一〇ドルだそうだ。[24] 超低価格の服がどこでも手に入ることで、国産のブランドの位置づけは高級服にならざるをえない。だが、実は原価も小売価格も、歴史的に見れば中程度であることが多いのだ。

ネグは初めてアメリカに移り住んだとき、アメリカ人が衣料品を簡単に捨てるのを見てショックを受けたという。「一般的な消費者は、来年また同じものを着たいとは思っていません。だから安い服を買いたがるのです」と非難めいた口調で言う。「二〇ドルの服なら喜んで買います。それこそ六〇枚、一〇〇枚と。それなのに、（一着に）一五〇ドル出すのは（そして買う服を減らすのは）嫌がるんです。とても無駄だと思います」。消費者は質より量を、デザインの革新性より流行を極端に重視している。そこが変われば、国産の服の価格もそれほど法外なものではないのかもしれない。

アメリカ人にとっては、服が安いのは今や当然のことだ。だが、その安さは海外の安価な労働力の上に成り立っている。ネグのところには興味をそそるビジネス案件がいろいろと持ち込まれるが、いずれも低賃金の国々で生産しなければ不可能な価格を前提としているという。ある会社がベビー用のスタイ（よだれかけ）をつくってほしいとディノテクスにやってきた。希望小売価格は五ドルだ。五ドルでは工場での生産コストにも満たない。レッグウォーマーを五〇組つくってくれといってきた会社もあった。希望小売価格は七ドル九九セントという。「あまりにも安すぎて、商談をしたり詳細を検討したりする気にさえなれませんでした。工場で人件費をかけてつくるなんて、無理な話です」とネグは言う。また、ベビーザらスがTシャツシリーズをつくりたいと相談してきたこともあった。ネグは一着二ドルから三ドルでつくりましょうと言ったが、その時点で初めてわかった。この大規模小売店にとって、二ドルから三ドルというのはTシャツ六枚分の小売価格だったのだ。

消費者が安さを期待することで、デザイナーもダメージを被っている。ウェブサイトwell-spent.com（賢い買い物コム）のテーマは、地元で手づくりされた「高くつかない」商品だ。二〇一一年の春、このウェブサイト上で激しい論争が繰り広げられた。掲示板への投稿で、UNIS（ユニス）のチノパンが高すぎると批判されたのだ。ユニスはニューヨークを拠点に活動するユニス・リーがデザインするメンズウェア・ブランドだ。投稿したのはジェイソンと名乗る人物で、次のような内容だった。「Dockers（ドッカーズ）のものと大差ない普通のチノパンが（正直言って、こちらのほうが皺になりやすそう）二二八ドルもする。しかもオーガニックコットンでもないらしい。ニューヨークで手縫いでつくられていることは承知している。だが、二二八ドルも払わないとファッショナブルかつ倫理的に正しい消費者でいられないとすれば、そんな努力はとても続けられない」

リーはそれに対して長い反論を書き、そのなかでこのチノパンの生産コストの内訳をこと細かに説明した。こういう説明こそ、今後もっと多くのデザイナーやアパレル企業に望まれるものだ。リーは、ユニスが一度に少量しか生産しない小さな会社であること、したがってドッカーズのような大企業がもつスケール・メリットを持たないことを説明した。さらに、品質の違いもある。問題のチノパンの生地はイタリア製の二重織りコットンで、ボタンはゾウゲヤシ製だ。しかも縫製のレベルはオーダーメイドに匹敵する。またユニスの服を生産している国内の工場は資金繰りが苦しく、格安の価格設定は困難だ。ジェイソンへの反論のなかで、リーは懸命に説明している。「生産拠点が海外に移ったのは、あなたがた消費者が安く買うことを選んだからです。企業は消費者の声に耳を傾けているにすぎません」

デザイナーのエリザ・スターバックは、Bright Young Things（ブライト・ヤング・シングス）というブランド名で、環境に配慮するグリーンファッションをデザインしている。二〇一一年春のシーズンに、彼女の一連のデザインがアーバンアウトフィッターズに採用された。喜びもつかの間、彼女は原価以下で生産する方法をなんとか見つけなくてはならなくなった。アーバンアウトフィッターズは大学生をターゲットとするチェーン店で、価格帯はほとんどの商品が二〇〇ドルを大きく下回る。スターバックは生地の選択では妥協したくなかった。素材は大半が、環境に優しい混紡レーヨンだ。シルクコットンのような手触りで、テンセルと呼ばれる。海外に発注できるほどの量ではなく、地元で生産することが重要だとも考えていたので、縫製はチャイナタウンの工場に発注した。スターバックによると、その工場が引き受けてくれたのは、ある商品の生産がキャンセルになって困っていたからだ。「実際、安すぎる値段だったわ。あの工場がなかったら、アーバンアウトフィッターズに商品を出すことはできなかったでしょうね。おそらく本来の半値だったと思う」。その結果、ホルタートップは八九ドル、クリーム色のラップドレスは一七九ドル、ジャケットとしても使えるカーキ色のドレスは二四〇ドル、裾丈を変えられるパンツは一八八ドルで売られることになった。

スターバックは、自分にもアーバンアウトフィッターズにも最小限の利益しか出なかったと言う。だが価格はこれ以上はとてもあげられない。そんなことをしたら消費者は（とくに小遣いの少ない大学生は）二の足を踏むだろう。アメリカ人は格安ファッションのセールに慣れきってしまい、それが公正な価格だと信じている。そこで、格安ではない、きちんとつくられた服を売るデザイナーはしばしば、儲けすぎているのではないかという疑いの目で見られることになる。だが、わたしは知っている。スターバックがベーシックなアイテムを国内でつくるのに、どれだけのコストと投資が必要だったかを。今では、それより少しでも安い服にこそ疑いを抱くようになった。

Forever 21のセールでホルタートップが一三ドルになっているのを見て、またH&Mのラップドレスが一五ドルになったのを見て、これまでは驚くばかりだった。だが、スターバックのようなデザイナーたちは、価格がその一〇倍でも、収支を合わせるのに必死だ。それを知ってしまうと、安すぎることが理解できなくなってきた。さらに安く、もっと安くという消費者の欲求は、アメリカの服飾産業を絶滅寸前に追い込んでいるだけではない。少量生産のデザイナーや独立系の企業の未来をも阻んでいる。手の届く価格できちんと仕事をする工場を国内に見つけること、まともな賃金を払い、公平な利益を得て服飾品を売ることは、きわめて難しくなっているのだ。

第三章　高級ファッションと格安ファッションの意外な関係

キンバリー・カズンズは身長一八三センチ、二〇代、ブロンドの女性だ。彼女の買い物の仕方はわたしと正反対。これまでにヴァレンティノのハンドバッグを二五〇〇ドルで、ルイ・ヴィトンのバッグを七〇〇ドルで、それにMiu Miu（ミュウミュウ）の紫色のパンプスを三〇〇ドルで買った。彼女のワードローブの大半はMarc Jacobs（マークジェイコブス）やDiane von Furstenberg（ダイアンフォンファステンバーグ）といった、今をときめくアメリカ人デザイナーのブランドで占められている。ほとんどはマンハッタンの高級デパート、サックス・フィフス・アベニューかバーグドルフ・グッドマンで購入したものだ。店員たちは顔なじみで、新しいアイテムを入荷すると個人的に電話で知らせてくれ、彼女のサイズを取り置きしてくれる。「少なくとも週に四日は、自由時間をショッピングにあてているわ」。ある雨の日の午後、わたしが彼女にくっついてサックスデパートをうろついていたとき、カズンズは言った。「ほとんどは、ウィンドウショッピングに終わるけど」

カズンズの忍耐力と自制心にはとてもかなわない。銀行口座の残高については言うにおよばずだ。初めて会ったとき、彼女は金融関連ニュースの編集者をしていて、年収は四万二〇〇〇ドルだった。大学を出て数年にしては高給といえるが、高級服を正規の値段で買いつづけるにはとても足りない。

なんとしても手に入れるしかないブランド品があるときは、セールを待つか、ｅＢａｙで競り落とす。ｅＢａｙは、彼女が過去に買ったもののほとんどをオークションにかける場でもある。そうやって次のブランド品を買う資金をつくるのだ。それでもときに、自制がきかなくなって正規の値段で買ってしまうこともあるらしい。「これ、わたしが買った靴のなかで一番高かったのよ」と彼女は三〇〇ドルの紫色のミュウミュウを指さした。ミュウミュウはプラダの普及価格ブランドだ。「なんてバカな買い物したのかしら。紫色に合うものなんてひとつも持ってないのに」。無難なシャネルの黒を買えばよかった、と彼女は悔やんでいる。ちなみにシャネルの定番のローヒールパンプスは、最低でも五〇〇ドル前後する。

　カズンズを知ったきっかけは、彼女のブログElite Gossip Girl Styleだった。ブログのテーマはティーンズに人気のテレビドラマ「ゴシップガール」に登場する高級ブランド服だ。登場人物はとんでもなくファッショナブルな（そして特権階級の）子供たちで、アッパーイースト・サイドのプレップスクールに通い、普段から六〇〇ドルのハンドバッグや二〇〇〇ドルのブランドもののコートを身につけている。カズンズは、予算以上の服を買ってしまうことはあるものの、地に足のついた爽やかな女性だ。彼女はブログのなかで、ドラマの登場人物が身につけていたブランド品をひとつ残らずリストアップしている。エピソードごとに何十もの商品が登場するが、そのひとつひとつに、オンラインの購入サイトのリンクもはっている。

　このサイトへの訪問者数は、一番多かった二〇〇九年には月五万人だった。訪問者のほとんどは、カズンズと同じく高級ブランド服が大好きだが買う余裕のない、若い女性だ。だが余裕がないからといって、必ずしも買うのを思いとどまっているわけではない。カズンズが持っているアメジスト色のヴァレンティノのバッグは、よく人にほめられるそうだが、「ゴシップガール」で女優のテイラー・モムセンが持っていたのと同じものだ。ある日の午後、「ゴシップガール」の撮影がたまたまカズンズのオフィスの近くで行われた。信じられない幸運だったが、カズンズはモムセンに話しかけてそのバッグを見せることができたという。話してみると想像とは違い、モムセンは、演じている役との共通点がさほど多いわけではないとわかった。「彼女、『このバッグ大好きだけど高すぎて買えないのよ』って言ったの！」カズンズは信じられないとばかりに語った。高級ブランドの服が高くて何が悪い、当たり前じゃないかとでも言いたげな顔だった。

　今や、誰の周りにも、堂々とブランドマニアを名乗る知り合いがひとりやふたりはいるものだ。そういう人としみったれた格安ファッションマニアは、まるで光と陰のような関係である。あり得ないほど安い値段で買った服しか着ない格安ファッションマニアひとりに対して、家賃を滞納してまで異国の響きのブランド名のドレスを買ってしまう人が、必ずひとりいるというわけだ。ここ数十年、アパレル製品の大半の価格が暴落した一方で、高級衣料品の価格はうなぎのぼりである。一九九八年から二〇一〇年までに、高級婦人服の平均価格は二・五倍になったそうだ。価格が上位一〇パーセントに入る高級品だけで見ると、以前は約二〇〇ドルだった平均価格が、今は六〇〇ドル以上にまで跳ね上がっている。[1] まださほど名の売れていないデザイナーも、作品の価格を数百ドルにひき上げており、なかには一〇〇〇ドル以上のものさえある。

　新たに出現したブランド好きの消費者の姿を初めて描き、その志向に火をつけたのは「セックス・

アンド・ザ・シティ」だった。このドラマでは、平均的な収入しかない女性が説明がつかないほど高価な服を買う。ケーブルテレビのHBOで初めてオンエアされた一九九八年は、紙のように薄っぺらな三枚二〇ドルのタンクトップを、わたしがOld Navy（オールドネイビー）で買いはじめた年だ。サラ・ジェシカ・パーカー演じるキャリー・ブラッドショーは、五〇〇ドルのManolo Blahnik（マノロブラニク）の靴を熱愛していることで有名だ。キム・キャトラル演じるサマンサは四〇〇〇ドルのエルメスのバーキンに恋い焦がれている。放送が二〇〇四年に打ち切られるまでに、登場人物たちがドラマのなかで愛したブランドの靴やハンドバッグは、現実の世界でとてつもなく値上がりした。素材や仕様にはまったく変更がないにもかかわらず、マノロブラニクの靴は今では一足八〇〇ドル近い。バーキンは最低でも九〇〇〇ドルだ。結局このドラマの影響で、同世代の女性のほとんどが高級ブランド服の虜になった。

アレクサンドラ・アイゼンバーグが有名なロンドン芸術大学のセントラル・セント・マーチンズ・カレッジ・オブ・アート・アンド・デザインへの留学で渡英した一九九〇年代後半には、高級ファッションに関する一般人の知識は限られていた。「一〇年前に、ヴォーグ誌の編集長の名前を知っている人なんていたかしら？」と彼女はふり返る。「今ではアナ・ウィンターを知らない人はいない。マークジェイコブス、シャネル、エルメスといったブランド名も、億万長者でもない限り、当時の一般人は知らなかった。でも今では誰もが欲しがるブランドよね」

今日、わたしたちのほとんどは、ファッションデザイナーを正確に見分けられる。アカデミー賞の授賞式でレッドカーペットの上を歩くセレブたちをテレビで見たり、ファッション誌やタブロイド紙をぱらぱらめくったりするだけで、マークジェイコブス、シャネル、エルメスが身近なものとして目に飛び込んでくる。「セックス・アンド・ザ・シティ」、「ゴシップガール」、「プロジェクト・ランウェイ」といったテレビドラマはいずれも、デザイナーの社会的露出を増やした。インターネットも同じだ。今の消費者は、ヴォーグ誌と同じくらい多くの情報をブログからも手に入れている。アイゼンバーグは以前、ファッションショーのコレクションが掲載されたコレッチオーニ誌を一〇〇ドルも出して買っていた。デザインを学ぶ学生としては、新コレクションが店舗に並ぶのを六カ月も待てなかったからだ。それが今では、ショーの内容はインターネットですぐに知ることができる。わたしもニューヨーク・マガジンで働いていた頃、深夜まで残業した経験が何度かある。秋のニューヨーク・ファッションウィークで発表されたすべての作品をスライドショーにし、インターネットに即座にアップするためだ。インターネットでは、こうしたことが普通に行われている。

現在、ファッション情報のブログSearching for Styleを発信しているアイゼンバーグは、ファッションデザイナーが有名人になった一番の理由は、セレブたちにあるという。ハリウッドスターの持つ宣伝力をいち早く利用したのはジョルジオ・アルマーニだった。一九八〇年公開の映画『アメリカン・ジゴロ』に出演したリチャード・ギアを、頭のてっぺんから足の先までアルマーニで装わせたのだ。だがセレブの人気にほんとうに火がついたのは、アイゼンバーグが渡英した一九九〇年代後半だった。「ファッション関連のパーティーやショーで、セレブたちが突然写真に撮られはじめたわ」と彼女は回想する。

ブログThe Budget Babeのコンテンツのほとんどは、超高級服を身にまとったセレブの写真で埋められている。しかしこのブログの執筆者、ダイアナ・バロスは、実はセレブにはあまり興味がないのだと言う。「すぐに気づいたの。今のファッションは大部分がセレブを追いまわすパパラッチと同じで、ブランド側も商品を無料でセレブに提供しているってことにね」。彼女は、自分のブログの内容も、いつのまにかそういった現実に即したものになっていったという。The Budget Babe の知名度が上がるにつれて、セレブの誰々が何々を着ていた、というプレスリリースが、服飾ブランドやスタイリスト、広告会社から毎日何十通も届くようになったのだ。「当社のマキシ・ドレスを着ているグウィネス・パルトローが目撃されました。この商品の価格は三〇〇ドルです。ご購入はこちら」という調子だ。バロスはこのブログで、読者を高級ブランドサイトに誘導するのではなく、それに似たスタイルを格安ファッションで実現する方法を紹介したいと思っている。

デザイナーたちが無名のまま長いあいだ苦労することを考えると、彼らに対する崇拝の気持ちに困惑が加わる。二〇世紀初頭のパリでは、デザイナーは特定の階級の人々にだけ認知されている存在だった。当時のアメリカ女性は、そうしたデザイナーのドレスのコピー商品をデパートで買うことが多かった。誰がデザインしたものかも知らずに。というのも一九六〇年代までは、デパートで売られる服には、デパートかメーカーのラベルしかついていないのが普通だったからだ。マイケル・ディパルマは言う。「あの頃はジョーイ・Gがつくった Abe Schrader（エイブシュレーダー）のドレスとか、モートン・マイルスがつくったエイブシュレーダーなんてものが売られていました。ああいう連中はデザインなんてしたこともない、ただのビジネスマンだったんですよ」。デザイナーは輝かしいスターではなく、メーカーの一員にすぎなかったのだ。ディパルマによると、当時のデザイナーはスケッチをメーカーに持って行って見せるだけ、ということも多かった。デザインした服が売れれば、また次の仕事にありつけるといったぐあいだった。

ところが、一九六〇年代に出現した既製服のデザイナーたちは、独力で世に打って出ようとした。とはいえ、当時のビジネスは今とはまったく違い、規模もずっと小さかった。ラルフ・ローレンもカルバン・クラインも、一九六〇年代後半にブランドを立ち上げたが、ジャーナリストのテリー・エイギンスによると、わずか一万ドル前後の資金でそれが可能だったという。これが一九九〇年代になると、高級ブランドを立ち上げるには、スタート段階ですでに一〇〇万ドルは必要だった。[2]大きな違いだ。現代の高級ファッション業界は、薄っぺらで派手なぶん、宣伝広告に大金がかかる。そこで活躍しているのは、ほとんどが個人ではなく、会社組織だ。ファッションショーは一〇〇万ドル規模の興業になった。フォーブス誌が報じたところでは、ジーンズブランドのRock & Republic（ロックアンドリパブリック）は二〇〇七年のニューヨーク・ショーに二五〇万ドルを費やした。イヴ・サンローランは、パリのロダン美術館のすぐ裏手という絶好の場所にファッションショー用の仮設テントを設営するためだけに、一〇〇万ドルを投じたという。[3]今やハリウッドの俳優たちは、レッドカーペットの上を歩くときも高級ブランドの服を着ることで報酬を得ており、ファッションショーに足を運ぶのもそのブランドと契約をしているからだ。業界の人々は否定するが、そのブランドの服を着てショーに出かけ、観客席の最前列に座り、そのブランドについて好意的なコメントをするだけで、ショー一回につき五万ドルもの収入を得ているとささやかれている。[4]

高級ファッションは株式投資の対象にもなっている。その結果、デザイナーには大成功か撤退かのどちらかしかなくなった、とエイギンスは言う。一九九五年から九七年の二年間で上場したアパレル企業の数は、四〇社。そのなかにはTommy Hilfiger（トミーヒルフィガー）、Polo Ralph Lauren（ポロ・ラルフローレン）、ジョーンズ・アパレル・グループ、Guess?、Donna Karan（ダナキャラン）といった比較的大衆向けのブランドも含まれている。ポロのような伝統的で一貫性のある商品を売るブランドは、上場企業にかかる成長圧力のなかでもうまく生き延びることができる。しかし、ファッション性をより重視するダナ・キャランのようなデザイナーは、上場することの意味をすぐに理解した。「贅沢もカシミヤも、生地も色合いも関係のない世界。ここで大事なのは利益だけよ」[5]

オートクチュールの世界でも既製服の世界でも、ここ数十年、合併によってコングロマリットが多数形成された。フランスの大物実業家ベルナール・アルノーが一九八七年にクリスチャンディオールを買収した結果、モエヘネシー・ルイヴィトン（ＬＶＭＨ）という名の高級服飾品のコングロマリットが誕生した。ダナ・トーマスの著書『Deluxe: How Luxury Lost Its Luster（『堕落する高級ブランド』講談社）』にあるように、以来、高級ファッション市場はほぼ完全に、家内制手工業的なテイストを失った。グローバルに事業展開をして株主から得た資金を増やすため、そうしたテイストは売り払われたのだ。現在ＬＶＭＨは、フェンディ、ジバンシー、マークジェイコブスなどの服飾ブランドの他、酒類、アクセサリーなど約六〇のブランドを傘下に収めている。ＰＰＲ〔現ケリング〕はＬＶＭＨに次ぐ規模の高級服飾品コングロマリットだが、傘下にBottega Veneta（ボッテガ・ヴェネタ）、グッチ、イヴ・サンローラン、Balenciaga（バレンシアガ）、Boucheron（ブシュロン）、Sergio Rossi（セルジオ・ロッシ）を持つほか、Alexander McQueen（アレキサンダーマックイーン）とStella McCartney（ステラマッカートニー）の株式の半数を保有している。

一九九四年から二〇〇四年までグッチのクリエイティブ・ディレクターを務めたトム・フォードは、高級アパレル業界における新時代の利益構造をつくりあげた功績を広く認められている。この利益構造の基本は、大幅な利鞘を設定したアクセサリーやハンドバッグを大衆向けに売ることだ。どれでもいい、ファッション雑誌をめくってみてほしい。最初の数ページはハンドバッグ、靴、腕時計、サングラス、香水などの広告で埋めつくされているはずだ。こういった商品こそが、高級アパレル業界にもっとも大きな利益をもたらしている。なかでも高級ハンドバッグは小売業界最高のおいしい商品だと言えよう。ダナ・トーマスの調査によると、生産コストの一〇倍から一二倍もの利鞘が設定されているという[6]。フランスの高級ファッションブランドSonia Rykiel（ソニアリキエル）でデザイナー助手を務めたアレクサンドラ・アイゼンバーグによると、高級ブランドの靴にもまた、高すぎる価格が設定されている。「昔はすばらしい高品質の靴が三五〇ドルくらいで買えた。でも今の高級靴は八〇〇ドルもする。理由はわからないけど、昔よりマージンが上がっているのは確かよ」

高級ブランドのアルマーニ、ボッテガ・ヴェネタ、Escada（エスカーダ）、フェンディ、グッチ、ヴィトン、プラダ、Emilio Pucci（エミリオ・プッチ）、セルジオ・ロッシのいずれ劣らぬ美しい店舗は、ニューヨーク五番街のセントラルパーク近くに軒を連ねている。いずれも古きよき時代の雰囲気と高級感をかもし出しているが、この界隈を歩く女性はみな、出身がアイダホだろうとジョージアだろうと、誰もがターゲットであることは言うまでもない。店内のレイアウトはどこも似たり寄ったりだ。一階がもっとも友好的な雰囲気で照明が明るく、商品もふんだんに並べられている。スカーフや宝石、その他の小さな装身具などがこの階に集められているが、一番多いのはハンドバッグだ。わたしは先日、高級ファッション店のウィンドウショッピングをしたが、人だかりができていたのはルイ・ヴィトンだけだった。女子大生とおぼしき女の子たちが大勢、値引き品の棚に群がっていたのだ。そこにはあのLとVを組み合わせたロゴを散りばめたハンドバッグが並んでいた。二階から上はそれよりずっと閉鎖的な雰囲気だ。服はそちらのフロアにある。

高級ファッションの多くが大規模な事業展開をしている現在では、衣料部門は損益が不安定に増減する、あてにならない部門になった。マーク・ジェイコブスがルイ・ヴィトン向けにデザインする既製服のシリーズは、アパレル業界全体のシーズンごとの傾向を決めると言われているが、その売上高でさえ、ヴィトンの総売上高のわずか五パーセントにすぎない。[7] 高級ブランド専門の広告代理店BETCラグゼの社員がダナ・トーマスに語ったところによると、ほとんどの高級ブランドで、衣料部門は実質上の損失部門と見なされているという。[8] にもかかわらずファッションショーを開き、デザイナーのドレスを女優に着せてレッドカーペットを歩かせるのは、ブランド価値を上げるためだ。多くの場合、実際に服を売ることよりそちらのほうが重要といえる。ファッションショーは、デザイナーの名を高め、人々の購買欲を刺激し、結局は、マージンの大きいハンドバッグや靴や装飾品の売上アップに貢献するのである。

さらに、驚くべき、そしておそらく意図しなかった効果もある。この世には途方もなく高価なドレスがあるという認識が一般消費者に広まったおかげで、H&M、ターゲット、Forever 21 のような格安ファッション店の安さが際立ち、購買欲が刺激されている。わたしのようなセール好きの消費者にとって、格安ファッションは名誉の印であり、デザイナーの名前を手に入れるためならいくらでもお金を出すあの手の人たちと自分は違うのだ、という証明なのである。ジャーナル・オブ・コンシューマー・サイコロジー誌の編集者で南カリフォルニア大学マーシャル・スクール・オブ・ビジネスのマーケティング教授であるC・W・パークは、「高級ブランドは、実は格安ブランドの成長を促しています。格安商品の購買者に参考価格を提供しているのですから」という。高級ブランドの挑戦的な広告は、一般の消費者に対しては予想外の効果を及ぼした。有名デザイナーの服を手頃な価格で手に入れたいという、叶うことのない計り知れない欲求を生み出したのだ。こうしてつくり出された憧れを満足させているのもまた、格安ファッションチェーン店なのである。

二〇一一年九月一三日、ニットウェアのコレクションが爆発的な人気となり、ターゲットのウェブサイトがダウンした。デザインを手がけたのはイタリアの高級ブランド、ミッソーニだった。そのカラフルで力強いジグザグ柄やストライプ柄のニットには、一〇〇〇ドルをゆうに超える値段がつくことも珍しくない。この日、わたしのフェイスブックのコメント欄にはウェブサイトにログインできなかったという書き込みと、ミネアポリスのモールに飾られたターゲットの巨大なマスコットの写真があふれかえった。これほど大勢の知り合いがイタリアの高級ブランドを認識していたとは驚きだった。CNNはこれを前例のない事件として大きく取り上げ、売上高はブラック・フライデー〔感謝祭翌日の金曜日。大々的なクリスマスセールが始まり、売上が黒字を計上することからついた呼び名〕を上回ったと報じた。[9] ミッソーニのターゲット向けコレクションは、大きく広がっていたデザイナーズブランドへの明らかな欲求を利用したものだった。

ターゲットは、二〇〇三年にはすでにアイザック・ミズラヒとのコラボレーションに乗りだしていたが、ファッション界の大御所数人を説き伏せて自社限定のコレクション制作を依頼し、〝国際的悪評〟を勝ちとったのはＨ＆Ｍだった。[10] Ｈ＆Ｍが最初にコラボレーションを実現したのは二〇〇四年。お相手はカール・ラガーフェルドだった。シャネルのデザイナーにしてフェンディのアーティスティック・ディレクター、白髪のポニーテールにサングラスがトレードマークの、あのラガーフェルドだ。彼は、それまで一度もＨ＆Ｍの店に足を踏み入れたことがないと発言していた。インデペンデント紙の報道によると、ラガーフェルドとＨ＆Ｍとの初めての出会いはシャネルの店だった。そこで見かけた素敵な装いの女性に、ラガーフェルドが賛辞を送ったときのことだ。「『これＨ＆Ｍなの』と彼女は言ったんだ。『だってシャネルなんて高くて買えないんですもの』とね」[11]

ラガーフェルドのコレクションが初めてＨ＆Ｍのヘラルド・スクエア店の店頭に並ぶと、店には大勢の客が詰めかけた。コレクションに使われたデザインは三〇種に及んだ。三四ドル九〇セントのシルクのドレス、四九ドル九〇セントのタキシードシャツ、一二九ドルのウールのブレザーなど、Ｈ＆Ｍとしては破格の高さだった。それでも、このコレクションは発売から数日で売り切れた。パリではなんと数分で売り切れたという。その月、Ｈ＆Ｍの売上高は二四パーセントの増加を見た。[12]

シーズンが変わるたびに、さまざまな大衆ファッションチェーンが入れかわり立ちかわり、有名デザイナーとの斬新なコラボ商品を発表する。早朝から熱狂的な客が列をつくり、売り場に殺到して一瞬で店を空っぽにするというラガーフェルド効果をあてこんでいるのだ。Ｈ＆Ｍは、ランバン、コムデギャルソン、ヴェルサーチといった正統派有名デザイナーたちと次々に契約し、それら高級ブランドの格安ラインを展開してきた。ユニクロ、ウォルマート、Ｇａｐも軒並み有名デザイナーとタッグを組み、Forever 21もそれにならった。ターゲットがこれまでにコラボした相手は、ロダルテ、タクーン、プロエンザ・スクーラーなど一〇以上にのぼる。

ターゲット向けのミッソーニと本物のミッソーニとのあいだには、ほとんど共通点がない。本物のミッソーニはバージンウールとビスコース、アルパカ、その他の高級繊維を撚《よ》り合わせた糸を、ミラノ郊外の自社工場で編み上げている。[13] ブログ情報によると、ターゲットで買ったミッソーニのニットはアクリル糸でできた中国製だった。[14] だが、そんなことはたいした問題ではない。消費者が求めているのはブランド名だからだ。CBSの記者イソルト・ユシガンは、コレクションの発売日にターゲットのウェブサイトで二〇〇ドル分のミッソーニを入手することに成功した。買ったのはブラウス、ニットドレス、ニットスカート、ジャンプスーツだ。彼女はその日のうちにブログTech Talkに次のような書き込みをした。「実物を見たら気に入るかどうかはわかりません。サイズが合うかどうかも。そういうことは来週商品が届いてから心配することにします」。昔の女性なら、自分の買う服の縫製を多少なりとも気にしたものだろう。ミシンに向かってミッソーニやラガーフェルド風の服を、自分なりにつくったりもしただろう。それが今では、使い捨てレベルの服を並んで買うだけだ。

今どんな高級ブランドが売れているのかを調べるために、わたしはニューヨークの有名デパート、バーグドルフ・グッドマンに出かけた。一九二八年の創業時から婦人服を販売しつづけてきたこのデパートは、セントラルパークの南口、道を隔てた向かい側の一ブロック全部を占める古典主義的ボザール様式の建物だ。開店から今日にいたるまで、有閑マダムたちはいつもこのデパートに足を運んできた。とてつもなく裕福な人たちが、いつものように、最上階のジョン・バレットサロンで髪を整え、買い物代行のサービスを利用している。さもなければBGレストランでセントラルパークの素晴らしい眺望を楽しみながら、マダム同士の交流を深めているのかもしれない。バーグドルフ・グッドマンはおよそお金で買うことのできる最高級の服を売っている。オートクチュールの他にOscar de la Renta（オスカーデラレンタ）、シャネル、イヴ・サンローランなどの定評ある既製服のブランドを扱い、さらにJason Wu（ジェイソンウー）、Norma Kamali（ノーマカマリ）、Michael Kors（マイケル・コース）といった、コンテンポラリー・デザイナーズブランドも取り揃えている。

価格にそこまでの差が出る理由を知りたくて、わたしはバーグドルフ・グッドマンで売られている数百点の服のタグやラベルをチェックした。高度な手縫いの技術と生地のよさで、なるほど価格に見合うと思わせる商品もあった。アメリカ人デザイナーのラルフ・ルッチの手になるフォーマルドレスには、それこそ何千ドルもの値がついている。これは手仕事による複雑な縫製の正真正銘の芸術品だ。オスカーデラレンタのフォーマルドレスにも、同じくらい豪華なものが数点あった。

また、アンゴラや珍しい動物の皮革、カシミヤやラムウールといった最高級の贅沢な素材を用いたために破格の値段になるような高級ブランドも存在する。イタリアの高級ブランド、ボッテガ・ヴェネタのクリエイティブ・ディレクターを務めるドイツ人デザイナー、トーマス・マイヤーは、レーザー光線でしかカットできないほど繊細な、日本のビスコースに似た生地を使うことで知られている。[15] 一万七〇〇〇ドルの毛皮や一万ドルのドレスといった超一流ファッションの世界に住む人々は、常識的で実用的な服をつくろうなどとは考えない。極端なまでの贅沢さこそがドレスの価値や壮麗さのすべてであり、最終的な価格はその結果だ。C・W・パークによれば、「こうした企業ははじめから、それだけの対価を支払える人たちしか相手にしていない」と言う。言いかえれば、そうした裕福な顧客たちが支払える金額をあらかじめ知っていて、それに合わせて服を創作し、贅沢度を加味しているということになる。

ダルマ・ドレスが縫製する高級ブランドのドレスは、バーグドルフ・グッドマンの店頭では何千ドルもの価格になる。職人の技術とかかる手間を考えれば、正当な価格だとディパルマは言う。それにしても高すぎるのではないか、とわたしは反論した。「手間のかかるものは人件費もかさみます」と彼は高級ドレスの弁護に回った。さらに食い下がると、「ベテランの縫製員が針と糸でビーズを縫いつけたり、宝石を散りばめたり、ウェディングドレスの長い引き裾に手編みのレースを縫いつけたりすれば、生産コストは一気にはね上がりますからね」と言う。「ですが、そういうものこそがデザイナーの代表作になるんです」。つまり、どんな手間やコストもかえりみずにつくられるのだろう。「ヴォーグ誌やファッションショーに登場するのは、そういうドレスなんですよ」

ディパルマの専門知識は、もっぱら縫製にかかるコスト、つまり人件費と材料費に限られている。だが、彼は専門分野を越えて、特殊な素材を使ったドレスの価格が一〇〇〇ドル以上になる事情を説明してくれた。電話機の脇に置かれた計算機の上に指を広げて「計算してみましょう」と言い、「超一流デザイナーが五〇〇ドル分の刺繍生地を輸入してドレスをつくるとします」と続ける。「生地代が五〇〇ドルの場合、縫製代は一〇〇ドルです」。タッタッタッと計算機を叩く。「裏地に二五ドル、パッドに三ドル、それにファスナー代もかかります。ハンガーと専用バッグとタグで五ドル。ほら、これだけで原価は六三三ドルになります」。言い終わった彼は、学校の弁論大会で優勝したかのように得意げな顔をした。

手間賃を含む原価が六三三ドルなら、卸値はその倍になるはずだ（この卸値がセール時の価格になる）。店頭に並ぶときには、小売店がこの卸値をさらに二・二五倍する。計算すると、最低でも二八四八ドル五〇セントだ。アーバンアウトフィッターズ向けのコレクションをプロデュースしたデザイナーのエリザ・スターバックは、もう少し単純な服ならもっと安くできると言う。「イタリアでシルクのドレスをつくることを考えてみて。二〇〇ドルでつくれるでしょう」。だがその価格に卸売と小売の際の利鞘をのせてみてほしい。小売価格はちょうど、一〇〇〇ドル弱になるわけだ。

かつて「ニットの女王」という異名をとったソニア・リキエルは、独創的なフランス人デザイナーだ。彼女のブランドは、はぎ合わせ部分を服の表面に出すことで一大旋風を巻き起こした。ソニアリキエルの服を手に入れようと思ったら、何百ドル、いや何千ドルもかかる。一流デザイナーのなかには、品質に釣り合わない高い価格を設定する者もいないわけではないが、それは少数派だ。ソニア・リキエルもそんなことはしていない、とアイゼンバーグは言明する。アイゼンバーグはソニアリキエルで生産部門のインターンからキャリアをスタートしたため、最終的な小売価格だけでなく生産コストに関する内部事情にも通じている。「フランスでそれなりのものをつくろうと思ったら、生地はイタリアから取り寄せることになる。人件費も普通のレベルではすまないのよね。かなり払わなくてはならない。それを考えると、マージンが大きすぎるとは言えないわ」と彼女は説明する。

だが、目の玉が飛び出るほど高価な、しかしそのぶん見事な職人技でつくられた服と並行して、バーグドルフ・グッドマンでは、一ブロック先のH&Mで見かけるのとまったく同じような、トレンディな普通の服が、超高級品より大量にとは言わないまでも、同じくらい売られている。アメリカの人気デザイナーによる、クリーム色のシンプルなコットンドレスが九九四ドルというのは、明らかに高すぎる。薄手の生地のこのドレスは、ごく少数しかつくられていないのだろう（たとえばバーグドルフのバイヤーは、ドレスを各標準サイズにつき一枚ずつしか仕入れないことも多い）。それにおそらく素材のコットンは、わたしがこれまで格安ファッションチェーンで買ったどんな服より上等ではあるだろう。だとしても、このブランドの有名デザイナーやスタッフが相当の報酬を得ていることは疑いない。

そのうえ、ブランド名のタグの下に、メイド・イン・チャイナと書かれた透明のタグが隠れているのを見つけてしまった。うっかりすると見落としてしまいそうだ。こうした「中国製」のタグを、超高級ファッションの世界でも少しずつ見かけるようになってきた。生産国が必ずしも製品の質を左右するわけではないが、生産コストは大きく左右される。九九四ドルのこのコットンドレスをつくるのに必要な原価は、数メートル分のニットの生地代と中国人の人件費（いまだに時給一ドル前後だ）であり、どうがんばっても値札の価格には遠くおよばない。このショッキングな数字の裏には明らかに、服そのものの価値や必要なコストとは無関係の、何か別の理由があるはずだ。

一九六〇年代から七〇年代にかけてニューヨーク州立ファッション工科大学（ＦＩＴ）のデザインラボでディレクターを務めたロバート・ライリーは、ニューヨークの老舗デパートだったロード・アンド・テイラーで、一九四〇年代にキャリアをスタートした。ちょうどフランスが占領下にあった時代だ。ヨーロッパからの輸入品が途絶えたあとにできた空白を埋めようと、ロード・アンド・テイラーは新たなジャンルを提案した。スポーツウェアと、クレア・マッカーデルが考案した〝アメリカンルック〟だ。ライリーはFITにいた二五年間で、デザイナーの名前が美しさや縫製技術以上にもてはやされる時代の兆候を感じていた。「今日の有名デザイナーのほぼ全員に言えることだが」と、一九八一年の退任の際のニューヨーク・タイムズ紙の取材で語っている。「デザイナーが有名になった理由を考えてみてほしい。本当に革新的な服をデザインしたからだろうか？　むしろ、宣伝の手法が正しかったからではないだろうか。Bobbie Brooks（ボビーブルックス）のような大量生産品のほうが一〇〇〇ドルの舞踏会用のドレスより、革新性はないにしても品質はいいくらいだ。まったくひどい時代になったと思う。品質と創造性が、金や大企業のために犠牲にされているんだからね」[16]。かつては、高級ファッション＝高品質という図式がきちんと成り立っていた。ところが今では、デザイナーズブランドだからといって品質がよいとは限らない。それはコンシューマー・レポート誌で、すでに一九九四年に報告されていた。この調査の対象となった高級ブランド店Barneys（バーニーズ）のレーヨンシェニール製のセーターの場合、多くはKマートと同程度の品質だったという[17]。

価格調査の数カ月後、もう一度バーグドルフ・グッドマンを訪れた。高級品と格安品の比較調査のときには、実際に触って確かめることを忘れていたように思ったからだ。高級ブランドでも超高価でもないのに、美しくて仕立てがよい服もどこかにあるのではないだろうか？　もちろんある。親しい友人が最近、Helmut Lang（ヘルムートラング）のブレザーを五五〇ドルで買った。絹の裏地付きのウールのブレザーだ。わたしはこのブレザーにすっかり魅せられてしまった。わたしが持っているどんなジャケットとも品質が違うことは、直感的にわかった。手触りが素晴らしい。着映えも抜群だ。

品質の探求をさらに続けるため、バーグドルフで働いた経験のあるワードローブ・コンサルタントのジョアン・レイリーの助けを借りることにした。レイリーとふたりで、わたしはデパートじゅうを歩きまわった。そしてこの世のものとは思えないほど美しい布地を撫で、縫い方を確認するために縫いしろを持ち上げ、カシミヤをはじめさまざまな素材のグレードの違いについて店員に質問を浴びせた。ラルフルッチのドレスの横で、わたしたちは顔を見合わせた。豪華な手仕上げで、価格は四四〇〇ドルだ。レイリーは言った。「決め手は結局、細部の仕上げと全体のデザインよね」。デザイナーのアンドリュー・ゲンのコレクションの横を通り過ぎたとき、わたしはスラックスに手を伸ばして触ってみた。「わあ。すごく手触りがいいわ」。こんなに短時間で生地のよし悪しが見分けられるようになったわたしを、レイリーは「もう一人前よ！」とほめてくれた。だが、生地の違いはやはり理屈抜きでわかるものなのだ。わたしが優れているわけではない。

わたしたちは別のあるブランドを調べにかかった。だがそこの店員は、品質についての質問に答えようともせず、襟回りに刺繍をほどこした明るいオレンジ色のシャツのほうへ歩いていき、それをラックから抜きだした。「こんなすてきなチュニックが七〇〇ドルなら悪くないですよね？」と強いロングアイランド訛《なま》りで勧める。「それはどうかしら」。バーグドルフのこの店員は、店の商品は質の高さで選ばれているのではない、と言い切った。顧客にとって大事なのはステータスなのだ。つまり、デザイナーの名がついた服を身につけるのが目的なのだという。レイリーも同意した。彼女自身の顧客も例外ではない。ある客は「Jimmy Choo（ジミーチュウ）のハイヒールに合う服を一式見つくろってほしい」と頼んできたそうだ。靴を見せもせずにだ。「どんな靴かという説明もまったくなかったのよ」とレイリーは言った。「わたし、『服をお選びするのに、それがいったいなんの関係があるんでしょう?』って言ってやったわ」

あの九九四ドルのドレスのことを思い出してみよう。C・W・パークは「贅をつくした素材で豪華な作品を制作する高級デザイナーも、なかにはいます。でも、理想的な顧客層を呼び込んでブランドを高級に見せるためだけに、利鞘を大幅につり上げているデザイナーも多いのです」と説明する。「価格を高く設定することで、そのブランドはごく一部の富裕層のためのものだというサインを、市場に送っているんです」。この戦略の問題点は、その〝ごく一部の富裕層〟の範囲が年々さらに限定されていくことだ。「セックス・アンド・ザ・シティ」の登場人物や、キンバリー・カズンズのように収入を顧みずに買い物をしてしまう人々は、実は高級ファッションの世界では典型的な顧客ではない。タイム誌によると、富裕層は高級ブランドの売上を独占しているだけでなく、全体の売上のなかでも、もっとも大量の服を買う人たちなのだという。[18]

アメリカ人の貧富の差は、二〇世紀前半を通じて次第に小さくなっていった。一九五〇年には所得の均一化がめざましく進み、一段上の所得階層へとステップアップできた人も多かった。だが近年ふたたび、持つ者と持たざる者が両極に分かれてきている。恥ずべきことだが、アメリカは先進国のなかで唯一、所得格差が広がっている国である。現在では、全世帯数のわずか一パーセントに、国民総所得のほぼ四分の一が集まっている。こんなに格差が開いたのは一九二九年以来のことだ。[19] 今日わたしたちは、この大きく開いた所得格差そのものを身にまとっているとは言えないだろうか。

〝高級〟ファッションの主要な顧客がこんなに多くの富を握っていれば、当然のことながら、服飾品全体の価格はさらに上がる。富裕層が近くに住み始めると家賃が高騰することがあるが、それと同じだ。高級ジーンズを例にとってみよう。女性ファッション誌ウィメンズ・ウェア・デイリーによると、ある高級ジーンズが一〇〇ドルで売れたとする。それを見た小売店やデザイナーは、高級コットンパンツの値段を二〇〇ドル以上に設定する。それを見た他の高級ブランドが、価格をさらにつり上げる。[20] そんな大金を喜んでジーンズに支払う顧客がいると判明したからだ。こうして、ジーンズ以外のドレスやトップスやその他ありとあらゆるものの価格も一緒に上がっていく。

H&M、Forever 21、ターゲットのような店の商品がどんどん洗練されてきている以上、高級品の価格も下げるように顧客が要求しそうなものだ。だが格安ファッションの存在は、高級ファッションの購買者に正反対の効果を及ぼしているようだ。これもウィメンズ・ウェア・デイリー誌による報告だが、格安ファッションの影響で、デザイナーズブランドの服の価格は下がるどころか、むしろ上がっている。というのも、高級ファッション店で買い物をする人々の目的は、VISAカードを限度額まで使い切ることだからだ。[21] こうした人たちにとって、服を買うことは一種の〝自己顕示的消費〟であり、どれだけ高価なものを買ったかを他人に見せつけるための行為なのである。

経済学で〝ヴェブレン商品〟と呼ばれるものがある。価格が高ければ高いほどよく売れる商品のことだ。自分が持っている富やステータスを誇示するための商品なので、高いほうが効果的なのだ。服飾品は、自己表現や自我と直接結びついているため、この効果が顕著に現われる。わたしたちは服を自己の延長と見なしている。服装は富をもっともわかりやすい形で誇示する方法なのである。「そういう意味で、ファッションほど個性が出る商品はありません。自己表現に関わっているのですからね」とC・W・パークは言う。「だからこそわたしたちは、服にこれほど大きな関心を持つんですよ。

服に大金を費やす人がいるのもそのためです」。自分をよく見せたい、自分の価値を認められたいという飽くことなき欲求が、極端なまでに価格をつり上げている。服飾品に特有の現象だ。

初めてキンバリー・カズンズに会ったとき、彼女の買い物の仕方はなんて素敵なのだろうと思った。厳選したものだけを買い、衝動買いはほとんどしない。ファッションを愛していることといったら感動的なくらいだ。「全体的に見て、裕福な人たちのライフスタイルに共感はしないわ」と彼女は言う。「わたしは中流家庭に育ったの。ただファッションをアートのひとつとしてじっくり味わっているだけ。生活のなかで特に好きな部分がファッションだ、というだけのことよ」。わたしがカズンズに接触したそもそもの理由は、ブランドの服を買うことで、格安ファッション中毒から脱することができるのではないかと期待したからだ。だが、そのもくろみは外れた。ブランドの服は高すぎて手が出ないことがわかった。

ある日の午後、わたしはフェンディの旗艦店に出かけた。ピアスをたくさんつけたガードマンたちに案内されて階段を上ると、しんと静まり返った絨毯敷の部屋に出た。部屋には誰もおらず、壁際にほんの少し服がかかっているだけだ。カウチとサイドテーブルがいくつもあって、スペースのほとんどを占領していた。わたしは誰かの更衣室に迷い込んだ、招かれざる客のような気持ちになった。そのうちついに、若い店員が幽霊のようにぬうっと現れた。わたしを見て、というか、店内に客がいるのを見て、心底驚いたようだった。「素敵なお帽子ですね」と彼は元気な声でにこやかに言った。滑稽なボンボンがてっぺんについている、ターゲットで買ったニットのスキー帽だ。一二ドルだった。お世辞にお礼を言いながら、自分はここではまったく場違いな存在だと思った。わたしに買える値段のものは何ひとつない。毛皮の縁どりのついた手袋でさえ、ここでは一足七〇〇ドルもした。

カズンズはブランド品を買う習慣がたたって、ついに一般的な事務員の年収に相当するほどの借金を抱えてしまった。最初に会ったときは、借金についてはほんの少しほのめかしていた程度だったが、二年後にはまったく別の人生を歩んでいた。借金苦に陥ったのだという。「根本的に生活を変えなくちゃならなくなったの」。二五歳での破産を回避すべく債務整理プログラムの世話になってからちょうど一年が過ぎた頃、彼女は改宗者のような熱意を込めてそう語った。「今は可処分所得ゼロよ」と彼女は言う。「外出はあまりしないし、旅行もしない。買い物もほとんどしないわ。楽しみのために使うお金は、月に五〇ドルくらい」。ケーブルテレビの契約をキャンセルしてからは、「ゴシップガール」もまったくといっていいほど見なくなったという。「どっちみち、あの番組ももう旬は過ぎた感じだったしね」と彼女はきまり悪そうにつぶやいた。

生活を変えるにあたって一番辛かったのは、ブランドものの服を一枚残らず売らなくてはならなかったことだ。借金返済の足しにしたのである。以来彼女はExpress（エクスプレス）、Ｇａｐ、American Eagle Outfitters（アメリカンイーグル）などのチェーン店でベーシックなデザインの服を買っている。あれほどのブランド通だった彼女が、今では、よりにもよってＫマートのコートを着て、靴の格安チェーン店ＤＳＷで買ったSteve Madden（スティーブ・マデン）を履いているのだ。彼女の見立てでは、エクスプレスの服は値段相応のそこそこのつくりだが、特におしゃれというわけではない。でも生活が再び軌道に乗るまでは、現状に甘んじるつもりだと言う。

高級ブランドについて、今はどう思っているかと訊いてみた。すると、あの価格は投資に値するものだったと思っている、という答えが返ってきた。「持っていたブランド品はひとつ残らず売ることができたしね。買ったものが値段に見合わないと思ったことも、品質でがっかりしたこともないわよ」。もう一度やり直せるなら、すぐには流行遅れにならないような正統派のアイテムの比重を増やし、収入の範囲内で買い物をするよう心がけるつもりだ、と彼女は言った。実はたったひとつ、手放さなかったブランド品がある。七〇〇ドルで買ったヴィトンのバッグだ。その理由を彼女はこう説明した。「これほど値打ちのある買い物は他になかったわ。この四年間、毎日のように持ち歩いているけど、少しも色あせない魅力的なバッグよ」

*

ファッション産業が持てる者と持たざる者とをはっきりと二分したのは、これが初めてではない。二〇世紀前半には、ほとんどの人が極端に裕福か極端に貧しいかのどちらかだった。アメリカのファッション産業はパリのオートクチュールだけを追いかけているような状況だった。ウィッテーカーの『Service and Style』によれば、初期のデパートは高級・格安の同時並行戦略をとっていた。低価格志向の消費者向けにはパリのデザインを真似た廉価版コピー品を、富裕層向けにはデザイナーの商標を取得した高価なレプリカを生産していたのだ。[22] 一九〇二年、ランジェリー型のドレスが流行したときにマーシャルフィールズで売られたレプリカは、二五ドル（今の六二二ドル）から七五ドル（今の一八六四ドル）と、大半の消費者には手が出ない価格だった。大量生産初期の既製服はオートクチュールのコピー商品だったが、本物を手に入れることができたのは一部の裕福な人たちだけだ。今日でも、オートクチュールのドレスは最低でも二万五〇〇〇ドルはする。[23]

とはいえ、一九〇二年の高級・格安ファッションと今日のファッションを比較しようとしても、前提が大きく異なる。当時の女性は服の縫い方を知っていた。たとえばガブリエル・シャネルもジャンヌ・ランバンも、はじめから香水やサングラスを大々的に売る高級ファッションコングロマリットのデザイナーだったわけではない。家庭用ドレスをつくるプロの縫製師だった。のちに、オーダーメイド専門の高級ファッション企業に採用されて、洗練されたオートクチュールを精緻な手仕事で仕上げるようになったのだ。[24] FIT美術館の館長でファッション史家としても有名なヴァレリー・スティールによると、初期のファッション業界は今日とはまったく違い、オーダーメイドのドレスを中心に回っていたという。「一般の女性にはとても手が出なかったでしょう。でも仕立屋に頼んで似たものをつくってもらうことはできました。あるいは自分でつくることもあったでしょうね」

女性たちの多くは裁縫がとても上手だったから、服の値段が高いからといってファッションを楽しむことをあきらめる必要はなかった。ウィッテーカーによると、一九〇二年のクリスマス商戦期には、デパートで大量のレースや刺繍が売れたという。女性たちは流行のランジェリースタイルを、思い思いに自作したのだ。[25] 当時のデパートでは、布地売り場のほうが既製服売り場よりも広かった。型紙も、オートクチュールのデザインを真似たものも含め、『Vogue Pattern Book（ヴォーグ型紙集）』などの出版物で手頃な値段で手に入れることができた。金銭的な余裕がある女性は、新聞やファッション誌からイラストを切り抜いて、布地といっしょに仕立屋に持ち込んだ。

大恐慌後に所得格差が緩和されると、所得レベルの上がった国民が購買力を発揮しはじめる。服を店で買うことが一般的になったのはこの頃からだ。初めはサイズが合わなかったり品質にばらつきがあったりといった問題がつきものだったが、やがてそれも解消された。だが、安い服を買うことは美徳とは見なされなかった。ウィッテーカーの著書にもあるように、中流階級の人々にとってデパートは他の店より高品質の品物を買える場所だった。そういう商品を持つだけで、新たに手に入れた経済的ステータスを誇示できる。デパート側も、次第に高級化する消費者の志向に合う品揃えを努めた。「組織が大きくなるにしたがって、デパートは品質基準の守り手を自認するようになった」とウィッテーカーは書いている。

シアーズはカタログ販売とチェーン店の両方で格安商品を提供していることで知られるが、そのシアーズにも品質基準は存在していた。一九五五年版のカタログの後ろの方を見ると、衣料品検査室の写真に「賢い買い物を」というアドバイスが添えられている。加工済みウールとバージンウールの違い、耐光性と遮光性の生地の違いなどの解説もあり、さらに当時使われていたすべての化学繊維をひとつひとつ説明した用語集までついている。一般的なデパートには、伝統的な服から品質重視の服や流行重視の服までさまざまな選択肢が用意されており、そのどれをとってもきちんと仕立てられていた。当時は格安店でさえ、中流階級の顧客を取り込むために品質の向上を目指す必要があった[26]。

当時、服は独立系のメーカーによって少量ずつ生産されていた。ファッション業界の競争は非常に激しかった。おかげで今日よりもスタイリッシュで手の込んだ、仕立てのよい服がつくられた。一九九五年のS&P工業統計には、服飾業界についての次のような記述がある。「競合する多数の中小企業との差別化のために、大手アパレル企業のほとんどは商標つきの高級商品を中心に販売している。

販売は独立系の小売店を通して、全国規模で行われている」[27]

　ジャン・ウィッテーカーは六七歳のとき、「店で買う既製服のほとんどは今のものとは別格だった。手間のかかるまつり縫いで裾の処理をしたものも多かった。縫い目がほとんど見えないほどの巧みな仕上げでね。高級に見せるために裾を自分でまつり直す女性も多かった。直線縫いの服など皆無だった。そんなものはくずと見なされ、貧しい人々でさえ着たがらなかった」と述べている。今日の大量生産品の裾のほとんどは、早くて簡単な直線縫いだ。はぎ目はロックミシンで仕上げられている。ロックミシンはかがり縫いと同時に余分な布地を切り落としてくれる。脇にも裾にも余分な生地が残らないので、サイズ伸ばしは不可能だ。仕立て直そうとする人などほとんどいない。「子供の頃持っていた人形のほうが、今のわたしたちよりよっぽどいいものを着ていましたね」とウィッテーカーは言うが、実際その通りだ。当時の人形の服の裾はまつり縫いされていたのだから。

　第一次世界大戦後、服の平均価格は一六ドル九五セント（現在の価格に換算すると一八二ドル）まで下がった。流行に乗り遅れないように、多くの女性は一シーズンしか着られない、より低品質の服を買いはじめた。[28]今日の格安ファッションブームは、この歴史が繰り返されているだけなのだろうか？ウィッテーカーはこの問いをすぐに否定した。「今日の平均的な格安ファッションのほうがずっと劣悪な仕立てです」。たとえばヨーロッパが第一次大戦の痛手から立ち直ろうとしていた一九二〇年代に、アメリカはパリから「格安」の手縫いビーズ刺繍のドレスを大量に輸入した。それでも「今日の格安品と比べると、びっくりするほど上等でしたよ」とウィッテーカーは指摘した。

　かつての消費者は繊維の知識を持っていたので、予算内でできるだけ上質の服を買おうとした。服が今より高価だったため、一年じゅう、しかも何年も着つづけた。だから買うときは、当然ながら素材を吟味したのだ。今も服についている繊維・洗濯ラベルは、当時の名残である。

二〇世紀半ば、新しい合成繊維が開発された。アセテートとレーヨンだ。手入れが簡単な魔法の生地だと、さかんに宣伝された。アメリカ人の余暇が増え、ライフスタイルが以前よりカジュアルになったために、より実用的で手入れの簡単な服が求められたこともその一因だった。[29] 繊維技術は飛躍的に進歩したが、綿、ウール、シルクなどの天然素材と違って合成繊維はまったく支持されなかった。レーヨンに代表されるセルロース素材も、伝統的な素材のすき間でわずかな役割を得ただけだった。その後コットン製品の性能が向上し、合成繊維の生産拠点がここ数十年でアジアに移転したために、合成繊維はしばらくのあいだ影が薄かった。だが消えたわけではない。近年ではひっそりと復活して、サプライチェーンの一端を担っている。現在使われている合成繊維は、ほとんどがポリエステルだ。

自分のクローゼットのなかのタンクトップを数枚調べてみた。ビスコース製、レーヨン製、モダール製、それにテンセル製だった。合成繊維には大きく分けてプラスチック系とセルロース系の二種類があるが、わたしのタンクトップの素材はすべてセルロース系だ。セルロース系合成繊維というのは、コットンの端布やおがくずなどの自然原料の加工副産物や木材パルプを、化学的に加工したものである。モダールとテンセルは、オーストリアのレンチング・コーポレーションの登録商標だ。環境に優しいが、こうした素材は、一般にコットンより安価とは言えない。セルロース系の繊維は二〇世紀半ばには人気があったが、現在ではごくわずかしか使用されておらず、世界の全繊維消費量の五パーセントにすぎない。[30]

クローゼットにあったプラスチック系の素材のうち一番多かったのは、ポリエステルとその仲間だった。セーターに多いのは、ウールやカシミヤの手触りに似たアクリルだ。ブラウスやドレスはほとんどがアクリル一〇〇パーセントだった。格安で買った冬のジャケットはウール一〇〇パーセントだとばかり思っていたが、違っていた。H&Mで買ったグレーのフード付きジャケットはウール六五パーセント、ポリエステル二〇パーセント、ナイロン一五パーセントの混紡だった。Ｚａｒａで買ったバルーンカットの黒のジャケットはポリエステル七〇パーセント、ウール二四パーセント、ビスコース六パーセントで、醜い毛玉だらけになっていた。もうひとつ、バスローブ型のコートはウール七〇パーセント、ナイロン三〇パーセントであることが判明した。ナイロンもやはりプラスチック系合成繊維の仲間だ。非常に丈夫で、カーペットなどの素材になるが、衣料品に大量に使われることはめったにない。ペットボトルなどのプラスチック製品は原油に依存し、生分解されないので買わないように注意していたのに、そのプラスチック製品がクローゼットいっぱいに詰まっていたわけだ。

　合成繊維の生産高は、過去五〇年でほぼ二倍に増えた。伸び率がもっとも高かったのはポリエステルで、現在世界で生産されている合成繊維の四〇パーセント以上を占めている。[31] ポリエステルを身につける人がこんなに多いのはなぜだろう？　ポリエステルは通常、強度やドレープの出方を向上させ、手入れを簡単にするために混紡される。だがウールやシルク、コットンなどの天然素材に混ぜることでコストを抑えるのに役立っているのもまた事実だ。

　わたしたちがポリエステルを身につけるいちばんの理由は、ここ数年のアジアでの投資だろう。繊維生産の大部分を担うアジアで、ポリエステルへの莫大な投資が行われたのだ。二〇〇四年の繊維情報誌テキスタイル・ワールドに掲載された、アジアの合成繊維の〝爆発的な成長〟についての記事には、次のようなコメントが見られる。「ポリエステルはもっとも好まれる繊維となったといえる。コットンと混紡されることも多い」。現在ポリエステルの生産高は年間一三〇〇万トン弱に達しており、その半分以上が中国で生産されている。[32]

高級オーダーメイド紳士服会社ナットサン・アメリカのデザイン・ディレクターのかたわらFITの非常勤教授を務めるサルバトーレ・ジャルディーナは、ポリエステルに代表される合成繊維がさかんに利用されるようになった理由を、「小売店に大きくのしかかるコスト削減の圧力のせいです」と言う。「消費者が立ち上がって〝われわれはポリエステルの服が着たい〟と声を上げたわけではないのですからね」と彼は笑った。消費者が、繊維に関して無知に、あるいは無関心になるにつれて、デザイナーたちの目標も変わった。目標予算に収まるような低価格の生地を選ぶことに、心を砕くようになったのだ。生地を低級なものに変えていることなど、消費者にはできるだけ気づかせないようにしながら。「業界がファッションの低価格化に真剣に対処するなかで生み出された繊維。それがポリエステルとビスコースです」とジャルディーナは大量生産のメンズスーツについて説明した。ビスコースはセルロース系の繊維で、ウールに似た手触りを生む。ポリエステルは手入れが簡単で安い。「ポリエステルは改良が進んでいて、ウールそっくりに見えます。だが価格は段違いです。ウールなら一ヤード（一メートル弱）一〇ドルかかるところが、三ドルですからね。暑い日なんかは、着心地がまったく違いますけど」

二〇世紀の中頃も、服は必ずしも最上の生地でつくられていたわけではない。だが、少なくとも緻密にはできていた。すぐれた仕立てで、細部にすばらしく手の込んだ工夫がほどこされていることも多かった。生地は、例外なくふんだんに使われていた。今のようにけちけちしてはいない。丹精こめてつくられたそうした服は、安くはなかったが、かといって法外に高いわけでもなかった。一九五五年一月号のセブンティーン誌には、さまざまなメーカーのゴージャスでたっぷりしたジュニア用ドレスの広告が大量に載っている。価格はほとんどが八ドルから一一ドルのあいだである。今の価格に直すとおよそ六五ドルから九〇ドルほどだ。まさしく中産階級向けの価格設定と言える。

高級服の価格設定もはるかに穏当だった。エイブシュレーダーの洗練されたグレーのツイードのドレスが、一九六一年には五五ドルで売られていた。現在の金額にすると三九六ドル程度だ。中流家庭にとってはたしかに少し懐が痛む価格ではあるものの、今日の高級市場を代表する九九四ドルのコットンニットのドレスより、はるかに価値があった。エイブシュレーダーを買うにはまったく予算が足りない女の子でも、自分のミシンで似たものをつくることもできたのだ。同号のセブンティーン誌の巻頭特集記事では、ホームメイドのドレスが取り上げられている。「縫う。洗う」と題するこの特集には、八ページ分の見開きページに印刷されたワンピースの型紙がついている。そのシーズンに一番流行した、ゆったりしたスカート付きのドレスだ。ポリーという名のティーンエイジャーが「自分で縫ったら（服も増えたし）お小遣いはまだまだたーっぷりよ！」とレポートしている。

一世を風靡した衣装デザイナー、ジェイニー・ブライアントが制作したテレビドラマ「マッドメン」の舞台は一九六〇年代である。この番組では、アメリカがTシャツとジーンズを愛する超カジュアル社会になる何十年も前のファッションを見ることができる。マディソン街の広告業界の隆盛を描いたこのドラマのエピソードのひとつで、Jantzen（ジャンセン）の水着が取り上げられたこともあった。広告宣伝費をふんだんに使って急成長する大手アパレル会社がドラマで描かれたことは、アメリカ人をスタイリッシュなファッションから遠ざける大きなきっかけとなった。

このドラマはまた、大きな文化的な変化も描いている。六〇年代の社会の激変と、七〇年代の反体制文化、そしてフェミニズム運動だ。ストリートウェアも若者ファッションも、こうした変化のなかから誕生したものだ。高級ファッションを追いかけるのが時代遅れになったのもこの時期だとヴァレリー・スティールは指摘する。「ヒッピーやアンチ・ファッションの動きに代表されるように、人々は規格化されることを嫌うようになりました。流行のどの部分にしたがうかを、自分自身で選択しはじめたのです」

若者ファッションを初めて世に広めたのは、ミニスカートを発案したマリー・クワントをはじめとする既製服のデザイナーたちだった。やがてスポーツウェア業界がロサンゼルスに誕生する。スポーツウェアはデザインがシンプルだったため、それまで数十年続いたフォーマルな服と比べて安かった。セパレートスタイルが導入され、ワンピース型のドレスを買うより安くパンツやトップスを買えるようにもなった。大手のなかでもこのセパレートスタイルをいち早く取り入れたのはDarlene Knitwear（ダーリーンニットウェア）で、一九六五年一〇月号のセブンティーン誌に「高級感のある（でも高くない）」「嬉しい休日のセパレーツ」というコピーで広告を掲載している。かぎ針編みで縁どりをしたピンクのカーディガンも、総裏のついたフランネルのスーツスカートも、一三ドル（今の八八ドル八七セント）だ。さらにカジュアルなスタイルのメーカー、Ship'n Shore（シップンショア）の広告もある。花柄のボタンダウンシャツやチェック柄のフランネルのヘンリーネックシャツなどが、いずれも四ドル（今の二七ドル三五セント）である。

服を手づくりする人が減りはじめると、縫製の知識は次第に失われていく。それが完全に直接的な原因とまでは言えないかもしれないが、服のデザインがシンプルになるのに合わせてアメリカ人の裁縫の技術が失われてきたのは事実だろう。その傾向は、ニット地を二枚縫い合わせただけの服、つまりTシャツがファッションとして広く受入れられるようになった現在にいたるまで続いている。ファッション業界で三〇年の経験を持つベテランで、ガーメントセンター保存運動の支持者でもあるアンソニー・リラーは、ファッションのカジュアル化とともに消費者は服にお金を使わなくなった、という見方に賛成だ。「ファッションとはきちんとした仕立ての服を指す言葉でした。オーダーメイドとまではいかなくても、今よりはるかに縫製のしっかりした服がデパートで売られていましたしね。Tシャツとゴムウエストのパンツでそこらをうろつく男たちが、ファッションの概念に決定的な影響を与えたんですよ。そして徹底的な価格破壊に貢献したというわけです」と彼は言う。服づくりに必要な技術が減れば減るほど価格は下がり、消費者の財布の紐はさらに堅くなる。服が単純化すればするほど、どこででも同じものがつくれるようになる。だが仕立てのよい服はそうはいかない。高度な技術を持つ縫製師が必要だからだ。では、わたしたちはそういう人たちの助けを借りなくてはならないような、手の込んだ服に立ち返るべきなのだろうか？　おそらくそれもちがうだろう。だが、そうした変化がすべて結びつくことで、安さという強大な力が生まれたことはまちがいない。

ファッションが巨大産業化し、柔軟性に乏しくなった結果、服の販売は財政的なリスクをともなうものとなった。とくにリスクが大きいのは、生産コストの高い服だ。服飾産業のコングロマリットを経営するならば、仕立てのよいドレスやジャケットを売るといったリスクを冒さずに、経験上売れるとわかっている服だけを売るほうが安全だ。ベーシックで原価も安い。最安のターゲットから Ann Taylor（アン・テイラー）のような中級のファッションチェーンまで、主な収入源は一様に、縫製の単純なトップスとスラックスだ。ご承知のとおりＧａｐは開き直り、ポケット付きのＴシャツのような、信じられないほどありきたりの服を売っている。Forever 21 の商品はそれよりいくらか流行色が強く、もう少し種類が豊富だが、それでもデニムや露出度の高いドレス、軽いカジュアルなトップスを大量に売りさばいている。タンクトップだけをとってもレーサーバック〔背中側のアームホールが極端に内側に入って、背後から見るとXの形に見えるデザイン〕、フライアウェイ〔裾が広がっているデザイン〕、ドレープ入りのロング、ショート丈のスパゲッティ・ストラップ〔肩紐が非常に細いデザイン〕などから、フリル付き、シャーリング入り、小花をアクセントにしたものまでさまざまだが、一九五〇年代のドレスや九〇年代の既成品のスーツに比べると、やはり単純な服でしかない。一九世紀に流行した、腰回りを膨らませたフープスカートのためのバッスル〔スカートの後ろを膨らませる腰当て〕やクリノリン〔馬の毛を使ったリネンで作られた骨組みつき下着。スカートを膨らませるために使用〕、パニエ〔スカートを広げるかご状の下着〕などとは比較にならない。

今や、服は消費者が喜んで支払う価格から逆算してつくられている。「去年一〇ドルで買ったものを、今年は九ドルで買いたがるのが消費者だ」というのがアパレル業界の常套句だ。ＦＩＴで繊維開発とマーケティングを教えるショーン・コーミア教授は「財布の紐が堅い消費者と、利益率を上げたい企業と、その両方が圧力をかけているのです。商品をもっと低級にしなくてはならないという圧力を」と言う。「お互いさまですよ。メーカーは少しでも儲けたいが、消費者はセールを待ってから買いますからね」。企業には、仕立てのよい商品をセールで値引きするほどの余裕はない。だから年々品質を下げつづけるしかない。どうしても何かが犠牲になるのだ。

アパレル企業は、商品を買いつづけてもらうために、変わりつづける消費者の嗜好やニーズはもちろんのこと、常に利益とのバランスを考慮して品質のレベルを決めてきた。単純化された格安の服は、かつてはライフスタイルの変化と女性の自由を象徴するものだった。だが何十年も低価格への強い圧力が続いた結果、その意味は変わってしまった。安くつくれるというだけの理由で、デザイン室の定番になったのだ。

中の上級あたりに位置する通信販売会社、Lands' End（ランズエンド）から、最近カタログが届いた。めくっていたら、カシミヤとウールの混紡のコートの宣伝文句が目にとまった。「他社が置き忘れた個性と、細部までていねいな仕立てに、ランズエンドはこだわります」とうたっている。こうなるともう、何を信じていいのかわからなくなる。休みなく安さを追求するなかで、取り除かれ、省略され、黙殺されてきたものとは、正確にはなんだったのだろうか？　アパレル企業のデザイン部門が、わたしのような消費者向けのコートやドレスを企画するところを想像してみた。まず考えるのは、どんな服なら三〇ドルでつくれるか、ということだ。出発点がそれでは、どう転んでもたいしたものができるはずがない。

コーミア教授のアパレル業界の知り合いは、ほとんど全員がそうした企画に参加した経験を持つそうだ。「会議ではまず生産中のラインについて検討し、現状ではマージンが不十分だということになります。そこでデザイナーと相談して、何を省くことができるかを考えるわけです」。質を落とすことや、デザインを単純化させることの是非をめぐって、デザイナーは利益を追求するアパレル企業としばしば対立する。「知り合いのデザイナーたちはできるだけよいものをつくりたいと思っています」とコーミア教授は言う。「だがどんなものを企画しても、コストとマージンを計算する経営側のチェックが入るのです」。そうして実際に生産に入る頃には、当初のデザインは見る影もなくなってしまうのだ。

コストを削減しようとするあまり、生地は年々薄く軽くなっている。ある企業では約一七〇グラムだったシャツが約一四〇グラムになった、とコーミア教授は言う。「それでも社内の品質基準を満たすかですって？　答えはイエスです。では、見た目の美しさは保たれるでしょうか？　答えはノーのときもありますね」。アメリカ人の着ている服が極端に薄くなっていることは、わたしにもわかる。リサイクルショップに行って一九九〇年以前につくられた服を手にとってみればいい。それと比べると今の服はふわふわと飛んでいきそうに軽い。

Bright Young Things（ブライト・ヤング・シングス）のデザイナー、エリザ・スターバックは、Coach（コーチ）など多くの高級ブランドでの長年のキャリアを持つ。その経験から言えるのは、小売店がコストを削減しようとすると、縫製が大幅に妥協されるということだ。「縫い目がほどけて商品がゴミ同然になりさえしなければそれでいい、という縫製がまかり通っているわ」と彼女は訴える。格安の服は裏地やまち、縫い目の補強など手のかかる細かい部分を省略する。縫製そのものを放棄してしまったように見えるものすらある。オールドネイビーで買ったタンクトップのふたつの花飾りがテープで留まっているだけだと気づいたときは、わたしもさすがにショックだった。今日では素早く市場に出すことが非常に重要だから、生産量を増やすためにも、手早く仕上げられるゆるい縫い方が採用されているのではないかとスターバックは疑っている。最近の縫製がほどけやすいのは、そのせいだというのだ。「こんな粗い縫い目で服ができているなんて奇跡だわ」と彼女は親指と人差し指を広げてみせた。

続けて彼女はさらにショッキングなことを言った。「そもそも高級服なんて、もうほとんどつくられてないわよ。つくっているとしてもほんのわずか。珍しすぎて、ほとんどの人は生きているあいだに目にすることもないくらいよ。今の人は、全員ボロを着て歩いているようなもの」。そんな悲惨なことがあっていいのか、とわたしは思った。だがファッションの歴史を研究すればするほど、彼女の言うとおりだと思うようになった。少しずつ品質が削ぎ落とされた結果、普通の店で売っている服はすべて、極端に薄く単純なものになった。幻惑的で華やかな色合いではあっても、まがいものばかりだ。そんな状態であるにもかかわらず、一九八〇年以降に生まれた消費者のほとんどは、自分たちが何を失っているか考えも及ばないのではないだろうか。

大衆向けの服の品質は、低下しつづけている。人件費と材料費が値上がりし、消費者の期待する価格が下がりつづける以上、市場に出回る服はますます粗悪になっていくしかない。現代のファッション界では、高級な生地、技術を要する縫製によるビジネスは敗退するしかないのだ。高品質を実現するには時間がかかる。つまり高品質をめざせば、スピードが落ちる。コストも余計にかかる。ロサンゼルスの婦人服ブランドKaren Kane（カレンケイン）のデザイナー、マイケル・ケインに話を聞いた。彼はブランドの品質基準を損ねすぎずに低価格商品を導入しようとしたが、うまくいかなかったと言う。「どの程度の価格でどの程度のものを期待するかという消費者の心理的な変化に追いつくのは、実に難しい」と彼は嘆く。「このまま行けば、きっとどこかで限界がくる。コストを下げすぎれば、ばらばらにほどけてしまって一度も着られないようなものしかつくれないからね」

品質の低下の原因はもうひとつ、意外なところにある。現在わたしたちの服をつくっている海外の工場だ。実は海外の工場には、高度な縫製技術がある。だが、そこでもマージンはありえないほど低く、納期は常に非常に厳しい。試作やテスト、デザインの修正といったことで何度もやりとりを要求するような顧客は、工場としては歓迎できない。商品をつくりつづけなければたちまち収入が途絶える工場からすれば、長いリードタイムは願い下げである。

わたしが訪ねたある中国の縫製工場は、ティーンズ向けの巨大ブランド、Abercrombie & Fitch（アバクロンビー&フィッチ）の服を縫製していたことがある。このブランドは、生産に入る前に念入りなテストと試作を繰り返した。工場の販売補佐のキャサリンはいらだちを隠さず、こう説明した。「細かいことにすごくこだわっていましたね」。フリースのジャケットを、何度も繰り返し洗ったり染めたりして見せてからでないと注文を確定しようとしなかったという。「変更があるたびに、工場はラインをストップして、生産を翌月に延期しました。でも、翌月には別の顧客からの注文が入ってるんですよ。そうなるともうパンクするしかないんですから」。生産スケジュールに穴が開いたうえに、翌月は二重のノルマをこなさなければならなかったそうだ。

現在、大量に生産、販売されている衣料のほとんどは粗悪品で、大金を払うに値しない。それが消費者の多くの実感だ。その点はブランド品であっても変わらない。コンシューマー・レポート誌は一九九七年、さまざまなチェーン店やブランドのポロシャツを比較して点数をつけた。その結果いちばん高得点だったのは、ターゲットの七ドルのポロシャツだったという。ラルフローレン、トミーヒルフィガー、Nautica（ノーティカ）、Ｇａｐのポロシャツはいずれも、耐久性、繊維密度、摩耗耐性のすべてにおいて劣っていたのだ。[33] ラルフローレンの七五ドルもするポロシャツがターゲットのポロシャツより低品質だというなら、そんなものを買う理由があるだろうか？　数十年前なら中級のブランド品と格安品とのあいだには大きな品質の差があったものだが、今は違う。大手ブランドが利益を水増しするために、品質を落としている。今日では格安品を豪華に見せかけるほうが、ずっと簡単に利益が出せる。それこそ格安チェーン店の手法に他ならない。つまり、もはや安く買うことにまったく恥ずかしさを感じなくなった顧客を引きつけるために、うわべを飾り立てているのだ。

　数十年前の格安衣料品のちくちくする生地の肌触りや古くさいデザインは、あの時代を知っている人ならきっと覚えているだろう。わたしが育った一九八〇年代から九〇年代初頭の南ジョージアの町で手に入るものといえば、ウォルマートの愉快なトゥイーティーバードのパジャマだとか、格安チェーン店のおばさん臭いブラウスがせいぜいだった。よく母に地元の格安チェーン店のＣａｔｏ（カトー）やIt's Fashion（イッツファッション）につれて行かれたものだ。なんとかしてＧａｐやデパートで買ったと言っても通るような服を見つけようとしたが、無駄な努力だった。それももう遠い昔だ。今日の格安の服は、端糸はきちんと切られていて、縫い目はまっすぐ、色も華やかで安定している。そして何より大事なのだが、とてもファッショナブルになった。ものすごく安いが流行遅れの服など、まったく見かけなくなった。今のカトーのウェブサイトには、トラピーズネックのレパード柄のドレスなんてものまである。わたしでも着たいと思うようなドレスだ。値段はいくらかって？　二九ドル九九セント。イッツファッションのほうはといえば、「ショッピングモールの専門店で見かけるような最新流行のスタイルを、毎日お安くお届けします」と約束している。その約束は、たいていは守られている。

一九九五年、ウォールストリート・ジャーナル紙は、格安ファッションのデザイン革命をいち早くとりあげた。「長いこと、格安ファッションのイメージは決して格好のよいものではなかった。女性がサイズの合わない男物のジーンズをはいたり、だぶだぶのフリーサイズのトップスを着たりというように。それがこのところ、ぐっと見栄えがよくなっている」。昔と何が変わったのだろうか？　答えは、製造段階で細部に注意を払うようになったことだ。凝ったボタン、本物の刺繍、裏打ちした衿などをつけると、服は高そうに見える。アパレル・コンサルタントは同紙の取材に「わたしの主な役目は、消費者に品質がいいと思わせるような、表面的な演出を加えることです」と答えている。[34]

今日の格安ファッションは、魅惑的であると同時に詐欺的だ。超低価格なのにおしゃれな服を他に先がけて売り出したオールドネイビーは、薄くて質の劣る生地や陳腐なデザインを、派手な色やプリントでごまかしている。一九九九年にニューズウィーク誌が指摘したように、安物の陳腐な服を「アシッドグリーンに代表される風変わりな色」に染め、それを「人目を引くように大量にまとめて」展示することによって、新機軸を打ち出したのだ。[35] わたしのクローゼットも、黄土色やターコイズブルー、エメラルドグリーンといった大胆な色や、珍しい模様のプリント（オールドネイビーで買ったドレスの模様は、赤血球みたいな形をしている）で鮮やかに彩られている。

ウォールストリート・ジャーナル紙が指摘したように、高級そうに見せかけるための装飾は、格安ファッションの常套手段だ。Forever 21の服はスパンコールやひだ飾り、アイレットやスタッズ〔金属製の飾り鋲〕の一斉攻撃といえる。こうしたけばけばしいデコレーションを見ると、ウィッテーカーの『Service and Style』で読んだ逸話を思い出す。大恐慌の後にニューヨークの高級デパート、ボンウィット・テラーを買収したホーテンス・オドラムは、そこで売られていた服を見て、あまりの嫌悪感に身震いしたという。仕立ての悪さと安手の生地をごまかすために、バックルやクリップ、ピンやリボンなどの飾りがごてごてと付けられていたのだ。[36] こうした派手な付属品は、今日の格安ファッションのセールスポイントになっている。人目を引く表面的な装飾で、衝動買いを誘う戦略である。

ひと昔まえの格安ファッションと比べると、今日の商品は進んでいるといえるかもしれない。だが、決してきちんとつくられているとはいえないだろう。わたしたちはたいてい、仕立てや品質の悪さには目をつぶり、よいデザインだからと納得して服を買う。H&M向けにデザインした普及版コレクションの発表前日、カール・ラガーフェルドはインデペンデント紙にこう語っている。「今は誰でもおしゃれが可能だ。安い服もデザインがよくなっているからね。なるほど素材は上等とはいえないかもしれないが、安物が見劣りするなんてことはもうなくなったのさ」[37]。現代では高品質という言葉は、昔とはだいぶ違う意味で使われている。どうやら、せいぜいが見劣りしないという意味らしい。

二〇一〇年の冬、あと数週間でクリスマスというとき、わたしは好奇心からボッテガ・ヴェネタのドレスを手にとった。創業四五周年のこの高級ブランドは、二〇〇一年にグッチ・グループに買収され、商品にロゴをつけるのを嫌うドイツ人デザイナー、トーマス・マイヤーの手で改革された。以来、キム・カーダシアンやサラ・ジェシカ・パーカー、ハリーポッターで人気のエマ・ワトソンといったセレブたちが、豪華で装飾を抑えたボッテガ・ヴェネタのドレスを身にまとってレッドカーペットを彩ってきた。ドレス一枚に三〇ドル以上は出さないわたしでさえ、ボッテガ・ヴェネタの名なら聞いたことがある。店はマンハッタンの五番街にあるが、足を踏み入れるのはこれが初めてだった。

わたしは茄子紺色のドレスを手にしていた。フリンジのついた大きな肩パッド入りのボレロがプリーツスカートとセットになっており、値段は七〇〇〇ドルだ。とても気に入ってしまった。親切な店員がお試しくださいというので、にっこりしてから反射的に言った。「いいえ。買いたくなっちゃいますから」。お笑い草もいいところだ。クレジットカードを上限額まで使ったとしても買えない値段だったのに。店員は食い下がった。「他ではまずお目にかかれませんよ。ご存じのように大量生産品ではありませんので。大量生産品って、好きになれませんわよね」。万事休すだ。わたしは一ブロック先のH&Mに逃げ込んで低級なコピー商品を買うか、家を担保に借金をして〝本物〟を買うか、ふたつにひとつのところへ追い込まれた。その一瞬、世界は激しい闘いの場以外の何ものでもなくなった。「デザイナーの名声と魅力」対「価格分布の最下層に位置する安い服」の闘いだ。

ＪＣペニーの始まりは、一九一三年にジェームズ・キャッシュ・ペニーが開いた乾物屋だった。開店当初はブルージーンズ、布地、縫い針など、雑多な商品を扱う店だった。だがペニーは、この百貨店方式をすぐに改めて徹底したチェーン店方式をとり、田舎町や地方の小都市に大量に出店し始めた。ホームページにうたわれているように、全国にくまなく展開し、店舗数が二〇〇〇を超えていた時期もある。世界一の規模と他の追随を許さない安さを誇る小売店ウォルマートの創立者サム・ウォルトンも、一九四〇年代にはアイオワ州デモインのＪＣペニーで働いていた。

企業の統合と価格競争が業界に吹き荒れた今日までの数十年間を、ＪＣペニーはなんとか生き延びてきた。とはいえ、業績は二〇〇〇年まで大きく落ち込みつづけた。下落幅のあまりの大きさに、経済ジャーナリストのビル・ヘアが『Celebration of Fools: An Inside Look at the Rise and Fall of JC Penney（愚か者の祭典――ＪＣペニーの興亡）』と題する本を書いたほどだ。ＪＣペニーの前ＣＥＯのマイロン・アルマンはその数年前、業績悪化の原因は顧客にあるとしていた。彼らがもっとたくさん買わないからいけないのだ。当時、デパートの顧客は、季節ごとに服を買うという昔ながらの購買スタイルを守っていた。「買い物シーズンが年に四回しかない限り、来店するチャンスも年に四回きりだ」。アルマンはウォールストリート・ジャーナル紙のインタビューでこう嘆いている。[1] アメリカ人のそれまでの自然な消費行動が、突然小売店にとって致命的になったのだ。JCペニーが生き延びる方法はひとつしかなかった。ファストファッションによって、客に頻繁に足を運ばせるのだ。そこで、アルマンはこう結論づけた。「現代の若い女性にファストファッションを浸透させることこそ、最大の可能性を秘めたビジネスチャンスだ」

二〇一〇年、JCペニーはスペインの巨大ファストファッションチェーン、Mango（マンゴ）と提携した。マンゴはアメリカでこそ店舗数一四と、さほど大きな力を持っていないが、ヨーロッパでは最大の人気チェーン店のひとつだ。現在、一〇三カ国におよそ二〇〇〇店舗を展開している。マンゴがJCペニー向けに生産するMNG by Mangoのラインナップは二週間ごとに入れ替わる。アルマンは、もう顧客のせいで安眠を妨げられることもなくなった。何しろ顧客一人あたりの平均来店数は年二六回にまで増えたのだ。

ファストファッションの販売スタイルは、それまでの季節ごとの販売方式とは違い、年間を通じてコンスタントに新商品を並べるという斬新なものだった。価格は競合他社よりずっと低い。ファストファッションのこの業態に先鞭をつけたのは、スペインのZaraだった。Zaraでは商品が週に二度入れ替わる。H&MもForever 21（フォーエバー21）も、毎日新商品を投入している。アメリカのマンハッタンに店舗を持ち、ロンドンに本社があるTopshop（トップショップ）は、ホームページでなんと毎週四〇〇点もの新製品を紹介している。アメリカのCharlotte Russe（シャーロットルッセ）やbebe（ビビ）も、やはりコンスタントに商品を入れ替えている。それだけを聞くと、大量の商品をそんなに短期間しか提供せずにどうやって利益が出せるのか、理解に苦しむところだ。だが、実はこの方法こそ、今日のアパレル業界での成功するただひとつの秘訣なのだ。ファストファッション店の平均的な利益率は、従来の販売方式の競合他社の約二倍である。[2]

ここで挙げる店のなかには、まだアメリカの隅々まで浸透していないものもあるだろう。だが程度の差こそあれ、ファストファッション方式は今日、あらゆる種類の小売店で採用されている。ニューズウィーク誌は二〇〇六年、ファストファッション店の猛攻がその他の小売店をいかに圧迫しているかという記事を掲載した。この記事では、ウォルマートが流行品の入荷間隔を数週間にまで短縮したこと、四〇代以上の女性をターゲットとするチェーン店のChico's（チコ）に至っては毎日新商品を入荷していることが報じられている。[3]今日の衣料品店はほぼ例外なく、いかに早く新製品を仕入れ、いかに安く売るかに必死である。

ファッション関連事業は、本来、リスクと背中合わせだ。突然流行が変化したり、予想が外れて売れ行きが伸びなかったり、値下げや在庫一掃セールに追い込まれて利益が出なかったりといったリスクを常に負わなければならない。一九八七年にミニスカートの復活が予想されたにもかかわらず、結局復活はならず、小売店が大量の在庫を抱えたのは有名な話だ。[4]企業の統合がどんどん進むため、発注量はますます大量になっている。そのうえ株主は、四半期ごとに利益目標を達成するよう要求してくる。現在のファッション業界が抱える財政リスクは大きく、どこのCEOも戦々恐々としている。

生産の外注が始まると、生地、染布、装飾、縫製の調達がそれぞれ別に行われるため、商品を売りに出すまでに非常に長い時間がかかるようになった。気がつけば各段階の行程・調達をすべて別の国で行っていた、ということが起きる可能性も出てきた。[5] 発注から納品までのリードタイムが半年もあるため、シリーズものを発表するときには遅くとも一年前には構想を固める必要がある。そこで、アパレル企業は、流行調査会社やプロの予想屋などに巨額の資金をつぎこみ始めた。消費者が先々何を着たがるかを、正確に予測しようとしたのだ。当然のことながら、予測はしばしば外れる。リードタイムが長いうえに発注量も多い。その結果、仕入れ過ぎを絶えずセールで処分するという悪循環に追い込まれた。結果としてここ数十年というもの、消費者はセールをあてこんで、正規の値段では買わなくなってしまった。一九九一年のニューヨーク・タイムズ紙では、Nicole Miller（ニコルミラー）の社長がこう語っている。「こんな非効率的な予測にコストをかけているから、今みたいにいんちきな価格構造になるんだ。今の価格は、最初から値引きを想定してつけられている」[6]

アマンシオ・オルテガは、世界最初のファストファッション店Ｚａｒａの創立者だ。衣料品メーカーの経営者としてキャリアをスタートしたが、ある問屋が一度大量の注文をキャンセルしただけで、破産寸前に追い込まれた。[7] もう二度とこんな失敗をしないと自分に誓ったオルテガは、キャンセルされて行き場のなくなった服を売るために店を開いた。これがＺａｒａのはじまりである。彼はまず、服の販売に関するリスクをできるだけ回避しようとした。

新しい服をデザインし、生産し、輸送して、世界じゅうに展開する店舗に並べる。そのすべてを、Ｚａｒａなら二週間以内でやってのける。各デザインは少量しか生産せず、店頭には常に新商品を用意する。顧客が新入荷の服をチェックしようと頻繁に来店するので、半数以上の服を定価で販売できる。二〇〇四年のハーバード・ビジネス・レビュー誌に、Ｚａｒａの奇跡の秘密を解き明かす特集記事が掲載された。これによると、Ｚａｒａの各店舗と各工場、それにスペインのラ・コルーニャにある本社のあいだには、常に電子メールや電話による情報が行き交っている。調達の各段階で、それらをもとに調整を行う。何が売れているか、客の反応はどうか、新たな流行は何かをチェックしては、社員が携帯型の専用ハンディコンピューターで情報を流す。そしてぎりぎりのタイミングで、工場に最終決定の電話をする。工場は布地の約半分を染めないままで待機している。[8] こうすることで、シーズン半ばであっても必要に応じて色を変更できる。Ｚａｒａではすべての情報がただひとつの目的のために活用されている。その目的とは、売れない形や色があったら生産をストップする、ということだ。ジッパー型のパンツが売れないとなれば、ボタン留めに変更することさえある。

ファストファッションは、一種の産業革命であることはまちがいない。ファッション業界のグローバル化とさまざまな技術の進歩なしには成しえなかった革命である。だが、スピーディで柔軟性に富む生産過程なら、それまでのファッション業界にも存在していた。生地の調達から生産まで全工程がアメリカ国内でまかなわれていた時代には、Jonathan Logan（ジョナサンローガン）をはじめとする国内ブランドのリードタイムは非常に短かったのだ。ジョナサンローガンはサウスカロライナ州スパータンバーグに統合工場を持ち、そこで羊毛の紡糸から織布、縫製まですべてをひとつの建物内で行っていた。元社長、デイビッド・シュバルツは、一九六三年のタイム誌で「工場の入口に羊毛を入れるだけで、完成したドレスが出口から出てきますよ」と得意気に語っている。ジョナサンローガンには専用の輸送機もあったから、各店舗への輸送も空路であっという間だった。

Ｚａｒａは自社工場を数カ所に持っている。細かな点が重要な意味を持つファッション業界においてはサプライチェーンのコントロールがとても大事だという、五〇年前のメーカーにはわかりきっていたことをきちんと認識しているからだ。ヨーロッパを中心に展開するＨ＆Ｍも、やはりリードタイムが短縮できるトルコや東欧諸国に生産拠点を置いている。Forever 21も同じだ。最先端のデザインについては必ずロサンゼルスの工場に発注している。Ｚａｒａほど短くはないが、Forever 21もデザインから店頭までのリードタイムは六週間、Ｈ＆Ｍもそれに近い八週間だ。[9]

だがファストファッションの成功の最大の秘訣は、技術の進歩でもなければすぐ近くに工場があることでもない。いまだかつてない大量販売である。だがハーバード・ビジネス・レビュー誌が警告するように、「Ｚａｒａの成功を参考にできるのは、商品のライフサイクルが非常に短い業界だけ」かもしれない。ファストファッションが安いのは、新しい商品が飛ぶように売れるからだ。商品の回転が速いので、最初から最低価格をつけることができる。売れ残り率は、ファッション業界全体の平均では全在庫の一七パーセントから二〇パーセントだが、Ｚａｒａではわずか一〇パーセントだ。[10]

ファストファッション店における顧客の購入頻度は、当然ながら他の店より高い。それも、比べものにならないほど高いと言える。わたしもＨ＆Ｍで年がら年じゅう買い物をしていた。昼休み、地下鉄の駅への道すがら、用事があって町へ出かけたついでに……。いつも、半ば無意識に買っていた。Ｚａｒａの顧客の来店回数は年平均一七回。生産サイクルから季節感が失われたのと同じく、消費サイクルからも季節感は失われた。ファストファッションこそが、こうした変化をもたらしたのである。

ディスカウントの卸売店、コストコで買い物をすると、いつの間にか買い過ぎてしまう。半年分のシリアルをまとめて買い込んでしまうことさえある。こういう現象をコストコ効果と呼ぶ。クローゼットにぎっしり服が入っていようと、まったく同じような服を持っていようとおかまいなしに、ファストファッション店は次から次へと服を買わせようとする。どんなに人気のある服でも、くり返し店頭に並べることはない。顧客がつねに〝新鮮な〟商品を求めて来店するよう誘導しているのだ。最近Forever 21で黒い裏起毛のフード付きスウェットシャツを見つけたとき、わたしはどうしても買わずにはいられなかった。店じゅうを見渡しても同じものは一枚も残っておらず、とても貴重な気がしたからだ。でも本当のところは、黒いスウェットシャツなんて珍しくもなんともない。その証拠に、わたしのクローゼットにもすでに四枚も入っていた。

だが、どういうわけか、格安ファッション店には宝探しに似た魅力がある。これは見逃すことができないと思うものを、見つけたくなるのだ。そして見つけたと思ったが最後、どうしても買わなくては、という気になる。消費者心理の専門家のC・W・パークは言う。朝、昼、晩と同じシリアルを食べつづけて腹痛でも起こせば、たいていの人はそのような度を越した食べ方はしなくなる。次からはもうそんなに大量に買うのはやめようと学習する。だが服に関しては、どれだけ買っても、そうした生理的・心理的抑制が働かないらしい。ファッションの場合はとくに、しかも安ければ安いほど、コストコ効果は強く働くのだと。「身につけるものなら、いつか使ったり着たりできますからね」。もちろん、実際には使いもしなければ着もしないものも多い。だが、可能性があるというだけで、十分買う理由になるのだ。

ジャーナル・オブ・ファッション・マーケティング・アンド・マネージメント誌によると、ファストファッションの店はメーカーへの発注数が少なく、わずか五〇〇ということもある。[11] たとえばZa raが新製品を出すときは、最初はごく少数しか生産しない。売れ行きを見ながら生産数を増減するのだという。Forever 21も、発注数を減らしつづけている。同社でデザイナーを務めるアマンダ（仮名）は「Forever 21では、アクセサリーは一番多いときでも五〇〇〇個しか発注しないわ」と明かしてくれた。とはいえ、ファストファッションがひとつひとつのデザインを少量ずつ慎重につくるという責任感あるやり方をしているのかというと、そういうわけではない。たとえばバケツ型のトートバッグなど、流行のアイテムを仕入れるとしよう。アマンダの説明によると、Forever 21はひとつのアイテムにつき五〇〇種類もの微妙に異なるバージョンを、数千ずつ買い付けるのだという。こうして同じコンセプトのさまざまなバージョンを、市場にあふれさせているのだ。

H&M、トップショップ、マンゴなどの格安チェーンのやり方は、Forever 21とは少し違う。GapやNike（ナイキ）は、時にウォルマートに迫るほどの大量の発注をすることもある。だがこれらの店は、程度の差こそあれ、世界じゅうのすべての店舗に商品を均等に配分するので、各店舗で扱う数は限られる。H&Mの広告担当者は「企業秘密だ」として商品ごとの正確な発注数は明かしてくれなかった。[12] そこで、今はGapの製品をつくっているというデザイナーから話を聞いた。勤め先の工場が、以前はH&Mの注文を受けていたというのだ。彼女によると、H&Mの発注数はひとつのデザインにつき五万枚から、多い時には二〇万枚にものぼったという。Gapのジーンズよりは少ないが、それでも膨大な数だ。「H&Mは完全に数で勝負しているわ」と彼女は言った。H&Mの年間の生産数は、どんな競合他社より多いのだ。

インデペンデント紙によると、H&Mは二〇〇四年の一年間で五億枚の衣料品を生産している。[13] その後一〇年のあいだに新規オープンした店舗が何百とあることから、現在はそれよりはるかに増えていると考えていいだろう。ロンドン・タイムズ誌が報じたところでは、Ｚａｒａのスペイン本社から発送される衣料品の点数は日に一〇〇万枚だという。[14] 二〇〇九年時点で、Forever 21は年間一億枚以上の服を仕入れ、東京の一箇所だけでも、常時五万から六万枚を取り揃えていた。[15] それでなくても膨張し過熱していた生産システムを、ファストファッションは劇的に加速させたのだ。

ファストファッションは常に最新流行のものを売るだけでなく、おそろしく安いことでも知られている。Forever 21ではかわいいパンプスが一五ドル、H&Mではニットのミニスカートが五ドルだ。そして、低価格にもかかわらず莫大な利益を上げている。顧客が頻繁に来店すること、正規の価格での販売率が高いこともその一因だ。だが真の理由は、何度も言うが量の多さである。利鞘の小さい商品を大量に売るという、巨大ディスカウントチェーンと同じ方法で利益を上げているのだ。H&Mによると、これほど安く商品を提供できるのは、展開する二〇〇〇の店舗で「大量販売」をしているからだ。[16] アマンダによると、Forever 21の小売価格は原価の二倍を少し上回るように設定されている。小売業においては標準的なマージンだが、少なく見積もっても一億枚が売れていることを前提に計算すると、驚異的な収益が出ていることになる。アマンダは言う。「Forever 21の成功の最大の秘密は休みなく大量に売ること。低級品を、とにかく大量に売りさばくのよ」

昔は店でかわいい裏起毛のトレーナーを見つけたら、いったん家へ帰ってよく考えることができた。本当に欲しければもう一度店に行けばよかった。よく考えてみるとたいして必要ではなかったり、そもそもトレーナーなんて欲しくなかったのだと気がつくことも多かった。多くのブランドは、新作の発表は春・夏コレクションと秋・冬コレクションのふたつと決めていた。デパートは年に四度、大セールをした。Ｇａｐのような量販店は頻繁にテーマカラーを変更するものの、それでも販売の中心は季節商品だった。だが、ショーウィンドウの〝流行〟の変化のめまぐるしさは、ますます加速している。今週店にあった服は、来週にはなくなっているだろう。今年流行しているものは来年流行するものとはまったく違うだろう。こうしたことはすべて、利益を生み続けるためには商品が絶えまなく動いていなくてはならないというファストファッションのあり方が原因なのだ。

二〇一〇年の前半に、マンハッタンのユニオンスクエア近くのパブで友人たちと飲みながら、過去三〇年間でもっとも大きな流行はなんだったか、という話題になった。一九八〇年代についてはすぐ答えが出た。〝ハマー〟パンツ、蛍光色、パワー・ファッション、もこもこのパーティードレスなどだ。九〇年代ならグランジ、花柄、コンバットブーツ、それにチューブトップといったところだろう。だが二〇〇〇年から二〇一〇年のあいだに流行したものについては、一時間たっても結論が出なかった。スキニージーンズ、ニーハイブーツ、特大サングラスなどが候補に上がったが、結局は次のような結論に落ち着いた。この一〇年間でいちばん流行したもの、それは流行それ自体だった。流行品を羅列しようにも多すぎて数えきれず、変化が目まぐるしすぎて、ついていくのがやっとだったのだから。

変化こそファッション業界の命だ。その点は昔から変わらない。では今さら何に驚くのかといえば、その変化が恐ろしいほど加速していることである。昔は、変化は季節ごとだった。それが今は絶え間なく、しかも無秩序に変化する。ＦＩＴ美術館長のヴァレリー・スティールも、ファッションの変化が加速しているというこの見方に賛成だ。「近頃は、シルエットも裾丈も急激に変化します」と彼女は指摘する。「以前なら、袖の形や装飾といった細かな点から少しずつ変わるだけでした。でも、今は違います。ただし、ファッションそれ自体は根本的には変わっていません」

この発言を最初聞いたときには、矛盾しているように感じた。だがその後、自分でも同じことを感じるようになった。今やわたしたちは、ファッションが長い時間をかけてたどってきたさまざまなスタイル（ボヘミアン、中性的、ヒッピーシック、マリンテイストなど）を、たった数シーズンのあいだにとっかえひっかえしている。それどころか同じシーズンのなかでも、流行のスタイルは気まぐれに変化していく。そういえば、リー・カウンセルが買い集めたというブレザーコレクションも多種多様だった。ベージュ、黒、グレー、チャコール、カーキ、ピンストライプといったさまざまな色や柄だけでなく、コルセットスタイルで背中を紐で編み上げるブレザーや、全面カーゴポケットだらけのアーミージャケット風のブレザーまであったのだ。

スティールは、ファッションがハリウッドスターやインターネットとはまだ無縁だった時代には、次に流行るものがファッション誌によってきっちりコントロールされていたという。勝ち組となるスタイルは、ひと握りしかなかった。その勝ち組を決めるのも、流行が向かっているただひとつの方向性を指し示すのも、ファッション誌だったのだ。今は違う。「まったく新しい流行をつくりだすディオールのようなデザイナーはもう出てきません」。一九四七年、クリスチャン・ディオールは革新的なコレクションを発表した。まるで女王蜂のように絞ったウエストとバレリーナのようなスカートを組み合わせた、女性らしさの極致といえるシルエットだった。以後一〇年間、ファッション界はこのシルエット一辺倒となった。

インターネット時代の到来と、ブログやSNS、それにタブレット端末を介した情報の拡散によって、現代のファッションはすさまじい速さで変化している。同時にわたしたちも、これまでになく大量の情報を目にするようになった。スティールは言う。「ファッションの帝国は、多くの部族が競い合う内戦状態に陥っています」。二四時間休みなく情報が飛び交う今日では、ファッション界の大御所や流行を左右するセレブたちは言うまでもなく、一介のスタイリストやブロガーまでもがファッションの行方に影響を及ぼすのだ。

しかし、ファストファッション店が存在しなかったなら、そして手の届く価格の商品がこんなに大量になかったなら、そもそも流行がこれほど頻繁に生まれ、急速に世界じゅうに広がることもないだろう。消費者に次々に新たな商品を購入させるには、Forever 21もH&MもZａｒａも、常に新たなコンセプトを探しつづけなくてはならない。街頭にもメディアにもファッションショーにも目を光らせ、なんとかして商品を差異化する必要がある。到底無理であり、大きな問題をはらんだやり方である。

*

Forever 21は韓国生まれのドン・チャンとジン・チャンのパワーカップル〔高学歴、高収入のカップル〕によって、一九八四年に創立された。娘のエスターとリンダも二〇代になり、経営を助けている。本社はロサンゼルスのダウンタウンの古びた一角にある。その目と鼻の先に従業員を最低賃金で働かせる縫製工場があり、今も商品の一部をつくっている。Forever 21の本社オフィスは、あまりリラックスした雰囲気とは言えない。アマンダによると、従業員は指紋照合システムで出勤を管理され、IDバッジの着用が義務づけられている。休憩は一日二回、それぞれ一〇分間だ。一〇時と三時のベルに合わせていっせいに休憩をとる。勤務時間中は席を離れないよう、常に監視カメラでチェックされている。

アマンダはForever 21の労働環境を次のように評する。「搾取工場のようなものよ。始業から四時間四五分経ってようやくお昼休み。やっとのことでカフェテリアに行っても、出てくるのは刑務所よりひどい食事よ」。アマンダはもともと、オリジナル商品のデザイナーとして入社したはずだった。だがForever 21が「安いコピー商品」を店頭に並べるスピードはあまりに速い。自分のデザインなど採用している暇はないのだとアマンダは言う。彼女の上司が描いた新作のデッサンも、棚の上に置かれたまま八カ月も放置されている。Forever 21ではいち早く流行をキャッチしてどこよりも先に店頭に並べなければならないからだ。そのためには、手っ取り早くすでに他でつくられたデザインを買いとるか、コピーするかしかない。

事実、Forever 21はデザインを盗用するとして悪評が高く、これまで五〇回以上も著作権侵害で訴えられている。だが、事実を認めたことは一度もない[17]。アメリカの著作権法は、プリント柄やアクセサリーのデザインは保護するが、ファッションデザインに対しては著作権を認めていないからだ。ファッション・ロー・インスティテュート（ファッション法学研究所）の創立者であり、フォーダム大学で法律学を教えるスーザン・スカフィディは、アメリカの著作権法はこの点について頑固な姿勢を崩そうとしないという。「国の著作権局は、服は機能的なものにすぎないので著作権は認められないと言いつづけています」。一〇センチもあるスティレット・ヒールを履いたこともあれば、フリースの裏地がかわいいからというだけでスウェットシャツが欲しくなったこともあるわたしに言わせれば、ファッションが単なる実用品であるなんてお笑い草だ。ヨーロッパでもインドでもシンガポールでも、そして条件付きではあるがカナダでも、ファッションのデザインは著作権法で保護されている。もっとも、スカフィディによるとその法の適用のされ方はあまり厳しくないというが。フランスだけは、驚くことでもないのかもしれないが、一〇〇年も前からファッションデザインに著作権を認めている。

スカフィディによると、ファッションデザインに関する著作権法が他国より遅れているのは、もともとアメリカがデザインではなく生産の中心地だったからだ。ヨーロッパにはデザイナーがいた。一方、アメリカには工場があり、ヨーロッパのデザインを大量生産していた。著作権法の適用が緩やかなのは、服飾メーカーにとって好都合だった。そのおかげで、デザイナーを雇わずにすむ。最新の流行品をコピーしてラフスケッチを起こす人材だけでこと足りるのだ。「そうしたスケッチなら、外に出かけて、今は何が流行しているかを見極めるだけで描けますから」とスカフィディは言う。昔は、流行といえばパリからやってきたものだったが、今は世界じゅうどこでも発祥地になる。ターゲットを決めたら、あとはそのコピーをつくればいい。だが現在、多くのデザイナーが法律の見直しを求めている。今のアメリカでは服をつくる人よりデザインをする人のほうが多い。生産者とデザイナーの力関係が変わってきているはずだとスカフィディは言う。

Ｇａｐのようなファッションブランドはおそらく独自のスタイルを守りつづけ、流行に左右されることは少ないだろう。しかしファストファッションには独自のスタイルなど存在しない。どこから来たものであろうと見境なく取り入れ、貪りつくすのだ。既存のデザインをどの程度ダイレクトにコピーするかは企業によって違うが、ファストファッションの店は、シャーロットルッセからＺａｒａまで例外なく、前もって生産計画を立てられる基本アイテムを用意している。ジーンズやセーター、コート類などがとくにそうだ。それに各シーズンの流行をほんのひとつまみ加える。たとえば二〇一一年秋なら、レパードプリント、ボンデージテイスト、レース飾りなどでアレンジする。

Ｈ＆Ｍは、自社のデザイン手法はファッションショーを行うような伝統的なブランドと同じだと主張する。ファッション専門学校の学生を採用したり街行く人々、ブログ、ロックコンサート、美術や文学などから題材を得て、新鮮でしかもその時代の精神を反映したものを創りだしているというのだ。またＨ＆Ｍにはデザイナーの超大型集団が存在するという強みがあり、その数は一四〇人にまで膨んでいる。[18] 対照的に、婦人服部門にデザイナーが二〇人から三〇人しかいないJ.Crew（Jクルー）のような会社もある。さらに、高級ブランドのデザイナーの場合、一緒に仕事をするのは多くてもアシスタント数人に留まる。

Ｚａｒａには二五〇人の専属デザイナーがいる。[19] 高級ブランドのセリーヌが二〇一一年のファッションショーで発表した作品にそっくりな服をつくったのは、有名な話だ。驚くほどよく似たレザーのショートパンツやスカート、超幅広のパンツなどが、キャメル、コーヒー、ベージュなどの落ち着いた色合いに統一されてＺａｒａの店頭に並んだのだ。しかもそれは、オリジナルの発表と同時の二〇一一年三月だった。Ｚａｒａは普段から、有名デザイナーの代表作とそっくりのデザインの服を販売している。プラダが二〇一一年春に発表したストライプのソンブレロなどはいい例だ。ただし、プラダのコレクションが蛍光色だったのに対し、Ｚａｒａは白と黒だった。Ｚａｒａはデザインのオリジナリティのなさを批判される反面、デザイナーズファッションを大衆に手渡したとして称賛を浴びてもいる。それでもＺａｒａのデザインは、完全なコピーとまでは言えないために、二〇〇三年から二〇〇八年に至るまで、著作権侵害で訴えられたことは一度もない[20]。

Forever 21の場合はまったく異なる。二〇〇七年になってもまだ、同社にはデザイン部門がなかった[21]。商品のほとんどは業者、特にメーカーやエージェントから買い付けている。取引先の業者にはそれぞれ独自の工場やデザイン部門があり、新製品をデザインしている。チャン夫人は買い付け部門の責任者であり、店頭に並ぶありとあらゆる商品について、どのデザインを買い付けるかを決定している。イギリスのオブザーバー紙によれば、新商品の入荷数は一日四〇〇点にのぼるという。Forever 21はしばしば、デザインをコピーしているのは発注先の業者だと主張するが[22]、実際には、業者はForever 21からの要求にしたがってコピーをしているにすぎない。「（チャン夫人は）世界じゅうの店を見て回り、雑誌をめくって印をつけ、気に入ったデザインのサンプルを買い、写真をとる」とアマンダは言う。その成果を買い付け部門のスタッフに託し、コピー商品をつくることのできる業者を探すよう指示するのだそうだ。プリントの生地やアクセサリーをコピーするのでない限り、著作権法に触れることにはならない。スカフィディは二〇一一年七月、フェミニストのブログJezebel.comのなかで、「Forever 21のような企業が何度訴えられてもコピーをつくりつづける理由は、万が一『捕まっても』示談に持ち込めばいいという『経営戦略』をとっているからに他ならない。デザイナーに示談金を払うほうが、最初から許諾料を支払うよりおそらくは安上がりなのだろう」と指摘している。[23]

一九八〇年代後半のH&Mは、Forever 21と同じ経営方針をとっていた。東南アジアの代理店から高級服をコピーしたデザインを買い付けて、「ちぐはぐなまま並べていた」[24]。だがその後、H&Mは、ヨーロッパで著作権法にまつわる法的問題が深刻化したせいか、経営戦略を変更した。ヨーロッパの法規制はアメリカよりずっと厳しい。そのため、H&M、Zara、マンゴといったファストファッション店のデザイナーたちは、デザインをそのままコピーせずに少し手を加えるよう指示されている、とスカフィディは説明した。

Forever 21ももちろん、高級ブランドをそのままコピーして売っているだけではない。ファッションショーのデザイナーたちがシーズンごとに発表するデザインは、せいぜい三〇から四〇点だ。年に三六五日休みなく走り続けるファストファッションの世界で新しいスタイルを求めるという、底なしの欲望を満たすためには、それでは足りない。ファストファッション店が流行を先取りしているように見えるのは、必ずしもコピーのせいばかりではないのだ。ショーデザイナーたちも、どういうわけか突然いっせいに、大きな幾何学模様やレザー素材を使うことがある。不思議なことだが、次に述べるような流行を見通す力も関係しているようだ。

二〇〇五年に南カリフォルニア大学で行われた「デザインの共有――創造性の所有権とファッションの現状」と題する会議で、セレブデザイナーのトム・フォードはこの偶然の一致について次のように説明した。「来年どんなものが流行るかについてのヒントは、今このときにあります。そして鼻の利く人や直感力のある人たちは、同じ予想に行き着くことが多いのです。デザインが当たるためには大勢に受けなくてはなりません。それをヒントにすれば、次の流行を嗅ぎつけることは可能です」[25]。だとすれば、ファストファッション企業のデザイン部門や買い付け部門の人たちは、天才的な探偵といえる。高級ファッションデザイナーと同等の洞察力を持っているに違いない。納期が短く、実質的にテストも品質基準もないために新デザインをいち早く売り出せるファストファッション店は、有利な立場にある。ファッションショーを見たり、何が流行するかを見定めたりしてからデザインを決めても、流行を十分先取りできるのだから。

昔から今ほど精緻ではなかったものの、コピーは常に蔓延していた。アメリカでは特にそうだった。卸売りが始まった頃の商品は、ほとんどがパリのオートクチュールのコピーだった。正真正銘のディオールのホップブル・スカートを得意客が手にする前に、メイシーズでコピーが安売りされることさえあった[26]。スカフィディによれば、第二次世界大戦後には、スパイがフランスのファッションショーに潜入していたという。ショーをそっと抜けだして大急ぎでスケッチを描き、雇い主のメーカーに電送していたのだそうだ。「あるいは舞台裏でドレスを盗撮したんです」と彼女は言う。そんなわけで、パリのデザイナーたちは、自分のドレスの完全なコピー商品をつくるデザイン使用許諾権を有料でデパートに与えた。それでも、違法コピーはどんどん広がっていった。

当時と今とではさまざまな違いがある。コピーの精度が上がったこともそのひとつだ。インターネットのおかげでデザイナーの人気は上昇したが、同時にデザインが簡単に盗まれるようにもなった。「今や、ファッションショーの写真は即座にアップされ、誰でも見られます。アジアの工場で完全なコピー商品をつくることも可能です」とスカフィディは言う。「写真の質もぐんとよくなりました。

三六〇度どこからでも見られますからね。高画質の写真を拡大して、どんなボタンが使われているのかチェックすることさえできます」。その結果、独特の縁取りや細かな装飾に至るまで、驚くほどそっくりのコピーができあがるという。Forever 21は二〇〇八年に一度だけ、訴訟問題が法廷にまで持ち込まれたことがある。カリフォルニアに本拠を置くブランドTrovata（トロヴァータ）のシャツをあまりにも正確にコピーしたからだ。黄、緑、赤、クリーム色とそれぞれ違う色のボタンが一列に並び、次第に小さくなっていくのがこのシャツの特徴だったが、そこもすべてオリジナルと同じだった。結局、Forever 21はそれまでも毎回そうしてきたように、トロヴァータとの示談に持ち込んだ。[27]

こうして、ファストファッションの店で買い物をする消費者の多くは、知らないうちにブランドもののコピーを手にすることになる。わたしはH&Mでクリーム色の地にパッチポケットのついたボックスラインのトップスを買ったが、それとほとんど同じものをバーグドルフ・グッドマンで見かけた。それは、アメリカ人デザイナーのアダム・リップスのデザインだったのだ。気づいたのは買ってから何カ月もたってからだった。だが、そのリップスにしても、誰か他の人のデザインを模倣したのかもしれないのだ。デザインの模倣はファッション業界ではもう一〇〇年以上にわたって広く認められてきた。二〇一一年一〇月にリンカーン・センターで行われたチャリティ・イベントで、かの有名デザイナー、ラルフ・ローレンは、オプラ・ウィンフリー〔人気トークショー番組『オプラ・ウィンフリー・ショー』の司会者。女優〕と一緒に舞台に立ち、オプラのインタビューにこう答えた。自分がキャリアを築けたのは「四五年間にわたる、ものまねのおかげです」と。

アメリカ議会は現在、ファッションデザインを保護するデザイン著作権侵害禁止条例について議論している。この条例案は二〇〇七年の検討開始時から、項目がどんどん削られ、今では「明らかに同一デザインと認められる」コピーをオリジナルの発表後三年間に限って禁止している。コピー商品というものはほとんど全部が「似たもの」や「とてもよく似たもの」なのだが、現法案が可決されても、そうしたものは違法とは見なされない。条例を制定するよう先頭に立って働きかけてきたのは、アメリカファッション協議会会長のダイアン・フォン・ファステンバーグやニコル・ミラー、ザック・ポーゼンなどだ。だが、この問題に関して、デザイナーの意見は真っ二つに分かれている。たとえばトム・フォードは、南カリフォルニア大学で開かれた会議に出席し、自分のデザインのコピーを見るほど嬉しいことはないと発言した。高級服の顧客とコピー商品の顧客は違うというわけだ。この会議の目玉はトム・フォードと、作家であり、ニューヨーク・タイムズ紙のファッション批評を担当しているガイ・トレビーとのパネルディスカッションだった。司会者がふたりに「本や映画と同じような著作権がファッションにも認められたら、ファッションはどう変わるでしょうか？」と尋ねると、トレビーはこう答えた。「そうなったらもうファッションは成立しないだろうね」。フォードも同意した。「そのとおり」。これほど雄弁に実情を物語るコメントもないだろう。

今日ではデザインの大量コピーが流行を生み、その流行がまた服を売る。だからこそ、互いにデザインを盗み合う権利を、ファッション業界の多数派は必死に守ろうとしている。法学者のキャル・ラウスティラとクリス・スプリグマンも、デザイン著作権侵害禁止条例には反対だ。理由は、コピーが創造と流行のサイクルを加速させ、その結果、それがアメリカのアパレル業界の「利益となっている可能性がある」からだ。ふたりは議会に提出する報告書を次のようにまとめた。「ファッション業界全体のビジネスサイクルは消費者が新しいものを求めることで回っており、このプロセス全体に息を吹き込んでいるのがコピーなのである」[28]

高級ブランド品があまりに高価で、「デザイナーだけが大儲けしているという現実が、コピーや類似品は正当で公平ですらあると思わせている一因だ。ニューヨーク・タイムズ紙の記者、クリスティン・ムルクは、Ｚａｒａがセリーヌのコレクションをコピーしたことを突き止め、その顛末を記事にしている。セリーヌのシルクのタキシードシャツのオリジナルは九九〇ドルだ。普通の人にはとても手が出ないが、Ｚａｒａなら似たようなものをその一割の値段で買えるのである。だが、そのコピー商品をつくっているのが巨大企業であり、巨万の富を築き、日に日にシェアを拡大している存在だとしたらどうだろう？　Forever 21やＺａｒａが高級品をコピーするのと、七番街の小さなメーカーがパリのオートクチュールをまねるのとはわけが違う。コピーをしている大企業は、相手が超高級ブランドであろうと独立系のデザイナーであろうと、両者の中間に位置するどんな企業であろうと、競合他社すべてを蹴落としかねない大企業なのだ。

Forever 21による著作権侵害の最近の犠牲者は、Feral Childe（フェラルチャイルド）という、アメリカ国内で生産をしている小さなブランドだ。二〇一一年七月、このブランドの手描きの〝ティピー〟のイラストがForever 21の服のプリントに使われた。フェラルチャイルドの服の標準的な価格帯は、一五〇ドルから三〇〇ドルだ。一〇分の一の値段で同じものが手に入るとなれば、フェラルチャイルドの服を買おうという者はほとんどいなくなるだろう。コピー商品の一番の犠牲者は比較的手の届きやすい価格の商品を扱っているブランドや中級クラスの店だという見方に、スカフィディも賛成する。「誰でもお金を取っておいて、もっと素敵なもののために使いたいと思うでしょう？ 消費者が『なんでわざわざ？』と考えるのはわかります」と彼女は言う。「ほとんど同じように見えるものがいつでもはるかに安く手に入るのに、なんでわざわざ本物を買う必要があるでしょう？」

急激な変革は、テクノロジーの世界では技術の向上を生む。だがファッションの世界では、スタイルをむやみに変化させるだけだ。ファッションには向上はなく、変化しかないだからだ。最先端を追い求める少数の人々にとってもデザイナーにとっても、今の変化のスピードは喜ばしいものではない。その速さは常軌を逸しはじめている。コピーが際限なく許されていること、精度がますます上がっていること、そして店舗に並ぶまでの時間が短くなっていることで、わたしたちは流行という名の暴君に翻弄されているのだ。

「新たな」スタイルを生みださなければならないというプレッシャーがあまりにも強くなり、デザイナーたちはお互いのスケッチブックを覗き合うだけでは足りなくなっている。そこで昔の流行をくり返したり、過去のデザインを盗んだりするケースも増えてきた。それがはっきりしたのは、二〇一〇年だった。スタイルが一九九〇年代に回帰したのだ。小花柄のプリントやルーズなタンクトップ、ハイウエストのショートパンツ、コンバットブーツといったアイテムを、昔の流行りだとは知るよしもない女の子たちが買いあさっていた。ほんの数年前のドラマ『フレンズ』の登場人物が着ていた服でさえ、もう古いと馬鹿にしている女の子たちがである。

インスピレーションを求めてヴィンテージものをあさるのは、ファッションデザイナーやバイヤーのあいだではごく普通に行われていることだ。ブルックリンでヴィンテージものの取引を手がけるサラ・ベレケットに話を聞いた。彼女は人気の高いブルックリン・フリーマーケットに古着の店を出しているが、よくデザインを盗まれるという。「あの人たちがファッションショーの作品をコピーしていることは有名だけど、ヴィンテージものもひとつ残らず、あからさまにコピーしていることについては誰も指摘しないわ」。ファストファッションだけではなく、高級ブランドにもそれはあてはまるのだそうだ。ベレケットの店で「七〇年代のカルバン・クラインのカシミヤセーター」を買ったある客は、翌日中国に送ってコピーさせるつもりだとベレケットに話したという。ベレケットは憤慨して言った。「そんなことが、今では普通になっているのよ」

ブルックリンの彼女の部屋には、繊維再生業者の古着収集箱から集めてきたその日の掘り出しものが、山と積まれている。そのなかから、クローゼットにかかっていた一九八〇年代の緑色のシルクのドレスを見せられた。彼女の友人がH&Mで買ったシャツには、これとまったく同じ柄がプリントされているのだという。スカフィディが言っていたが、ヴィンテージものは公共の財産であり、誰でも自由にコピーしていいのだそうだ。それからベレケットは床の上に積まれた服の山をかき分けて、九〇年代の花柄のドレスやトップス、八〇年代のジャンプスーツを数えきれないほど見せてくれた。小売店で当時大いに売れたものだ。「二一世紀になってから新たに流行したものってあったかしら？ローライズ・パンツぐらいよね？」と彼女は嘆く。「それ以外は全部、昔のもののコピーだわ」

ベレケットは最初からこんなにファッション業界に不信を抱いていたわけではない。彼女の伯母はファッションデザイナーで、アムステルダム育ちのベレケットは年に数回はイタリアに行き、高級ブランドの服を買っていた。「クリエイティブで着るのが楽しくなるようなデザインといつも出会えて、最高だった」と彼女は言う。五年前に初めてアメリカに移り住んだときは、格安ファッションを見てげんなりした。「最低よ。Forever 21でトップスを買ったけど、三回着たらお払い箱になったわ」。だが、ほどなくして、ベレケットはファストファッションにはまってしまい、ほとんどForever 21でしか買い物をしなくなった。その後、古着のバイヤーになって初めて、自分がひいきにしていた店の服が、実は念入りなコピー商品だったことに気がついた。ショックを受けた彼女は、今後数年間、新しい服はいっさい買わないと心に誓った。「何かまったく新しいものをつくってくれたら、そのときはまた買うわ」と彼女は言う。

わたしはもともとけちなので、どうしても、デザインがオリジナルでないとか、暴利を貪っているとかあげつらってファッションデザイナーを批判したくなる。多くの高級品の価格が一九九八年から二〇〇八年までの一〇年で倍になったことを考えれば、なおさらだ。部外者から見ればデザイナーの生活は華やかだが、今や数が多すぎて、競争は熾烈だ。セレブのファッション熱が高く、テレビドラマ「プロジェクト・ランウェイ」〔デザイナーの若手スターを発掘するリアリティ番組〕の人気でファッション専門校への入学者が急増していることからしても、競争は日に日に激化しているはずだ。キャリアの第一歩を踏み出したばかりのデザイナーたちは、苦しい状況に置かれる。新作のラインを発表するには多額の資金が必要で、借金しなくてはならないことさえあるからだ。初のオリジナルラインをつくるために、五万ドルの借金を抱えたデザイナーもいる。一度に大量の服をつくるか、マージンを非常に大きくするか、なんとかして有名になってすぐにも投資を募るか、そのいずれかでない限り、新人デザイナーが利益を手にするのは困難だ。それどころか、すぐに廃業ということも多い。

Forever 21、H&M、ターゲットといった店には、巨大企業でなくては太刀打ちできないスケール・メリットがある。二〇一〇年八月、中国の人件費が急騰した時期に実質的な値下げに踏み切ったH&Mは、それが可能な理由をヴォーグのウェブサイトで次のように説明している。「当社は三七カ国に二〇〇〇以上の店舗を展開しています。そのため大量に販売できるうえ、中間業者も介していません。一〇〇人以上の専属デザイナーがおり、生産もすべて自社でまかなっています」[29]。これだけ大きなリソースを意のままにできる者は、独立系のデザイナーには（他のほとんどのチェーン店やブランド、製造業者にももちろん）まずいないだろう。

さらに、独立系のデザイナーは、ほとんどがデパートやブティックを通じて作品を販売している。小売段階で標準的なマージンを載せるので、価格はH&Mのように自社ブランドの服を売っている店よりずっと高くなる。ニューヨークで生産しているアメリカのブランドのなかには Theory（セオリー）のように商品の多くが三五〇ドル未満というブランドも多い。Alice + Olivia（アリスアンドオリビア）、Tucker by Gaby Basora（タッカーバイギャビーバソーラ）、Nanette Lepore（ナネットレポー）などがそうだ。だが、少量生産で、販売する小売店も限られる場合、その程度の価格に抑えることはとても困難だ。元ヴォーグ誌のファッションライターであり、ブランド Bodkin（ボドキン）の影の立役者といわれるイヴィアナ・ハートマンは、これからのデザイナーは、伝統的な店を通じて販売することは非常に難しいと指摘する。「小売段階のマージンがどうしても必要になるので、卸値を低く抑える必要があります。望ましい卸値よりはるかに低く設定しなくてはなりません」。彼女のデザインは現代的だ。アシンメトリーなドレスやジャンプスーツなどを、環境にやさしい製法の生地でつくっているが、そのほとんどは小売価格が三〇〇ドル未満だ。ハートマンは「自分のようなデザイナーは、マージンを少しでも大きくするために、販売方法もオンライン販売やトランク・ショー〔デザイナーが小さな会場で、新作を紹介するショーのこと。一般客よりかなり早くオーダーや購入ができるため、リッチで流行に敏感なセレブの間で流行している〕に変えつつあります」と言う。

格安で魅力的なファッションがどこでも簡単に手に入ることで、デザイナーの服は従来よりさらに人目を引くことが必要になってきている。そうしないと顧客は Forever 21 のような店でしか買い物をしなくなるだろう。そのために、デザイナーズブランドの服のコストはさらに上がっているとハートマンは言う。「大半の消費者が二〇ドルの服に慣れてしまっている現在では、ニッチなビジネス以上のことをするのは困難です。自分のデザインを目立たせたければ、人が驚くような服をつくるしかありません。そういったものは決して安くはできないのです」

デザイナーたちはどうやって、たとえば一〇ドル五〇セントの黒のスキニージーンズと張り合っているのだろうか？　小売価格が三〇〇ドル以上になるようなとんでもないジーンズをつくる、というのがその答えらしい。たとえば高級ジーンズブランド True Religion（トゥルーレリジョン）のファントムというジーンズの小売価格は三七五ドルだ。高級ジーンズにはノースカロライナの繊維工場でつくられた生地が使われることが多い。この工場にある一九五〇年代の有杼《ゆうひ》織機で織ると、布の表面に不規則な凹凸が生じるため、独特の風合いが出せるのだ。ジーンズ生地の加工には他にも、特別な洗い方や縫い方、アンティーク加工といったさまざまな手法が使われる。[30] 大部分の消費者は、はたしてこうした手法を必要とし、見分けているのだろうか？　答えはノーだ。それでも、低コストの自社ブランド製品があふれるなかで、企業やデザイナーが個性を鮮明に打ち出すには、製品にばかばかしいほどの無駄遣いをするしかない。

　今日のアパレル業界にのしかかる重圧は、業界のトップに位置する企業やデザイナーにまで影響を与えているようだ。当時ニューヨーク・タイムズ紙のファッションライターだったスージー・メンケスが二〇一一年三月の記事のなかで語った「ファストファッションとインターネット時代がもたらした、新しいものを即座につくらなくてはならない重圧」は、ファッション界の大御所をも疲弊させている。カルバン・クラインが一九八八年にリハビリを早々に切り上げて仕事に復帰した理由も、二〇一〇年のアレキサンダー・マックイーンの自殺の一因もそこにある。ジョン・ガリアーノも失墜した。反ユダヤ的な暴言を吐いて、それをスージー・メンケスが記事にしたのだ。その月のうちに、彼はディオールのクリエイティブ・ディレクターを解任された。[31]

＊

　ドイツ人社会学者ゲオルク・ジンメルは一九〇四年、アメリカの社会学界誌アメリカン・ジャーナル・ソシオロジーに「ファッション」と題する歴史的な記事を寄稿した。そこではファッションの価格とスピードとの関係について、明快な論理が展開されている。「スタイルの変化が急激になればなるほど、同じ種類の安い品物の需要が高くなる」。なんと的を射ていたことだろう。今日では、合理的に設定した価格を平均的な消費者に納得してもらうことが難しくなった。ファストファッションは、とめどなく流行を更新し、それを安く売ることでこの困難を回避している。だが新製品を売る競争のなかで、ファストファッションは流行り廃りの速度を上げてしまった。その結果、平均的な消費価格はさらに下落した。次のシーズンにはすたれてしまうデザインに高いお金をかける理由はないからだ。まったくの悪循環である。

　ここでまた、カウンセルと、買わずに終わったあの五九ドル九五セントのブレザーに話を戻そう。ブレザーも他のすべての服と同様、もはや着こなしの基本アイテムではなくなっている。所詮はいっときの流行であり、いずれは時代遅れになる運命なのだ。現代のデザインは、とても短命なのである。消費者がなるべくお金をかけないようにするのも当然だろう。カウンセルは流行の服を買うのが好きだからこそ、ファッションに大金を投じることは意味がないと思っている。「この春の最新を着たいの。次の春にはもう流行遅れになるようなものをね」と彼女は言う。たくさんの流行が常に同時進行していると、そのすべてを着るために、ひとつひとつを安く買おうとする者も現れる。カウンセルの友人のシディア（二二歳）もそのひとりだ。「デザインがすぐに古くなってしまうから、シャツ一枚に高いお金をかけたくない。それよりは、安くたくさん買いたいのよ」

　流行り廃りが加速したせいで、品質や仕立ても劣化している。二〇〇六年にイギリスのマンチェスター・メトロポリタン大学の研究者らが行った調査では、ファストファッションの企業が商品開発や品質管理を事実上やめようとしていることが明らかになった。こうした企業のあるデザイナーが、匿名でこう語っている。「品質的に大きな問題を抱えた服が納品されることもあります。納期が非常に厳しいので、少しでも早く出荷するために、おそらく検査や試着を省いてしまったのでしょう」[32]。検査や試着をせずに生産に入らせるというまさにそのことが理由で、ファストファッション店の仕事を好む海外の工場があるのも事実だ。ニューヨーク・マガジンによると、Ｈ＆Ｍはめったに注文をキャンセルしたり返品したりしないという。そういう店が相手だと、工場は通常の半分しか代金を請求しないこともある。まったく手のかからない顧客だから、というのも理由のひとつだ。[33]

にもかかわらず、多くのファストファッション店は高品質をうたっている。たとえばH&Mのキャッチフレーズはこうだ。「流行と品質を一番安く」。二〇一一年春、H&Mは「環境にやさしいコレクション」を発売した。リサイクルプラスチックとオーガニックコットンを素材とするラインナップだ。ホームページに掲載されると、その後ほぼ一週間にわたって、メディアに大きく取り上げられた。だが二週間後には、ホームページの特集は夏物のショートパンツとニットに変わっていた。わたしは広報担当者にEメールで問い合わせた。「環境にやさしいデザインと、ファストファッションの戦略にもとづく大量生産は正反対のアプローチのように思われますが、御社はこのふたつをどのように両立させるご計画でしょうか？」

届いた回答は、人を煙に巻くためのよくできたお手本のようだった。「当社のファッションは現代的で高品質の商品であり、ファストファッションではございません。低価格であることは商品の寿命とは無関係であり、使い捨て社会につながることはありません。H&Mはファッショナブルで高品質な商品を、最適な価格でご提供しております。高品質ですので、長くお使いいただけます。また、環境、社会、経済のいずれの観点からも〝持続可能な〟方法をとるよう責任を持って生産しております」

そうは言っても、H&Mのシャツを墓場まで持っていこうと思う人はいないだろう。そもそも二〇ドルほどで買える商品が高品質でないことくらい、わたしたちにはわかっている。だが、H&Mの品質はまあまあだ。C・W・パークによると、わたしたちが低水準の商品を受け入れている理由のひとつに、格安ファッションが値段の割に優れていると評価されていることもあるという。「（消費者の）品質に対する期待は明らかにさほど高くはありませんし、むしろ値段を考えれば、なかなかの品質とも言えるでしょう」。品質の評価とはこうしたものだ。格安ファッションの時代に品質が低下したのはこれが理由だ。H&Mの広報担当者がなんと言おうと、低価格は消費者にとっては商品を使い捨てにできるというサインなのだ。流行がたちまち変わるうえに安いので、服は「どのくらい持つだろう？」とか「家に帰ってもまだ気に入るだろうか？」などと真剣に考えなくても買える消耗品になった。パークも同意見だ。「もし着てみて今ひとつだと感じたら捨てればいい。何しろあんなに安かったんだから、と消費者は思っています」

わたしの父は子供の頃、最低賃金が二ドルに満たなかった一九六〇年代に、五ドルで買ったガントのボタンアップシャツに何かをこぼしてパニックを起こしたそうだ。染みをつけてしまったらお仕置きだ。だがそのシャツの品質は申し分なかったので、完全に着倒したと父は振り返る。一九六五年には高校のダンスパーティーのために三つ揃いのスーツを買い、そのなかのベストを一九八〇年代半ばまで着続けた。それでも決して古ぼけて見えることはなかったという。品質とは、結局は相対的なものだ。今のわたしたちにとっては、品質はかつてないほど不要となっている。FITのマーケティング教授で品質管理の専門家であるショーン・コーミアは、現在のファッション業界では、品質は消費者が満足するかどうかだけを基準に決定されていると指摘する。消費者が返品しない限り、品質基準を満たしたことになるのだ、と。

わたしの経験によると、三〇ドル未満の服なら不満があっても返品するような手間はかけない。その代わり、きちんと手入れもしないだろう。一度着ただけでクローゼットの奥にしまい込み、それで終わりだ。H&Mのような店が「高品質」をうたえるのは、ほんの数回着られれば、それで十分だからだ。縫い目がほどけ、がんこな汚れがつき、デザインが流行遅れになって飽きてしまうのだが、かまうことはない。数回洗えればよし。それが現代の服なのである。

第五章　格安の服が行き着くところ

ある日の早朝、私はクインシー・ストリートの救世軍ビルに向かった。ブルックリンのこのビルは、路地の奥の見過ごされてしまいそうな場所にある。その日はまだ、一軒のアパートから出たトラック一台分の本しか寄付されていなかった。服を寄付する人は税控除を当て込んでいることが多いので、季節の変わり目や年末に来ることが多い〔アメリカでは、社会的に認められている慈善団体などへの寄付は、課税所得からの控除対象となる〕。この日は秋の半ば、しかも平日だったので、服の寄付はありそうになかった。だが、誰かが車を乗りつけて、服がぎっしり詰まった袋をトランクから引きずり出すのを、実際にこの目で見る必要はとくにない。わたし自身、地元の慈善団体に寄付をした経験は数えきれない。そのたびに、いらなくなったものをいっぱいに詰めこんだ袋を持ちこんだ。安物のパンプスのかかとがビニール袋から突き出していたり、シャツの袖やズボンの裾が袋の口からたれ下がったりしている状態で引きずっていったものだ。だが、自分が車で走り去った後、救世軍の戸口に置き去りにした古着がどうなるのかは、これまで考えたこともなかった。

　わたしは、高校時代も大学時代も、救世軍やグッドウィルといった慈善リサイクルショップで買い物をしていた。棚の間をうろついては、ぶかぶかのコーデュロイやら、スポーツサークルとか地元の車の修理工場のロゴが入った風変わりなTシャツやらを探したものだ。リサイクルショップは個性的な服が見つかるだけでなく、値段も安かった。だがその習慣も、服の値段が下がり、格安ファッション店のセンスや品揃えがよくなったと同時に消えてしまった。ヴィンテージものに似たデザインであろうと、地元の車修理工場で着ているようなTシャツにそっくりなレトロなTシャツであろうと、今は手頃な値段で新品が手に入るからだ。

街角のカフェテリアでコーヒーを一杯飲んでから、約束していた寄付センターの倉庫に行った。管理助手のマイケル・ノニザ、通称マウイが、勢いよく飛びこんできた。「さあ、行くよ」そう言うと、わたしを巨大な貨物用エレベーターに乗せ、三階のボタンを押した。エレベーターはがたぴしと上っていく。ドアが開くと、目の前にはちょっと古ぼけた工房が広がっていた。一列に並んだ木の作業台に向かって、ヒスパニックの女性が何十人も立ったまま、大きなグレーのコンテナから服を引っ張りだしては、ジャケット、パンツ、子供服、といった具合に分類している。「ここではよさそうなものだけを選り分けて値札をつけるんだ」とマウイは教えてくれた。値札係はハイチェアのようなものに乗り、服を八〇枚ずつ収納した棚の間をてきぱきと動きまわっていた。服の状態やブランドにしたがって素早く判断し、手際よく値札をつけていく。救世軍など寄付団体のリサイクルショップで服を買ったことがある人なら、すばらしい安値がつくことがあるのをご存じだろう。たとえば、新品の値札が付いたままのシルク一〇〇パーセントのシャツが五ドル、一流ブランドの本革のベストが一五ドルになっていたりする。あの値段は、こんな風に決められていたのだ。

クインシー・ストリートの救世軍ビルは静かなたたずまいだが、実は、ブルックリンとクイーンズ地区内の八つの救世軍の小隊に物資を分配する、一大流通センターである。一年じゅう休みなく毎日、平均約五トンの古着を処理している。ホリデーシーズンには寄付の量が増えるため、仕事はさらに大変になる。この驚くほど大量の古着のなかから、毎日正確に一万一二〇〇枚ずつの古着が、八つの小隊に公平に分配される。「寄付が減って、配分量が減ることはないんですか？」ときくと、マウイは笑いながら答えた。「そんなことは決してないよ。古着はいつも十分すぎるほどあるからね」

一度か二度しか着ていない服や、痩せたら履こうと思っているパンツ、値札がついたままの新品のドレスやスーツなどがクローゼットに一着もかかっていないアメリカ人が、はたしているだろうか？わたしたちはあまりにも大量の服を持ちすぎている。一般的な感覚で見ても、日常の経験から言っても、半数以上はほとんど着られていないか、まったく忘れられているはずだ。ショップスマート誌が行った二〇一〇年の全国調査によると、アメリカ人の四人に一人はジーンズを七本持っており、そのうち実際に身につけるのは四本だという。わたしも日常的に着ている服は一〇から一五枚くらいで、全体の四パーセントにもならない。そう考えると、救世軍に値札がついたままの新品が常時寄付されているのも、驚くにはあたらない。「新品を手放す人は、毎日必ずいる」とマウイは言う。「このあいだなんか、一度も着ていないドレスがあったんだけど、なんと八〇〇ドルの値札がついたままだった。四〇ドルで売ったよ」

購入量が増えたからといって、その分、捨てられる量がすぐに増えるわけではない。他の商品とちがい、着ない服がすぐに廃棄されるわけではないからだ。いったんは、クローゼットでもどこでも、置く場所がある限りどこかにためこまれるのだ。増えすぎた服に居住スペースを侵食されているという感覚は、昔はなかった。わたしの場合、それが年々悪化している。ニューヨークに越してきた二〇

○二年には、服はクローゼットのなかにきちんと収まっていた。それが今では、収納ボックスを増やし、靴の吊り収納をはじめ数々の「収納効率アップ用品」を導入したにもかかわらず、収まりきらずにベッドや鏡台、床の上に積み重なっているというありさまだ。

　服の過剰消費というこうした現実を目にしたクローゼット整理のプロや収納用品の会社の動きは早かった。ＩＫＥＡやコンテナストアなどの小売店、それにラバーメイドのような収納用品を扱う企業が、服に奪われた貴重なスペースを取り戻そうとあがく消費者を相手に大儲けしたのだ。ここ一五年間に建築された家の多くには、わたしの家のリビングより広いウォークイン・クローゼットがある。平均的な住宅のメインクローゼットの面積は、約四・五平方メートルと言われている。四〇年前なら客用ベッドルームにできた広さだ。[2]小さなクローゼットしかない家は、売れなくなっているという。アパートをシェアしようとわたしが入居者を探したときも、洋服掛けのポールが一本だけの約九〇センチ幅のクローゼットしかないとわかったとたん、ほとんどの人は逃げ出したものだ。

　ある日、ルームメイトからshoedazzle.comというウェブサイトの求人に応募していると打ち明けられた。shoedazzle.comの登録会員は、毎月一足ずつ、カリスマスタイリストが選んだ靴を購入するのだという。値段は一足三九ドル九五セントだ。彼女は「こんなにたくさん服を持ってるなんて……」とあきれたように言った、あのルームメイトである。わたしはあっけにとられて彼女を見つめた「その人たち、先月買った靴はどうするわけ？」。すると今度は彼女のほうが、意味がわからないというような表情でわたしを見返した。「いらなくなった靴や服はどうなるのか？」などということを気にする人は、もういないのだ。

流行が変わったら抵抗なく捨てられるという点も、格安ファッションの魅力のひとつだ。DulceCandyというハンドルネームでユーチューブにホール・ビデオを投稿している女性がいる。大きな瞳にブルネットの二四歳だ。彼女の一六分間のビデオでは、パーティードレスやカーディガンが計一二枚、それに数えきれないほど大量の靴やアクセサリーが紹介されている。全部Forever 21でたった一日で買ったものだ。「ファストファッション大好き。簡単に捨てることができるものが好きなの。このシャツも、二回着れば十分もとがとれるしね」と彼女は言う。大量の服は、直接ゴミ箱に捨てられているのだ。擦り切れた泥々の靴下や、ぼろぼろになった下着、染みのついたシャツなどと一緒に、まだ完璧に使える服までもが廃棄されている。アメリカ環境保護庁（EPA）によると、アメリカ国民が捨てる繊維類は年間で合計一一五〇万トン、一人当たり約三〇・八キロにもなるという。さらにEPAの試算によると、そのうち約一四五万トンはリサイクルや再使用が可能だったはずだという。[3] シーツやタオルなどを含む繊維類全般のデータではあるものの、驚異的な数字だ。

ワードローブに服をためこんでいるからといって、その分、化石燃料や水といった、服を廃棄することにともなう追加エネルギーが必要ないと思うのも大間違いである。わたしは二〇一〇年の冬に高校生の就労実習生をアシスタントとして受け入れたのだが、彼女は服の買い方や捨て方について、周りの人にインタビューしてくれた。すると一七歳の友人はこう答えた。「服は再利用できるから、環境にも問題ないわ」。同じように考える人は多い。だが、実際には大量の服がリサイクルされずに捨てられているだけでなく、服を生産することですさまじく環境に負荷がかかっている事実が見過ごされている。プラスチックがリサイクルできるといっても、プラスチックは生産過程で、すでに環境に害を及ぼしているのである。そして憂うべきことに、現在のわたしたちの服の約半分は、ポリエステルという名のプラスチックでつくられている。

繊維類が環境にやさしい状態で生産できた例はない。バージニア州フロント・ローヤルに本社を置くアヴテックス・ファイバーは、かつて世界一のレーヨン工場だった。しかし水や土壌を汚染したとして、一九八九年に閉鎖された。周辺地域は、今も有害廃棄物管理指定区域に指定されている。[4] 繊維生産が及ぼす環境への影響を軽減するための技術は向上し、環境規制もアメリカ国内で劇的に強化された。だが、生産はここ数十年、ほとんど海外に移っている。移転先の国々では、生産設備が環境への影響を考慮していなかったり、貧しすぎて環境に配慮する余裕がなかったりする。バングラデシュのナルシンジは歴史的な繊維生産の拠点であり、近年輸出に力を入れている。訪れてみると、繊維工場がハイウェイ沿いに建ち並び、長く延びたパイプから、鮮やかな色の染料が排水溝や沼に流れ込んでいた。また、ある工場では、倉庫ぐらいの広さがある一二の部屋が巨大な繊維機械でびっしり埋めつくされ、電力や水を大量に消費しながら稼働していた。

現在の世界の繊維生産の一〇パーセントを担う中国は、環境的に最悪の事態に陥っている。[5] 二〇一一年に広東省に旅行した際は、大気汚染があまりにひどく、ハイウェイから写真を撮ろうとしても、四〇〇メートル先はスモッグにかすんで写らなかったほどだ。工業都市の深圳《しんせん》から東莞《とうかん》まで高速道路を走るあいだ、わたしは工場からフィルターも通さずに排出される煤煙を吸い続けた。スモッグで見えないポリエステル工場から吐き出される煤煙に、電子機器工場からの排煙も加わっていたにちがいない。そういった工場は、中国内でもとくにこのあたりに密集しているらしい。あっという間に喉が痛みだし、目が熱を持ち、鼻はぐずつき、頭がずきずきと脈打った。帰宅してからも、それから何カ月間か鼻の炎症に悩まされることになった。アメリカにいても、地球規模の環境汚染と無縁ではいられない。アジアから運ばれてきた一酸化炭素その他の汚染物質が、一九九〇年後半からアメリカの西海岸でも観測されている。そうした汚染物質によって、実際に西海岸の気候が変動している。グローバルな工業化によって、地球規模の気候変動が起こっているのだ。どこにいようと、その影響から逃れることはできない。

　中国で訪ねた工場の販売担当者リリーに、中国の大気汚染についてきいてみた。だが彼女は「汚染」という言葉を知らなかった。わたしは身振り手振りで灰色の空を示し、激しく咳き込んでみせた。リリーははっと理解して「ここにはとてもたくさん工場があるから、空気がそうきれいというわけにはいかないわ。いつか中国にもきれいな空気を取り戻すのがみんなの夢よ」と言った。そして一瞬黙ったあとに、「それには一〇〇年ぐらいかかるでしょうけどね」と苦笑した。だが、このままでは、中国は一〇〇年も持たないだろう、とわたしは思った。広東省で排水処理を行っている市は、ほぼ皆無だという。[6] 多くの場合、染料入りの廃液は直接水路に流れ込んでいる。染色工場からの廃液で、広東省を流れる珠江（パールリバー）は近年、赤や藍色に染まっている。リリーは、すぐ近くの山に登らないかとわたしを誘ってくれたが、肺のなかに入ってくる汚染物質のことを想像すると怖くなり、丁寧に断った。

　セルロース繊維は、天然素材を原料とする合成繊維の一種だ。レーヨン、ビスコース、アセテート、キュプラ、そして最近開発された竹由来のレーヨンなどがこれに含まれる。木材パルプや綿の繊維くずといった繊維質を有毒な化学物質で溶かし、それを機械で押し出して撚糸状に成形してつくられる。だがセルロースよりはるかに多く使われているのは、化学系の合成繊維だ。こちらの原料は、プラスチック。もとをただせば石油である。石油は再生できず、プラスチックは生分解されるまでに何百年もかかる。だから化学系の繊維は、それ自体持続可能なものではない。現在わたしたちは、こうしたさまざまな繊維を混紡した合成繊維でできた、すばらしく手入れの楽な服を買っている。たとえばわたしのクローゼットにある服は、ポリエステルとビスコースの混紡や、ウールとナイロンとアセテートの混紡で、すべてリサイクル不可能だ。一度混紡されたものを元の状態に戻す技術は存在しない。

繊維工業が生みだす大量の汚染物質の原因を、ひとつの繊維に特定することはできない。どの繊維もそれぞれ、生態系に複雑な影響を与えているからだ。環境記者のスタン・コックスによれば、ウールを得るために羊を放牧するだけでも土壌が侵食され、水質が汚染され、生物の多様性が損なわれるという。皮革の染色には有害な重金属が使われている。合成繊維はいずれも、生産過程で温室効果ガスを排出し、水を汚染する。アメリカ国内で栽培されている綿花には、年間約一〇〇〇万トンの殺虫剤が使われている。[7]ほとんどの繊維は漂白や染色の過程で有害な化学物質に浸され、さらに加熱灯の下で乾燥される。色合いを明るくしたり、柔らかくしたり、色あせを防いだり、撥水性をもたせたり、皺になりづらくしたり、その他わたしたちが今日の服に求める多くの特性を与えるための加工が行われる。繊維の生産には、膨大なエネルギーが費やされているのだ。[8]

繊維業はこれまでも、まちがいなく環境を破壊してきた。今日では生産量が大幅に増加しているため、問題はさらに深刻化している。中国でもインドでも消費者の購買力が上がり、ファッション性の高い商品への志向が高まるとともに、繊維製品の全体量は劇的に増加している。それにともない、環境への負荷も増している。エリコン社〔大手繊維機械メーカー〕が発刊する『The Fiber Year（繊維年鑑）』の二〇〇九・一〇年版によれば、一九五〇年には、世界の繊維使用量は一〇〇〇万トンをわずかに上回る程度だった。それに対し、今日では八〇〇〇万トン以上だ。ショッキングなデータは他にも多数あり、どれも今日の巨大化したグローバルファッション産業が環境におよぼすダメージの大きさを示している。一番説得力のあるデータを選ぶのに迷うほどだ。だが、イギリス人ジャーナリストのルーシー・シーグルによる次の数字は、とくに説得力があるのではないだろうか。「今日の繊維の生産に必要な天然資源は、年間で石炭約一億三二〇〇万トン、水六兆から九兆リットルにのぼる」[9]

*

マウイとわたしは貨物用エレベーターで一階に戻り、薄暗い照明のともった倉庫に入った。人々が寄付品を置いていく場所からもっとも離れた、ひっそりと目立たない一角である。ここが〝ボロ布〟の終着駅だ、とマウイは説明した。リサイクルショップの棚で売れ残ってしまったもの、あまりに着古されたり、染みがついたり、季節外れだったりと、そもそもの初めから売れないものなどが、ここに集まってくる。古着が救世軍のリサイクルショップの売り場に置かれる期間は、きっかり一カ月。グッドウィルでもほぼ同じで、三週間から五週間ほどだ。それを過ぎるとハンガーから降ろされてゴミ箱に放り込まれ、わたしが今いるこの部屋にたどり着く。

ここではふたりの男性が、Tシャツやドレスや、そのほかありとあらゆるアパレル製品を、黙々と圧縮機に押し込んでいた。ゴミ収集車の後部についているような機械だ。行き場のなくなった服は、すべてここに押し込まれる。そして、〇・五トンの立方体となって押し出されてくる。フォークリフトがそれをひとつひとつ吊り下げては、部屋の真ん中へと運ぶ。立方体は梱包されて紐をかけられ、積み上げられる。梱包の中からOld Navy（オールドネイビー）やSean Jean（ショーンジーン）、Diesel（ディーゼル）などのブランドの値札が飛び出しているのが見える。デニムの繊維、明るいえび茶色や大胆なストライプのニット、ウィンドブレーカーのつるつるした生地なども見てとれた。何もかも、混ぜこぜに圧縮されて固まっている。服が持っていた象徴的な意味は失われてしまった。まるで巨大なドッグフードだ。こうして見ると、服というものは、さまざまな資源を費やしてつくられはするものの、究極的には繊維の集まりにすぎないのだと思い知らされる。そしてそれが、やがては恐ろしいほど大量のゴミとなるのだということも。アパレルショップだけを見ていると、こんな現実は想像もつかない。クインシー・ストリートの救世軍ビル内には三日に一度、一八トンの重さの完璧な壁が出現する。つまり三六個の立方体ができるのだ。しかもこれは、全廃棄量のほんの一部にすぎない。アメリカの一都市の、救世軍の一支部だけでこれである。

一九世紀末以来、ヨーロッパでも、慈善団体は不要になった服を収集し、それを貧しい人々に分配してきた。救世軍がアメリカで活動を始めたのは一八八〇年。アメリカの人口が五〇〇〇万をわずかに上回り、服のほとんどがまだ手製だった頃だ。慈善団体がリサイクルショップの運営を始め、販売の収益が主な収入源となるのは、一九五〇年代後半になってからだ[10]。寄付された古着をそのまま配るのではなく、販売して収益をあげ、それを元手にして慈善事業を行う形態に変わったのだ。この方式が、今日まで続いている。

アメリカに消費者文化が誕生したのも、ちょうどこの頃だ。第二次世界大戦が終わって国民の収入が増え、衣料品の購入量も増加すると、子供服と大人の服の中間に位置するジュニア服、オフィスウエア、スポーツウェア、ストリートウェアなどが登場し、誰もが多種多様な服を持つようになった。[11]この時期から、慈善団体は古着販売で膨大な利益を得はじめた。古着ではあっても、まだ十分に着られるものが寄付されるようになったからだ。だが、ほとんど着ていない服や、まったくの新品までもが不要品として寄付されるようになったのは、ここ数十年のことである。きっかけは、服が安くなったことだった。グッドウィルに寄付される古着の量は、一九九〇年代を通じて毎年一〇パーセントずつ増加しつづけた。二〇一一年に販売された古着や生活用品の量は、全店合計で約八万トンにのぼった。[12]

わたしはこれまで、飽きてしまって寄付した服は、貧しくて着るものに困っている人や慎ましく暮らす女性が、喜んで着てくれているとばかり思っていた。だが、今ではこの考え方を〝服不足の神話〟と呼ぶことにしている。この神話の犠牲者はわたしだけではない。二〇〇七年のニューヨーク・タイムズ紙のコラムには、自分が寄付した服がアフリカで販売されて、誰かが利益を得ているのではないかと懸念した読者の相談が取り上げられた。このコラムのタイトルは「The Ethicist（倫理学者に聞いてみよう）」。回答者のランディ・コーエンはこの相談に答えて、「仲介者を通さず、困っている人、とくに同じコミュニティ内の人に直接寄付品を分配する慈善団体を見つけるように[13]」という、国際的労働組織の指導者のアドバイスを紹介している。不要になった服はすべて、それを本当に必要とし、欲しがっている人の手に直接届くのだと、ほとんどのアメリカ人が信じ込んでいる。だが、現実はまったく違う。

寄付される古着を全部売り切るなど、とうの昔に不可能になっている。古着処理会社ミッドウエスト・テキスタイルの共同所有者ジョン・ペブンに言わせると、「これまで一度だって売り切ったことなどない」そうだ。第二次大戦前に、すでに販売できる量を超えていた。余った分は捨てられることが多く、「当時から、捨てることに対する反発はあった」という。慈善団体の寄付品の処理方法に人々が不満を抱くのは、今に始まったことではないのだ。慈善団体は、他の道を模索するようになった。売れない古着を処理して工業用のウエス〔機械類の清掃に使われる布〕にする会社が次々に設立されたが、それでも使い切れない分は埋め立て地に送られた。

慈善団体が持てあました古着の処理を、次第に繊維再生業者や古着選別業者が手伝うようになった。「選別業者が誕生して、慈善団体に古着の分類方法を教えるようになった。それと同時に、古着の販路を世界じゅうに求めるようにもなった」と一九八二年から操業をはじめた同社を所有するペブンは言う。「以来、埋め立て地に回される量は徐々に減っているよ」。寄付された古着の最終的な行き先は、現在こうした選別業者が決めている。ペブンによると、リサイクルショップに並ぶものは全体の二〇パーセント未満だ。約半分は直接廃棄物処理の流れに乗って、ミッドウエスト・テキスタイルのような処理業者に行き着くという。

繊維再生業は一般の人々の目に触れることは少ないが、繊維産業それ自体と同じくらい歴史が古い。リサイクル業の元祖といえるだろう。一九〇四年のニューヨーク・タイムズ紙の記事「Use of

Shoddy Is Greatest in America（再生ウールの使用量、アメリカが世界一）」には、当時すでに盛んだったウール再生業について書かれている。〝Shoddy〟という言葉は今では粗悪品という意味で使われるが、当時は再生ウールを意味していた。原料は、イギリスやフランスから輸入される使い古しの絨毯や、ウールの古着だった。それを細かく裁断し、繊維くずにして紡ぎなおすのだが、このとき綿などが混紡されることもあった。こうしてできた再生ウールは本物そっくりという触れ込みで、本物よりずっと安かった。この記事には、ウール再生業者の次のような言葉がある。「消費者の側に、ウールかウールでなければウールに見えるスーツを安く買いたいという需要がある。おかげで消費量は増えつづけているよ」[14]

今日、アメリカには何千もの繊維再生処理業者が存在している。ほとんどが小規模で、何代か続く家族経営の会社だ。そのうちのひとつ、三代目が経営する繊維再生会社トランスアメリカ・トレーディングスを、ニュージャージー州クリフトンに訪ねた。年間約七七〇〇トン近い古着を処理する、従業員数八五人の会社だ。社内には、衣類を突き固めた立方体が五個ずつ積み上げられていた。それが二〇列ある。社長のエリック・ステュビンが「何万、何十万ポンドという衣類です。毎日これだけの量が二台のトレーラーで運び込まれます」と説明してくれた。衣料品の消費量が増えるにつれて、同社の処理量も増えているという。

再生事業は善意に寄生しているとか、不当に利益を得ているという声もある。コラム「The Ethicist」に寄せられていた相談もそのひとつだ。そういった世論に立ち向かうために、ステュビンは、多くの時間をメディアでの宣伝活動に費やしている。彼は「わたしたちは慈善事業に大いに貢献しているのです」と言いながら、内部が細かく仕切られた古着倉庫に案内してくれた。そこには作業台やゴミ箱、ダストシュート、立方体に圧縮されて梱包された古着の壁があった。救世軍の仕分け室によく似ているが、広さはあの一〇倍はある。「再生業者は金を払って服を回収しています。慈善団体の収益は年間で何百万ドルにもなります。その収入源は、再生されなければ埋め立てに使うしかない古着なのです」とステュビンは言う。

万里の長城さながらの古着の壁を見ていると、プラスチックの再生についても似た話を聞いたことを思い出した。ペットボトルを回収用のゴミ箱に捨てるときは、再生業者がそれを溶かして、再利用する企業に売って利益を得ていることなど、誰も気にしない。それなのに、利益のために古着を再生することには抵抗を感じる。「営利目的の企業中心でないリサイクルなど、今どきどこにも存在しませんよ」とステュビンは指摘する。繊維再生業者が存在しなかったら、慈善団体はたちまち古着を持てあましてしまい、売れなかったものはすべて捨てるしかなくなるだろう。寄付の大半を断らなくてはならなくなるかもしれない。そんな破滅へのシナリオに唯一利点があるとすれば、その結果、服が各家庭にあふれ、自分たちがいかに大量の服のゴミを出しているかを、ついに認識せざるをえなくなることだろうか。

トランスアメリカが回収する古着は、半分以上が、ニューヨーク市から半径約一六〇〇キロ内の慈善団体に集まったものだ。それがクインシー・ストリートの救世軍で見たような立方体になって、この倉庫に運ばれてくる。「古着は良品、不良品、劣悪品、と分けています」。パンツとシャツを仕分けして長い作業台の上を滑らせている女性たちのそばを通り抜けながら、ステュビンは言った。「破れたシャツも染みが付いてだめになったタオルも、まだ着られる服も、ここにはありとあらゆるものが集まってきますからね」。仕分け係の女性たちは、綿のブラウス、ジャケット、セーター、ベビー服、チノパンツ、デニムといった具合に、衣類を二〇〇ものカテゴリーに分類する。「そのあと初めて、クオリティを見たり着古しとボロを選り分けたりして、グレードをつけるんです」とステュビンは説明してくれた。熟練した選別者は次第に目が肥え、人気のあるブランド商品やカシミヤ、高価なヴィンテージものなどを見分けられるようになるという。だがトランスアメリカが処理する古着のうち少なくとも半数は「不良品」と「劣悪品」だ。これが今日の繊維再生業界の一般的な状況である。

繊維再生業界の団体セカンダリー・マテリアル・アンド・リサイクルド・テキスタイル（SMART）によると、繊維再生業者が処理する古着の半数弱は、まだ十分着られる服だという。完全に傷んでいるのは約二〇パーセントで、これは繊維買い取り業者に引き渡す。細かく裁断し、断熱剤やカーペットの詰めもの、建築材など、さまざまな製品の繊維成分として再利用するのだ。残る三〇パーセントは工業用ウエス業者が一ポンド（約四五〇グラム）につきおよそ八セントで買い取るのだとステュビンは教えてくれた。最終的に捨てられるのは約五パーセント、全体から見るとごくわずかである。[15]

繊維再生業は厳しいビジネスである。それも、年々さらに厳しさを増している。古着の量が劇的に増えたことで、価格は過去一五年間で推定七一パーセントも低下している。[16] ステュビンの概算では、仕入れる古着の半数以上について、仕入れ値と処理費を合わせた経費が売り値を上回ってしまう。繊維買い取り業者に売っても、利益は一ポンドあたり二セントから四セントほどにしかならない。さらに、寄付される服の品質が下がっていることも、売り値が下がりつづけている原因だ。

慈善団体が経営するリサイクルショップの売り場は今、わたしたちの好きなチープファッションとベーシックな格安アイテムであふれている。わたし自身の経験から言っても、こうした店では「掘り出しもの」がどんどん少なくなっている。救世軍の店で、わたしは何度も、まるで炎に引き寄せられる蛾のように、一見すてきなブラウスやウールのセーターに突進した。だが、そんな服にはたいていH&Mや、ターゲットのブランドであるMossimo（モッシモ）のタグがついている。ユニオンスクエアに近い西二五丁目のグッドウィルで、女性もののトップス一〇〇枚のラベルをチェックしてみた。五枚に一枚は、オールドネイビー、H&M、Forever 21、ターゲットのいずれかだった。

繊維再生業者は、回収される古着がどんどんボロ雑巾のようになってきているのに気づいている。「品質は下降の一途だ」とミッドウエスト・テキスタイルのペブンは言う。格安ファッションチェーン店の商品がその原因か、ときいてみた。「そのとおり」と答えながらも、彼はやや慎重に言葉を継いだ。「ウォルマートやKマート、ターゲットの店舗数が増えてアパレル市場でシェアをどんどん拡大していると聞いて、納得がいったよ」

回収品のなかには新品もあるが、信じられないほどボロボロになったものも交じっている。服を繕うアメリカ人など、もはや存在しない。わたし自身も、ボタンがぶらぶらしている服やジッパーの金具が外れてしまったもの、縫い目がほころびたものを寄付したことがある。寄付先がゴミ捨て場になっているのだ。グッドウィルの経営陣が二〇〇二年にワシントン・ポスト紙に語ったところでは、同団体は、売る価値のないものを捨てるのに、二〇〇二年の一年間だけで五〇〇万ドルを費やしたという。[17]慈善団体が人々に代わって処理しなくてはならないゴミの量を減らすための試みとして、二〇〇六年には新たな連邦法が成立した。減税措置の対象を、まだきちんと使えるものを寄付した場合に限るという法案である。

わたしは毎年、冬になると五〇ドルほどで新しいブーツを買う（わたしの収入からみると大きな買い物だ）が、シーズンの終わりには例外なく駄目になってしまう。素材の革が粗悪だったブーツは、色落ちして銀色っぽいまだら模様ができたうえ、かかとが斜めに磨り減ってしまい、履いていて膝を痛めそうになった。その話をすると、アメリカ靴修理協会長のドン・リナルディにたしなめられた。「そんな値段の商品ではきちんとした縫製はできない。耐久性のある靴がつくれるはずがない。かかとの素材も十中八九、熱に弱いプラスチックだろう」。アメリカ靴修理協会は、失われつつある靴修理の技術をなんとかして残そうとしている。それでも、プラスチックのかかとはほぼ修理不可能なので、わたしが履いているような靴は本質的に消耗品なのだとリナルディは言う。

一九七〇年代には、日常の靴としてスニーカーが流行した。残念ながら、スポーツシューズのかかとを修復するのはそう簡単ではない。靴の価格が急落した（現在市場に出回っている靴の八五パーセントが中国製だ）ことで、消費者は、大金をかけて手入れするかわりに新品を買うようになった。「新しい靴が六〇ドルで買えるんだ。誰が五〇ドルもかけて修理しようと思うかね？」とリナルディは言う。靴修理がもっとも盛んだったのは一九六〇年代で、全国に六万近い修理店があったという。今では九〇パーセント近くも減ってしまい、自分の子供たちさえ修理する習慣がない、とリナルディは嘆いた。「あまりにも早く流行が変わるからさ。うちの娘たちは、去年履いた靴を、今年はもう見向きもしない。夏が来るたびに、また靴を買いに出かける。今では社会全体がそんなふうだ」

それでも時には、すばらしい値打ちものがトランスアメリカにたどり着くことがある。ヴィンテージものだ。当然だが、古着のなかでももっとも価値があるのは、ファッションが大企業の手に渡る前につくられたものだ。トランスアメリカの建物の一番奥に置かれたボール箱には、シルクのドレスや柄物のスカーフ、分厚い革のベルトなどが分別されていた。それを丹念に調べていると、ステュビンが誇らしげに言った。「ブルックリンの住人の半数は、こういうものを身につけています。ヴィンテージものを扱っている店に行ってみてください。おそらくうちで入手したものが売られているはずですよ」

よく手入れされたヴィンテージものが、わずかではあるが、古着とともに流れ着く。古着の価値が低下するにしたがって、繊維選別業者はますますヴィンテージものに頼るようになった。「再生業者が儲けを出せるのは、ヴィンテージものくらいです」とステュビンは打ち明けた。今では誰もがヴィンテージものを欲しがるが、古い服がありがたがられるようになったのは、一九九〇年代に入ってからだ。[18]ブルックリンでも今や大人気だ。わたしも四〇〇ドルもする一九四〇年代のセパレートの水着と、それよりさらに高価な銀色の七〇年代の厚底ブーツを狙っている。

時計の針を戻すことはできない。一九九〇年以前の服をつくって増やすことは、不可能だ。需要の高まりとともに、ヴィンテージものはどんどん希少に、そして高価になっている。繊維選別業者はヴィンテージものの価格を上げることで、他の古着の価格の下落分を埋め合わせようとしている。ペブンは「大昔からある需要と供給のバランスってやつさ」とこれを正当化する。今や、ヴィンテージものにも高級ブランドものと同じ危機が迫っている。つまり、裕福な人々だけの贅沢品になりつつあるのだ。仕立てのよい服は、古着ですら一般の消費者の手に届かないものになりはじめた。

ブルックリン・フリーマーケットでヴィンテージものを売るサラ・ベレケットは、なんとか一般の人にも手が届く価格で古着を提供したいと奮闘している。「中古のドレス一着に五〇ドルもふっかけられるんじゃ、買う気になれないわ」。ベレケットがいつも仕入れをしている繊維再生業者も、ヴィンテージものの値をつり上げはじめたのだそうだ。「仕入れにそれだけかかったら、フリーマーケットでは一五〇ドルで売らなくちゃいけなくなるもの」。ニューヨークではヴィンテージものがどんどん高価になってきているため、仕入先を中西部のヴィンテージ業者に変えたそうだ。

ベレケットはまた、売れ残り品や、まだそれほど価格が高騰していない一九八〇年代から九〇年代の古着を買って、手を加えたりリフォームしたりしようと考えている。そうすることで、過熱している現在のヴィンテージ市場に対抗しようというのだ。八〇年代のスパンコールのドレスはチューブトップにリフォームし、イヴ・サンローランのチェックのジャケットのボタンは壊れていたので付け替えた。幅を詰めたり裾を上げたりしたドレスは、数えきれない。彼女はこうした商品を「改造ヴィンテージ」と呼んでいる。彼女の商品の七〇パーセントにはなんらかの「改造」がほどこされている。「可能性がある服しか買わないけど、それでも完璧にするには微調整が必要なのよ」とベレケットは言う。「デザインが古くても、生地がすごくよかったり、柄がとてもすてきだったりしたら、なんとか工夫するべきだわ」

ヴィンテージものの魅力は懐古趣味と高級感だが、それだけではない。アメリカの服飾業が全盛だった時代の〝今は失われた仕立て〟を身につけられる魅力もある。大衆向けチェーン店が出現する以前につくられた服はデザインがユニークで、仕立てもよさそうに見える。そして多くの場合、実際にそうなのだ。ベレケットは「今の服にはディテールというものがないわ」と切なそうに言いながら、「改造」作品を収めたウォークイン・クローゼットのなかを歩きまわった。そしてヴィンテージものの毛皮や七〇年代のデザイナーズブランドのドレス、五〇年代の部屋着などをめくってみせた。「昔はプリーツやサイドジッパー、おもしろい形の留め金やボタンなんかが見つかったものよ」と彼女は言う。「買った服は仕立屋に持っていって、ぴったり合うようにサイズを直してもらったものだわ。今の人は、もうそんなことはしないわね」

＊

貴重なヴィンテージものを選り分け、ボロ布を繊維業者や工業用ウエス業者に売ったあとに残った服は、さらに分類され、ビニールをかけられ、縛られ、梱包されて、世界じゅうの古着屋に売られていく。服が大量生産されるようになったのとほぼ時を同じくして、古着業界は輸出中心に舵を切ったのだ。[19] ある試算によると、古着は量的には、今やアメリカ最大の輸出品だという。[20] そのうちの圧倒的な量が、サハラ以南のアフリカに送られる。タンザニア人やケニア人は古着をミツンバと呼ぶが、これは現地語で〝梱包〟を意味する。古着が貨物船から降ろされるときには、トランスアメリカや救世軍にあったような立方体になって梱包されているからだ。一方、ザンビアでは古着をサラウラと呼ぶ。直訳すると「山をひっかき回して選ぶ」という意味だ。どちらの言葉も、アフリカ人が古着を買い付ける時は、外側に見えているものだけを頼りに立方体を選んでいることを示している。買った立方体は、熱心な得意客やバイヤーの目の前で開梱される。すると少しでも価値の高いものを探して、大勢がそれをつつき回すのだ。

もう一度言う。アメリカ人の多くは、貧しくて着るもののないアフリカの人々が自分たちの寄付した古着やボロをありがたがっていると思っているかもしれない。だが、アフリカの古着市場は好みが厳しく、高品質でファッショナブルなものの需要が高い。ペブンによると、インターネットと携帯電話の普及で、アフリカの人々は近年、ファッションにとても敏感になっているという。ペブンは「アフリカで売れるものは以前とは変わった」と言い、立方体に固める古着を、スタイルやブランド、状態ごとに、もっと細かく分類する必要があると考えている。ジャーナリストのルーシー・シーグルによれば、マリでは男性がみなベルト付きの七分袖のトレンチコートを着こみ、ティーンエイジャーの女の子たちは蛍光ピンクのシャツに裾の広がったジーンズを身につけているという。[21]

アフリカに送られる古着の品質は、アメリカで繊維再生業者が行う選別の精度によって決まる。「古着の詰まったコンテナを買うのは賭けのようなものだ。支払いは工場から出荷される前にすませることになっているからね」とペブンは言う。「開けてみたらひどい代物だらけ、ということもありえるんだ」。彼の会社は、こうした「顧客のリスクをとり除く」ために、アフリカ市場向けにはとくに厳格な分類方法を適用している。

一方、そこまで倫理的に行動しない業者もいて、もう着られないような古着を立方体の内部に隠すなどアフリカ諸国をゴミの埋め立て地のように扱っている。[22]アメリカ人が買う服、つまりのちのち寄付する服の品質が低下するにしたがって、アフリカの古着屋に並ぶ商品も粗悪になっていくのだ。シーグルによると、ジッパーが壊れたり色があせたりした古着や、染みになりやすく破けやすい薄っぺらな生地の古着が増えているという。[23] アフリカの人々の所得水準は上がり、今後さらに流行に敏感になるだろう。そこへ中国から、新品が安く大量に流入する。アメリカでは高品質の衣料は、すでに底をついている。そう考えていくと、過剰に消費してはアフリカに送るという解決手段には、早晩終わりがくることが目に見えている。だが、どうすればいいのだろう?

　先日の土曜の朝、わたしはまた、クインシー・ストリートの救世軍に出かけた。ヴィンテージのコートを買おうと思ったのだ。すぐれた品質と仕立ての服が見つかるのではないかという期待があった。ここのリサイクルショップは、飛行機の格納庫ほどの広さがあり、午前中は死んだようにひと気がない。ブルックリンの住人たちが週末の朝寝を楽しんでいるうちに、お得な買い物をするつもりだった。はたして、イタリア製やアメリカ製の上等なコートが数点見つかった。スタイリッシュなデザインのもの、混紡ウールのもの、美しいくるみボタンがついているものもある。でも、どれもしっくりこなかった。

　しかたなく、そばにあった婦人もののトップスをチェックしていると、スモックを着た従業員がきびきびと脇を通っていった。最初は、商品をきちんと揃えたり、床に落ちたものを掛け直したりしているのだと思った。だが、そうではなかった。彼女は商品を抜き取っていたのだ。ひとつひとつチェックしている値札は、商品の「鮮度管理」のために色分けされている。マウイに教わったのだが、その色を見れば、その月の何週目に店頭に出されたかがわかるのだ。一定期間以上たった服を、従業員はまるで傷んだ卵みたいに選り分けていった。そして、先日わたしが上階の分別室で見た、あの大きな灰色のゴミ箱に放り込んだ。中身はすべて、すぐにシュレッダーにかけられるか、または海外に売られていく運命なのである。

第六章　縫製工場の現実

服飾工場アルタ・グラシアの朝は早い。ここは、ドミニカ共和国サントドミンゴの北部。なだらかな丘のうえの小さな村だ。七時半に到着したときにはもう、バチャータ〔ドミニカ発祥のダンス音楽〕の調べが鳴り響き、広々とした平屋建ての工場に朝日が差し込んでいた。一〇七人の縫製員はすでにミシンを操って、何枚ものTシャツを縫っている。若者もそれほど若くない者も、男も女も、六台ずつ並んだミシンの前に座り、シャツの一部分だけを縫っていた。担当の部分を縫い終えると、次の人に渡していく。作業室の右側では、差し渡し六メートルほどもある分厚い繊維の束に、電気カッターの刃が入っていくところだった。左側の棚にはロール状に巻かれたさまざまな色のジャージ生地と、仕上がった商品を入れた箱が積まれていた。

　教育係のフリオ・セサールは、カーリーヘアのハンサムな青年だ。「裁縫をしたことはある？」ときかれた。「ウン・ポキート（少しだけ）」。高校で習ったスペイン語で答えると、「裁縫はパズルと同じだよ」とフリオは続けた。パズルというと、全体を完成させるということだろうか。さっきの質問は、服を丸々一枚縫ったことがあるのか、という意味だったらしい。それなら答えはノーだ。わたしの世代のアメリカ人は、大半がそうだろう。針と糸を使ってボタンをつけたことや、高校時代には母のミシンを使ってジーンズにつぎ当てしようとしたことも何度かあるが、それだけだ。

フリオについて工場の奥に行くと、その部屋のミシンは四分の一ほどが使われていなかった。フリオは空いているミシンの前に座った。白いプラスチックの天板の下に収納できる、小さい一斤の食パンのような形をしたミシンだ。四本のノブが突き出ていて、そこにセットされた四つの大きな糸巻きから、赤い糸が繰り出されるようになっている。フリオは二枚のチョコレート色のボロ布を差し込み、足もとのペダルを踏んで、矢のように素早く、一直線の縫い目をつくった。次はわたしの番だ。「足を上げて」フリオがスペイン語で言った。わたしは針の下の布を押さえる「足」と呼ばれる小さな金属の布押さえを上げた。「コセール！」とフリオが言った。「縫え」という意味だ。足でペダルを踏むと、ミシン針が機関銃のように激しく上下し、わたしの手の下の布がどんどん吸い込まれていく。縫い目は、幼児が力まかせに書きなぐった落書きみたいにぐちゃぐちゃになった。

おずおずとフリオを見ると、こんな失敗には慣れっこの様子だった。手を微妙に下げるしぐさで「もっと優しく布を動かすように」と言うと、わたしの手をとって縫い始めのところまで布を戻した。「これほど下手な人を教えるのは初めてじゃないの？」とスペイン語できくと、フリオは「いや」と言った。「足を上げて、と言うと自分の足を上げちゃう人もいるからね」とフリオは膝を高く上げてみせた。そう言って笑うと、この真面目な教育係は今度は脇縫いコーナーに連れていってくれた。わたしは〝綿一〇〇％〟と表示された生地ラベルをシャツの胴のところに縫いつけた。それから、それぞれ違う四台のミシンを使って、四回ずつ直線を縫った。そのときになって、初めて気づいた。ボロ布でただ縫い方の練習をしているとばかり思っていたが、気がつくときちんとしたTシャツが四枚できつつあったのだ。二枚は赤で、二枚は茶に赤の縁取りのあるTシャツだ。

アルタ・グラシアでは、シンプルな紳士物のTシャツ一枚を完成させるのに一四人分の工程があり、それぞれ異なる機械が使われる。なかには透明のプラスチックフィルムに熱と圧力を加えて、襟の内側にブランドのロゴを印刷する機械もある。大量の服を一度につくる場合、何人もが分担するこうした流れ作業は、とても効率がよい。ひとりひとりが自分の作業や機械に精通できるうえ、品質に問題が出たときにも原因を突きとめやすいからだ。右袖の縫い目が肩の縫い目に合っていなければ、一一番の機械の担当者に原因がある、といった具合だ。ただし、こうした規格化された方式は、プレッシャーと競争を生みかねない。作業が遅かったり下手だったりする人がいれば、生産ライン全体が滞る。

フリオは新人が来たときにいつもしているように、熱心に教育した。わたしは流れ作業の助けを借りず、最初から最後まで、ひとりでTシャツを縫わなくてはならなかった。だが、ペダルを踏む要領をつかみ、布送りのスピードを調整できるようになると、楽しくなってきた。「だいぶ上手くなってきた」とフリオは誇らしげに言った。「みんながあなたみたいに、飲みこみが早いといいんだけど」。

それでもわたしはまだ、アルタ・グラシアのなかで一番下手だった。仕事を始めてから四時間以上経ち、お昼休みになった。縫製員たちはいっせいに席を立ったが、そのときにはもう一日のノルマの半分を仕上げていた。一日のノルマは、Tシャツ一三〇〇枚という膨大な量だ。一方わたしのたった四枚のTシャツには、まだ袖がついていなかった。

アルタ・グラシアはありきたりな縫製工場ではない。メディアや労働権利団体に対してあらゆる情報を公開しているうえ、わたしが訪問した海外の縫製工場のなかで唯一、労働組合がある。苦情の処理や職場環境の改善を行うための正式な手続きが定められているほか、管理側と労働者が一致協力して、業績を上げようと頑張っている。工場の運営方法に関しては、全員に発言権がある。毎日スピーカーで作業中に流すラジオ番組も、午前の放送局はクリスチャンが、午後は無宗教の人たちが選ぶといった調子だ。

アルタ・グラシアを所有し、経営しているのは、サウスカロライナに本拠を置き、大学のロゴ入り衣料品ではアメリカ最大手の企業であるKnights Apparel（ナイツ・アパレル）だ。ナイツは工場の立地を厳選し、操業開始の準備期間中、文字通りすべての監督を行った。購入する椅子のタイプから、採用候補者の手先の器用さをチェックするテストまで、何から何までだ。会社として労働組合を支援している他、労働基準の遵守状況をチェックするNPO、ワーカーズ・ライツ・コンソーシアム（WRC）〔独立労働監視団体。アメリカのいくつかの大学が支援している〕の査察を毎日のように受けている。ここにいると、こうしたことがすべて当たり前であるかのように思えてくる。ずいぶんと働きやすそうな職場だ。

アルタ・グラシアのプロダクション・マネージャー、ヘマ・カストロは、一九九四年からドミニカの服飾業界で働いてきた。ランジェリー工場、ベビー服・子供服工場、GapとOld Navy（オールドネイビー）向けのTシャツ工場、かつてドミニカ共和国の民間企業最大の従業員数を誇った大企業グルーポMの工場など、さまざまな工場での経験を持つ人物だ。グルーポMの工場では、Donna Karan（ダナキャラン）、American Eagle Outfitters（アメリカンイーグル）、カルバン・クライン、Tommy Hilfiger（トミーヒルフィガー）など、アメリカのほぼすべての大手ブランドの生産を請け負っていた。

お昼休みに、カストロに尋ねてみた。「これまで手がけた大手ブランドのなかで、アルタ・ガルシアのようなコストの高い工場に発注してくれそうなブランドはありましたか？」。長い沈黙のあと、カストロは神経質そうに笑った。「ありませんね。ここは工場としてはとてもユニークです」。彼女の経験では、大手ブランドは、発注先の国の健康・安全基準、労働法や賃金体系の最低レベルさえ満たしていれば、それで充分だと考えている。現地法で定められた最低賃金以上は、決して払おうとしない。「以前働いていた工場はいずれも、賃金は現地の最低基準ぎりぎりでした。どの国でも同じですが、最低賃金ではまともに暮らせません」とカストロは言う。

自分が着ている服をつくっている人の賃金を計算しようと思ったら、付いているラベルで生産国をチェックして、その国の最低賃金をインターネットで調べるだけでいい。法定最低賃金と支払い義務のある時間外手当。それを大きく上回る賃金を自発的に払う服飾工場は、アルタ・グラシアの他にはまずない。開発途上国の工場はほとんどが、最低賃金かそれに近い賃金で労働者を働かせている。最低賃金を下回ることさえある。他工場との決定的な違いは、この点にある。アルタ・グラシアだけが例外で、従業員の時給はおよそ二ドル八三セント、月給は約五〇〇ドル。これはドミニカの法定最低賃金の三・五倍にあたる。

こうした賃金体系は〝生活賃金〟と呼ばれるもので、アルタ・グラシアではWRCが決定している。生活賃金とは、貧困を研究するさまざまなグループが定義する、ごく基本的な生活が可能なレベルの賃金だ。研究グループによって多少ばらつきはあるが、一般的に「家族が必要とする基本的な食料、水、住居、光熱、被服、医療、交通、教育、保育、少額の貯金、自由裁量支出にかかるコストをまかなうに足る賃金」と見なされる。[1] 金額は実際にかかる生活費によるので、国ごとに違う。輸出用に衣料を生産する海外の工場のほとんどは、最低賃金しか支払わずに、労働者にぎりぎりのその日暮らしを強いている。最低賃金ではなく生活賃金を支払うなら、労働者は長期目標を立てることができ、子供の将来のために投資することも可能になるのだが。

*

ＧＩＤＣのアンディ・ウォードから聞いて以来、ずっと頭から離れない言葉がある。「縫製は楽しい仕事であるべきだ。立派な職業であるべきだ」という言葉だ。経験者ならわかるように、ミシンを使うには技術が必要だ。といっても、縫製は、退屈だと思う人もいれば純粋な楽しみと感じる人もいるように、本来は苦役ではない。どう感じるかは、拘束時間の長さ、何をつくるか、そして賃金によって変わってくるだろう。今日のアメリカ人はほとんどが、縫製といえば搾取工場や貧困を連想するが、歴史的に見ると常にそうだったわけではないのだ。

一九〇九年、ニューヨークで、服飾業界で働く一〇代の女性を中心に労働者二万人がストライキをし、賃上げと労働条件の改善を要求した。アメリカ労働総同盟・産業別労働組合会議（AFL-CIO）の年譜によると、当時の労働条件は一日一三時間労働で休日はなく、週給は約六ドルだった。ストライキをした者のなかには殴られたり投獄されたり、銃殺される人間も出た。トライアングル・シャツブラウス工場の従業員も、このストライキに加わっていた。

トライアングル・シャツブラウス工場は、世紀末に大流行したハイカラーにパフスリーブ、絞ったウエストのブラウスをつくっていた。有名な火災事故が起きたのは、この〝二万人ストライキ〟の二年後だった。この一件は全国民の激しい怒りを買い、ニューヨーク市で行われた被害者の葬儀には四〇万人が参列した。これが起爆剤となって、社会変革が急速に、かつ広範に広がった。工場査察委員会が設置され、労働環境の安全や雇用法に関する三〇以上の州法が新たに可決された。委員会長に就任したロバート・ワグナーは、その後も社会保障制度や全国労働関係法など、多くのニューディール関連法案〔世界恐慌を克服するため、失業者雇用、産業統制、労働者保護などを目的にルーズベルト大統領が行った経済・社会政策〕を起草した。やはり査察委員会のメンバーだったフランシス・パーキンスも、後にルーズベルト政権の労働長官となり、週四〇時間労働や最低賃金、時間外労働に関する初の法整備を行った。

一九三八年、労働省婦人局は『What's in a Dress?（縫製業の現状）』と題する短編映画を制作した。二〇年以上にわたる労働運動と労働基準の向上を経て、服飾業界の労働環境がどれだけ改善したかを国民に示すのが目的だった。おそらくはニューヨーク市内の大規模な縫製工場をカメラが俯瞰で映し出し、そこに誇らしげなナレーションが重なる。「ドレスの生産に従事する労働者は、高い収入を得ています」。次は、従業員数人が管理者側とともにテーブルを囲んでいる場面だ。パールボタンとベルトつきのドレスの縫製賃金をいくらにするか、話し合っている。管理者側は提案された賃金レベルを受け入れず、裁定人が呼ばれる。裁定人はドレスを詳細に調べ、最終的に縫製賃金を決定する。そこで映像が切り替わり、シルクのような光沢のあるケープをはおってティアラをつけた、典型的なハリウッド美女が登場する。スクリーンの幅いっぱいに、こんな文章が現れる。「労働搾取は服飾業界からすみやかに一掃されました。女性のみなさん、安心してファッションをお楽しみください」

カリフォルニア大学バークレー校労働研究センター副代表のケイティー・クワンが言うところの

〝クローズド・マーケット〟化を、アメリカの服飾業界は一九六〇年までに多くの都市で実現した。これは、組合に加入していないブランドや工場、仲買業者が業界から一掃された状態を意味する。「組合はブランドとメーカーの双方に、取引先を組合に加入している企業に限るようにと要求したのです」とクワンは説明する。「そのため、加入していない企業は、ニューヨーク市はおろかボストンでもシカゴでも、ビジネスができなくなりました」。その結果、労働者は定期昇給、医療費、退職金、有給休暇などの支給をめぐる交渉が可能になったという。

今日のアパレル業界では、メーカーの力は比較的弱い。労働環境を先進国と同等レベルまで引き上げることなしに、経済のグローバル化だけが進んだからだ。結果として、世界じゅうの労働者が低賃金を武器に雇用を取り合うしかなくなっている。二〇世紀の後半には労組の力が弱まったせいで、工場もブランドと価格交渉ができなくなってしまった。こうしたことが労働賃金の低下につながっているのだ。

クラーク大学国際関係学部長のロバート・ロスは「アパレル企業は現在、統合によって強大なコングロマリットを形成している。その結果、工場労働者は非常に不利な立場に立たされている」と指摘する。「現在、アパレル業界には八から一〇の巨大なグローバル・チェーン店が存在する。とくに目立つのは格安チェーン店で、仕入れ量の合計は世界のアパレル業界の全卸売量の七〇パーセントにのぼる。たとえばウォルマートがTシャツを仕入れるとなれば、ひとつの工場の年間の生産分をすべて独占できるほど大量に仕入れることになる。こうした独占状態のために、ウォルマートの立場は非常に有利になっている」。一九七〇年代、八〇年代には、一企業あたりの仕入れ量は、どんなに多くてもアパレル業界の全卸売量のほんの一部だった。チェーン店が展開する全店舗分を合計しても、せいぜい数十万枚だったとロスは言う。今日の巨大ブランドは、組合が結成されたり値上げを要求されたりしたら工場を海外に移転でき、実際にそうしてもいる。毎年のように、時には四半期ごとにメーカーに値下げを要求していることも、よく知られた事実だ。[2]

アパレル企業がデザインとマーケティング専門になり、工場を持たず、直接生産に関わることもなくなると、企業と下請けのメーカーとのあいだには法的な垣根が生まれた。連邦裁判所は二〇〇九年、ウォルマートの商品を生産する工場労働者の劣悪な労働環境に関して、ウォルマートに法的責任はないという判断を示した。工場労働者はウォルマートの従業員ではないからだ。[3] H&Mのホームページには、社会的責任に関する動画が掲載されているが、ここでも同じことが言われている。倫理的調達部門の責任者、イングリッド・シュールストレムは「法的に見ると、当社には製造段階についての社会的責任はありません」と述べている。そして、「しかしもちろん、倫理的な観点および当社が大切にするものの観点から、製造段階にも責任を持つべきだと考えています」と胸を張っている。アパレル企業は口々に、「工場の労働条件を監視する義務はなく、あくまで善意から監視しているだけだ」と強調するのである。

たしかに、ほとんどのアパレル企業には自社工場がない。だが、工場でつくられている服はアパレル企業が発注したものだ。厳しい納期を設け、コスト削減を強いて、労働環境を劣悪なものとしているのはアパレル企業だ。法の抜け穴があるために、消費者が知ったらとうてい見過ごすことのできないような労働環境がまかり通っている。バングラデシュの工場は、建物の多くが古くて非衛生的だ。

経営側も防火管理をおろそかにしている。わたしたちが日常的に買う商品がつくられているのは、そんな場所だ。二〇〇二年にはＺａｒａの親会社であるインディテックス社向けに子供服を生産していたダッカの工場が崩落し、六四人が死亡、七〇人以上が負傷した[4]〔ダッカでは老朽化した工場の崩落事故がたびたび起きている〕。二〇一〇年には、ダッカ北部のハミーングループの工場の火災で二七人が死亡している。Ｇａｐの商品を生産していた工場だ。ガジプール県にあるガリブ＆ガリブ社の服飾工場も同じ年に火災に見舞われ、二一人が犠牲になった。ここではＨ＆Ｍ向けのセーターやカーディガンが生産されていた。火災発生時刻は夜九時。従業員は帰宅しているはずの時間だった。Ｈ＆Ｍはその前年に監査を実施し、次のような報告書を提出していた。「消火器二台にカバーがかかったままだったのを発見したが、その状態はただちに改善された」。二〇〇九年一〇月に行われたこの監査の際は、避難経路や非常口、消火器の位置がはっきりと表示されていたという。警備員たちが消火器の使い方すら知らなかったと判明したのは、ずっと後のことだ。

*

メーカー、アパレル企業、消費者の三者の間には、物理的にも文化的にも隔たりがある。搾取工場のセンセーショナルな実態が、この二〇年のあいだ頻繁に新聞の見出しを飾ったが、その遠因はこの隔たりだったといえる。一九九六年、最初に国際的非難の矢面に立ったのはキャシー・リー・ギフォード〔有名テレビ司会者〕だった。彼女のデザインしたウォルマート向けの商品を生産していたホンジュラスの搾取工場が、就労年齢に満たない子供たちを働かせていたことが発覚したのだ。九〇年代後半には、アメリカのアパレル企業約二〇社が訴えられた。サイパンの工場で不当な低賃金で生産を行い、「メイド・イン・アメリカ」のラベルをつけて販売していたのである。訴えられた企業にはAbercrombie & Fitch（アバクロンビー&フィッチ）、Brooks Brothers（ブルックス ブラザーズ）、カルバン・クライン、ダナキャラン、Dress Barn（ドレスバーン）、Ｇａｐ、Banana Republic（バナナ・リパブリック）、オールドネイビー、ＪＣペニー、J.Crew（Ｊクルー）、ジョーンズ・アパレル・グループ、Lane Bryant（レーンブライアント）、The Limited（リミティッド）、Liz Claiborne（リズクレイボーン）、メイ・デパートメントストアーズ、ノルドストローム、Phillips-Van Heusen（フィリップス・ヴァン・ヒューゼン）、Polo Ralph Lauren（ポロ・ラルフローレン）、Talbots（タルボット）、ターゲット、トミーヒルフィガーなどがあり、一九九〇年代のアメリカ人が日常的に買い物をしていた大手ブランドやチェーン店がほぼすべて含まれていた。[5]

二〇世紀末のアメリカの大学では、搾取工場に抗議する反対運動が吹き荒れた。一九六〇年代以来の大きな運動だった。自由貿易協定は、グローバル企業による海外の労働力搾取を容易にする。そうした観点から、巨大な反グローバリゼーション運動が全国紙のトップを飾った。ＧａｐやＮｉｋｅ（ナイキ）が、しばしば標的になった。わたしが在籍していたシラキュース大学など多くのキャンパスで、大学のロゴ入りの衣料品をつくる工場の労働条件改善を要求する運動が起こった。

搾取企業として名前が挙がると、評判は確実に落ち、ビジネスにも影響する。批判的に報道され、不買運動やデモが起こる。消費者や活動家、宗教団体からの強い要求への対応措置として、大手アパレル企業のあいだでは〝行動規範〟を制定するのが常識となった。行動規範とは、人権、安全衛生、賃金、時間外手当に関する企業独自の基準である。西側の大ブランドと取引きするためには、縫製工場はその規範に従わなければならない。

今日ではほぼすべてのアパレル企業が、ホームページに〝社会的責任（CSR）〟のサイトを設けて、行動規範を掲げている。またほとんどの企業に多数のコンプライアンス監視員がおり、縫製工場を訪問しては、法律や社内基準の遵守状況をチェックしている。二〇〇九年度版のCSR報告書によると、ナイキは六〇〇以上の工場を、それぞれ年平均で一・七七回訪問している。ウォルマートの二〇一〇年度版のCSR報告書には、工場の監査を毎年のべ八〇〇〇回以上行っているとある。H&Mのアニュアルレポートによれば、監査部門の従業員数は七六人。二〇一〇年には一九〇〇回以上の監査を行ったとされている。

しかしジャーナル・オブ・ファッション・マーケティング・アンド・マネージメント誌の二〇〇六年の記事は、ファストファッションがサプライチェーンにいかに悪影響を与えているかを報告している。これによると、生産スピードをすさまじい勢いで加速させるようにという圧力があり、そのために業務を倫理的な方法で遂行しようという方針が「無視される危険が大きくなっている」という。[6]ある大手国内ブランドのデザイナーで、内部事情に通じた人物によると、業界内の競争があまりに厳しいため、極端な時間外労働が欠かせないという。「縫製工場は、ほとんどの取引先から、四六時中それば かり。週末も働くよう要求されている」と彼女は言う。「アメリカの企業が言うこととときたら、わたしもいつも言われているわ。どんなことをしても、必ず期限通りに出荷しろって」

ジャーナリストのT・A・フランクは、二〇〇八年四月号のワシントン・マンスリー誌の記事で、民間の監査会社の社員として自ら工場を視察した体験を報告している。監査会社の顧客には、ウォルマートやナイキのような大手ブランドも含まれていた。その経験からわかったことだが、社会的責任を真剣に考えていない企業にとっては、ことは簡単だという。非倫理的な会社のほとんどが、監査を前もって工場に通知している。たとえ基準を満たさない劣悪な工場であると判明しても、商品が納入されるまではそのまま生産を続けさせる。納品されてからやっと、監査に合格しなかった項目が多いと言って、契約を切るのだ。たとえばウォルマートは、監査のほぼ四分の三について事前告知を行っている。発注元の企業が本当に倫理的な調達を目指しているのでない限り、「社内で行う監査など無意味だ」とフランクは書いている。[7]

ダッカの心臓部にあたる商業都市、グルシャン・サークルに、社会的責任を果たしていることで評判の、大きな縫製工場を訪ねた。ダイレクト・スポーツウェア・リミテッド（ＤＳＬ）だ。社長の名はアシュラフル・カビーア、通称ジュウェル。二階建ての広いスペースで、従業員数百名が、Ｅｃｈｏ（エコー）、Varsity（バーシティ）、Warner Brothers（ワーナーブラザース）など、アメリカの大手ブランドの服を縫製している。メインの顧客はナイキ傘下のスポーツ用品ブランドUmbro（アンブロ）だ。フランクの記述によると、一九九〇年代以降、ナイキは方針を一八〇度転換し、調達段階で果たしている社会的責任では業界随一と言われるまでになった。あらかじめコンプライアンスをチェックしてから工場を選定し、抜き打ちの監査を行い、長期にわたる関係を築いて調達先の工場の意欲を高めている他、すべての調達先の名称と所在地を公表しているそうだ。

訪問してみると、ＤＳＬの従業員のほとんどは女性だった。みな、濃いオレンジ色のサリーを体に巻きつけて、青い陸上競技用のパンツを縫ったり、かがったり、包装したりしていた。男性は、それより時給の高い、裁断やアイロンがけなどの仕事をしている。作業室の入口近くに、ナイキとアンブロの行動規範が掲げられていた。ベンガル語で書かれている。周囲には〝消火器〟〝火災警報〟という文字が、大きく目立つように表示されていた。妙なことに、こちらは両方とも英語だった。工場の屋上はテラスになっており、交通量の多いグルシャン・サークルが見渡せる。そこに、ピクニックテーブルが何列も並んでいた。ジュウェルはテラスにある子供用の〝プレイルーム〟を得意げに見せてくれた。四角いガラス張りの部屋で、なかは空っぽだった。〝医務室〟もあった。こちらも小さな四角い部屋で、テーブルがあり、赤十字のマークがついた白いカーテンがかかっていた。どちらの部屋も、過去に使われたことがあるのか、実際に役に立つのかさえも疑問だった。わたしのような西側の人間に、環境が改善されているとアピールするためにあることは明らかだった。

ジュウェルが工場の改修をしてこうした設備を整えたのは、ひとえにコンプライアンスの基準を満たすためである。西側の大手ブランドの仕事を受注するには、どうしてもそれが必要だからだ。こういった環境改善のひとつひとつについてどう思うかと尋ねると、「いいことだ」と彼は言った。「必要なことだし、従業員のためにいいことをしていると感じる」。だが、顧客が満足する基準まで環境を改善するためのコストを、工場がすべて負担しなければならないとなると、社会的責任を果たすというオーナーの善意にも限界がある。監査料も多くの場合、工場が負担している。過去に行動規範の逸脱があった工場なら、確実にそうだ。[8] イギリスの生産労働者擁護団体レイバー・ビハインド・ザ・ラベルの二〇〇九年の報告によると、アパレル企業は工場には従業員の賃上げを要求しながら、自らの支払い額は増やさないのだという。[9] 要求を飲むなら、ただでさえ利益が薄い工場が、賃上げ分をさらに負担しなくてはならない。しばらくして、ジュウェルもようやく認めた。「値下げを要求しておきながら、賃金は上げろだの規則を守って環境をよくしろだのといって、コストを上げさせる。そういう相手と交渉するのは楽じゃないよ」

サリー・レイドは、Ann Taylor（アンテイラー）の服をつくるメーカーで働いた経験がある、生産部門のベテランだ。一九九〇年代はずっと、世界各地の工場を視察して回っていた。ちょうど、ブランドがこぞって生産を海外に移転し始めた時期だった。搾取工場では労働者が鎖でミシンに繋がれているとささやかれたことがあるが、彼女の経験ではそんな噂は根も葉もないデマだ。実際、虐待といえるようなことは何も見なかったという。だが、彼女が仕事を始めた当初、工場はとても不潔で、非人道的なまでに暑かったこと、賃金の支払い記録があいまいなことが多く、まったく記録されていないことさえあったことは記憶している。防火対策など、ないに等しかった。「工場はひどいところだったわ」。とりわけ靴工場は有毒の化学物質を扱っており、環境は劣悪だった。従業員は革をなめすための有害ななめし剤の成分を吸い込みながら働いていたと、レイドは回想する。

レイドはアメリカ企業が海外生産を始めたばかりの頃からずっと、工場の環境が少しずつ改善される様子を見てきた。今ではバングラデシュや中国の工場の多くは、清潔で〝消毒したてのような〟環境に変わった。「はじめはコンプライアンスなんて、誰にとっても単なる冗談にすぎませんでした。それが、時間とともに根付いてきました」とレイドは言う。実際、わたしが訪問したバングラデシュと中国の工場は、ロサンゼルスの工場よりも清潔で近代的だった。防火安全基準も厳格に守られていた。工場はすべて新築か、または最近改築されたばかりで、とてもよく工夫されている。照明が明るく、床には緊急避難路や防災設備の場所がくっきりと表示されていた。中国にいるあいだ、わたしはお昼時には決まってどこかの工場を訪問中だった。お昼になると、従業員たちはまるで時計仕掛けの人形のように背伸びをし、ミシンの照明を消し、列をつくってランチをとりに出ていった。どこへ行ってもまったく同じことが繰り返されるので、まるでお芝居でも見ているようだった。

　わたしが中国で見た工場は、ひょっとするとデモンストレーション用だったのかもしれない。欧米の顧客に見せるための単なる見本というのも、ありえないことではない。もしわたしが実際に服を注文したとしたら、それを手際よくさばいてくれるのは、おそらくわたしが見た工場ではなく、周辺地域で違法に運営されている、他のたくさんの工場のネットワークなのだろう。ある推計によると、中国の工場の九九パーセントは仕事を下請けに出しているという。つまり発注側は、そうと知らずにたくさんのメーカーを使っているのが実情なのだ。[10]下請け業者の賃金は、元請けよりさらに安い。そして大量に時間外労働をさせることで、早く安く仕事を仕上げようとする。工場が下請けに出す理由は、アパレル企業が生産を海外に移す理由とまったく同じだ。つまり、経費を節減し[11]、競争力を保つためなのだ。

　どれだけコンプライアンスを遵守しようと、きらびやかな展示用の工場やガラス張りの医務室をつくろうと、貧困賃金〔貧困研究者が定義する「貧困」レベルの賃金。生活賃金に満たない〕が世界じゅうのほとんどの工場で完全に合法だという事実は変わらない。ドミニカ共和国の自由貿易圏（FTZ）の最低賃金は、月一五〇ドルに満たない。アルタ・グラシアの従業員のクキという女性から聞いた話によると、以前働いていた工場で支給されていた最低賃金では、自分の分はおろか四人の子供の食べ物も満足に買えなかったという。「食べ物でさえそんなありさまよ」と彼女は言った。全体的に見て、コンプライアンスを遵守している工場の従業員が、そうでない工場より高い賃金をもらっているかどうかも定かではない。工場によっては労働時間を短縮したり、残業代の出ない月給制を強いたりして、賃金を低く抑えていることもある。たとえば玩具会社マテルの中国工場は安全で清潔なことで有名だが、従業員の手取りは、コンプライアンス規定のない工場で酷使されている者より少ない[12]。

二〇一〇年に、バングラデシュの最低賃金が見直された。インフレが手のつけようがないほど進み、それでなくても安い服飾工場の労働者の賃金水準が、ついに限界に達したからだ。ダッカでは、その労働者たちを中心に、最低賃金を二倍に引き上げるよう要求する運動が起きた。二倍といえば相当な改善と思われるかもしれないが、実現しても月に七一ドルにしかならない。国際労働権利フォーラムによれば、この額でやっと生活賃金が保証されるという[13]。興味深いことに、H&M、ウォルマート、Gap、Levi's（リーバイス）、その他バングラデシュで商品の調達を行っている欧米の巨大アパレル企業は、バングラデシュ政府に共同請願書を提出し、労働者の最低賃金を引き上げ、毎年見直しを行うように要望した。望ましい最低賃金のレベルは示されなかったが、「現在の最低賃金は世界銀行が定義する貧困ラインを下回り、従業員やその家族は基本的生活すら保証されていません。遺憾に思います」と書かれている。H&Mの広報担当者は、賃上げ実現のためには買い取りの際の卸価格の値上げもやむなしとしている。だが実は、世界経済がさらに落ち込んでいたその前年、バングラデシュのメーカーは卸価格の大幅な値下げを要求されていた。契約を他に取られたくなかったら値下げするようにと、五〇のブランドが圧力をかけたのだ。H&Mも、そのひとつだった。[14]

最終的には政府も最低賃金の引き上げに応じたが、新たな最低賃金は月にわずか三〇〇〇タカ、ドルにすると約四三ドルだ。最高の技術を持つ者や経験の長い者の場合は、それより高い七三ドルで、ほぼ当初の要求どおりとなった。新賃金への移行は二〇一〇年の一一月の予定だった。だが、決められた日が来ても実現しなかった。ダッカに常駐するWRCの職員、メヘディ・ハザンによると、「確かに経営側は賃金体系を刷新した。だが、その刷新で、経験豊富な従業員が大量に降格された」という。世界経済の悪化を理由に、工場側は賃上げを拒み、そうでなければベテランの従業員を最低レベルまで降格したのだ。経験者向けに新たに定められた最低賃金は、こうして実際には適用されなかった。

わたしはハザンと会って、バングラデシュの労使の対立について話を聞くことになっていた。危険をともなう行動だ。つい数日前にも労働活動家が投獄されたばかりだった。労働側のリーダーから、紛争の当事者と決して一対一で会ってはいけないとも警告されていた。だからダッカの交通渋滞のせいで結局会えなかったのは、おそらく幸運だったのだろう。しかたなく、わたしたちはインターネットのチャットを使って深夜に会話を重ねた。そして二〇〇タカ（三ドル）の医療費と八〇〇タカ（一一ドル）の住宅手当を含む、新たな賃金規定について話し合った。「その額では住宅費の四〇パーセントしかまかなえない」とハザンは言った。住宅の賃貸料はスラムでも月二〇〇〇から三〇〇〇タカ（二六ドルから三九ドル）になる。とすると、縫製工場の従業員はほとんどがスラムに住んでいるのか、とわたしはきいた。スラムに住むということは、水道も電気もその他どんな近代設備もない、ダッカ周辺の違法なみすぼらしい家に住むということだ。「そうだ。スラムか、それよりもっとひどいところだ」というのが返事だった。

バングラデシュのNPO、ナーリー・ウッドグ・ケンドラ（女性支援センター）によると、バングラデシュで一カ月にかかる食費は、一人あたり一四〇〇タカ（一九ドル）だという。[15] この国では、縫製工場で働く従業員が大家族の唯一の稼ぎ手であることが多い。最低賃金が引き上げられたとはいえ、月三〇〇〇タカでは家族全員の食費をまかなうのが精いっぱいだろう。わたしが訪ねたDSLの壁には、ナイキの行動規範が掲示されていた。あれをどう思うかとメールでハザンにきくと、「見栄えのいいお飾りだね」という返信をよこした。「何の役にも立っていないと言ったら言い過ぎだろうけど、あってもほとんど何も変わらないよ」

バングラデシュで、また抗議運動が起きた。今度はこれまでより暴力的だ。「労働者が路上に出て車を壊し、建物を傷つけ、乗用車やバスに放火している」とハザンは取り乱した英語で書いてきた。「大混乱で、状況は一触即発だ。暴動はあらゆる工業都市や経済地区で起きている」。服飾工場の労働者たちの抵抗運動は、二〇一一年になっても終わっていない。

＊

夕方五時きっかりに、アルタ・グラシアの従業員は全員椅子から立ち上がった。バッグを抱え、口々におしゃべりしながら、列をなして工場から出ていく。どの部門も、その日のノルマを終えていた。わたしも四枚のTシャツを縫い終えて、大得意だった。パトリシアという名のすらりとした若い女性が、家に寄って行かないかと誘ってくれた。喜んでお邪魔することにした。彼女の家は工場からほんの数キロのところにある。丘の一画を切り開いてつくられた住宅地のなかだ。家の前に車をつけたときには、太陽が丘の向こうに沈むところだった。通り沿いにピックアップトラックが並び、男たちが仕事を終えた解放感にひたりながら、あたりをぶらついていた。周辺の家々は小さくておんぼろで、たがいに寄り添うように建っている。パトリシアの家は、崩れかけの歩道ぎりぎりにある建物の、さらに崩れかけた階段を下りたところだった。

パトリシアは家のなかを見せてくれた。わたしたちは小さな明かりを目印に、ふたつの小さな部屋をまっすぐ突っ切って、裏口から外に出た。そこは、ガラクタ置き場のように見えた。紙ごみやコンクリートブロック、セメントの破片が散乱し、野生の植物が生い茂っている。ドミニカの田舎の裏庭と比べたら、アメリカの裏庭はまるで消毒された人工的な病室だ。ここではアボカドをはじめ、さまざまな果物の木々が絡まり合いながら空へ伸びている。裏庭は隣家との境界がなく、ひとつながりだった。パトリシアはソフトボールくらいの大きさの、丸々としたトロピカルフルーツのようなものをお土産にくれた。食べるにはちょっと珍しすぎる見てくれだ。

そのジャングルの真んなかに、道具置き場くらいの大きさのエメラルドグリーンの建物があった。パトリシアがアルタ・グラシアの賃金で建てた、新しい家だ。つつましいが、この家を建てたのは大きな前進だった。パトリシアは六歳と五歳の男の子と暮らしている。ひとりは亡くなった姉の息子だ。この家を建てる前は、パトリシアの母親が住む二間の母屋に、全員一緒に住んでいたという。母屋はパトリシアの小屋よりほんの少し広いだけで、夫が一緒に住むには狭すぎた。台所もない。裏庭の地面に穴を掘って簡単に覆ったものが、トイレだった。

アルタ・グラシアで働く前、パトリシアはBJ&B社で働いていた。BJ&Bはアルタ・グラシアが入る前に、同じ建物で操業していた工場だ。数千人の従業員を雇い、ナイキとReebok（リーボック）の野球帽をつくっていた。そこから先はがっかりするほどおなじみの話になる。一九九〇年代後半には低賃金、大量のノルマ、工場主の言葉による虐待がどこでも日常的に見られた。組合が結成されたが、二〇〇二年に組合の幹部が解雇される。だが、国際的に活動する労働団体が学生運動家の協力のもとに介入し、彼らを復職させた。その二年後、組合は定期昇給や医療手当、退職手当を勝ちとった。現代のグローバル化したアパレル産業では、めったにないことだ。しばらくのあいだ、世界じゅうの工場の労働環境改善のための模範とされた。学生運動家、工場労働者、アメリカのブランド企業がいかに協力すべきかという手本になったのだ。しかしその後、ナイキとリーボックが撤退し、工場は閉鎖された[16]。

工場が閉鎖されると、村はゴーストタウンになった。ナイツ・アパレルの社長ドニー・ホッジによると、失業率は九五パーセントにも達したという。パトリシアの隣人のなかには屋台で食べ物を売る者や、畑を耕して自給自足をする者もいた。だが、大半の家族は離散した。サントドミンゴで職を探すために子供を親戚に預けて出ていく親や、親を残して去っていく子供が後を絶たなかった。アメリカに職を求める者もいた。パトリシアは、母親が地元の闘鶏大会で揚げ物を売って稼ぐお金でどうにか暮らしていたが、家族全員が飢えることもしょっちゅうだった。息子が病気になったときは、いよいよ困窮した。医療費を払うために、ありったけの家具を売り払うしかなかったほどだ。

「初めてお給料をもらったときの封筒をとってあるわ」とパトリシアは言い、アルタ・グラシアからもらった青い給与明細を探して新しい家のなかを引っかき回した。「食べるものが十分買えるなんて、わたしにとっては夢みたいだった」と言うパトリシアは、お給料をもらうと、まっさきに食料品店に行ったという。次に買ったのは洗濯機と乾燥機。それから母親の家に冷蔵庫とストーブを置いて、水道を引いた。一家は今、母親の家で食事をし、風呂に入っている。子供の寝室をひとつ増やす計画もあり、数百ドル分のコンクリートブロックを買いためているという。いつか通り沿いのどこかに、もっと頑丈な家を建て直すつもりだ。道を渡ったところにある空き地に目をつけているんだけど、とパトリシアは教えてくれた。

そのあと、クキの家に招かれた。クキはおしゃべり好きなお母さんのような女性で、彼女の家は近所の人のたまり場になっているようだった。わたしが訪問したときには、彼女の三人の子供の他に、近所の子供も三人いた。クキはオレンジ・ソーダを注ぎ、焼きバナナをつくってくれた。そのあいだずっと、子ネコがあたりでいたずらしていた。クキの家はパトリシアの家より大きく、キッチンも水道も揃っていたが、一〇代の男の子を含む四人家族全員が、たったひとつの寝室と居間で一緒に暮らしていた。裏手にひとつ寝室を増やそうと思っている、とクキは言った。お給料で、二脚のカウチやすてきなカーテンなど、心地よく暮らすための道具も買った。クキもまた、以前はBJ&Bで働いていたそうだ。工場が閉鎖した当時は、もう何もかも終わりだと思ったこともあったという。「家を手放して、母とどこかへ引っ込もうかと思ったわ。どう逆立ちしてもお金が足りなかったから。食料品店のつけがあまりにたまっちゃったものだから、お店の人ももう食べ物をくれなかった」と彼女は当時をふり返る。工場が再開される前は、この地域の多くの人が、同じように借金を増やしつづけたという。

お邪魔してすぐに、近所一帯が計画停電に入った。わたしたちはロウソクの火を灯して話をした。わたしは用心しながらも、それまでずっと心に引っかかっていたものの口に出せなかった質問をした。彼女の生活は、アルタ・グラシアがつくった服をアメリカ人消費者が買ってくれるかどうかにかかっている。そのことが頭をよぎることはあるか、と。「実際、それは心配よ」とクキは言った。工場は始まったばかりで、まだ必要なだけの注文も集まっていない。注文のないときは、アルタ・グラシア以外のブランドのナイツ・アパレルの商品を生産している。彼女は両手を組み合わせて、真剣に言った。「でもあたしは、うまく行くって信じているの」

工場の労働環境を向上させる一番の早道は、メーカーと消費者の双方が改善を要求することだ。アルタ・グラシアは、その両方のアプローチがひとつになってできたものだ。工場を所有するナイツ・アパレルは、組合をつくることを認めたり、工場内の労働環境を監査してもらうために査察官を招いたり、さらには従業員に生活賃金を支払ったりと、他社より数歩先を行く取り組みを行っている。

これは経営という観点から見ると非常に高リスクだ。ドミニカ共和国では電力や人件費が高価なため、一枚のTシャツをつくるのにかかるコストは、アジアより一〇パーセントほど高いだろうとナイツ・アパレルのホッジ社長は言う。「そのうえ、賃金は通常の三・五倍だ。これだけは言える。もしこの工場の業績や利点と欠点を比較検討するなら、我々のような経営方法を選択する企業は一〇〇〇にひとつもないだろう。そういう見方をするなら、最初からこんなことはしていないんだ」。ホッジによると、ナイツ・アパレルがこの工場を開くことにした理由は、ひとつにはアメリカの大学関係の諸団体から一貫して圧力がかかっていたことだ。そしてもうひとつの理由は、彼自身とCEOのジョゼフ・ボジッチの意向が強かったからだ。「インチキくさいと思うかもしれないが、企業の社会的責任や、なすべきこと、なすべきでないことに関しては、我々の考え方は他の人たちとは違うんだ。ジョゼフは病気をしたことがあるし、わたしは一〇代だった娘を事故で亡くしている。そういうことがあると、世界観が変わる。ためらわずにやりたいことをやり、運に賭けてみようと思えるんだ」

　ナイツ・アパレルは〝生活賃金商品〟、つまり労働者に生活賃金を支払ってつくった商品を、競合他社と同程度の価格で提供することで、認知度を上げようとしている。アルタ・グラシアのTシャツの品質は高く、大学生市場の流行にも敏感だから、消費者にはまったく損はない。エシカル（倫理的）ファッション〔環境に負担をかけないオーガニック素材や自然素材、リサイクル素材などを使用し、正しい労働条件のもとにフェアトレードで取引されるファッション。地域の伝統技術・製法を継承することも特徴〕が成功するには、どうしても必要なことだ。ナイツはアルタ・グラシアでかかる比較的高いコストを、より利益率の高い他の生産ラインで補っている。「Tシャツの値段を二八ドルにつり上げることもできた。そうすればコストも回収でき、他のラインと同じ利益率になる。だが、我々はそうはしなかった」とホッジは言った。Tシャツの価格は一八ドル。ナイキやリーボック製の大学用商品と同程度だ。

　最低賃金より多くを支払う工場を、消費者の側から支援する方法は他にもある。フェアトレード認証の対象が衣料品にも拡大されたからだ。オークランドに本社を置く非営利団体フェアトレードUSAは、過去一〇年にわたって、有名なグリーンマウンテン・コーヒーなど、主に世界各国のフェアトレードのコーヒーに認証を与えてきた。二〇一〇年に、その対象がアパレル工場や小規模な綿花農家にも拡大された。アルタ・グラシアの製品にも、フェアトレード認証を受けた製品にも、簡単な説明を記したラベルが縫いこまれている。このラベルのついた商品の購入が、労働者の生活を向上させるのに直接役立つという説明だ。アルタ・グラシアの商品にはWRC認証マークのラベルが縫いこまれ、工場の歴史を説明するタグがつけられている。

フェアトレード認証を受けたアパレル企業は国際的労働基準を遵守し、定期的に監査を受けることに加えて、従業員が自由に相談できるような社内環境をつくりださなくてはならない。フェアトレードUSAの広報担当者、ステーシー・ワグナーは言う。「意見や苦情申し立てのシステムが備わっていることが大事です。わたしたちは監査機関にすぎません。望ましい環境を維持するには、監査だけでは不十分です。労働者の側からも、苦情を申し立てる必要があるのです」。フェアトレード商品を購入する人は、商品一枚につき生産コストの最大一〇パーセントの〝割増金〟を払うことになる。この〝割増金〟は、経営側が労働者と共同で設置する共同基金になる。基金はボーナスとして支給するか、教育や水道施設などの地域開発に使うか、いずれかを選ぶことができる。

フェアトレードのラベルが初めてシャツに縫いこまれたのは、二〇一〇年の後半だった。これまでにフェアトレード認証を取得したブランドは、オーガニックコットン製品のMaggie's（マギーズ）やHAE Nowなど、いずれもベーシックなアイテムを扱い、社会的責任に敏感な限られたブランドだ。「プロジェクト・ランウェイ」のコルト・モモルーも認証つきのグラフィックプリントTシャツをつくっていた。フェアトレードUSAは、世界じゅうのフェアトレード団体を統括し認証基準を定めるフェアトレード・インターナショナルの傘下から最近脱退し、そのことで批判を浴びている。脱退の理由はフェアトレード商品の需要を高め、大企業にも認証を与えるためだという。二〇一一年一〇月一二日に行われたフェアトレード推進者の電話会議で、フェアトレードUSAのCEOポール・ライスは次のように述べた。「競争は悪いことではない。ウォルマート、コストコ、グリーンマウンテン、スターバックス、ベン&ジェリーズなどでは、フェアトレード商品の取引高が増えている」[17]。今後、これまでの認証ブランドより規模の大きな企業の服飾品が認証を受けるかどうかは未知数だ。だが、ライスのコメントからはそんな気配もうかがえる。

アパレル業界が国外の労働者に及ぼしている悪影響については、これまで何度も報告されてきた。格安ファッションの本といえば搾取工場や児童労働といった残酷な問題を扱っていると思うのは、ごく自然なことだ。一方で、労働者たちは仕事にありつけただけでも喜ぶべきだ、という声もよく聞かれる。わたしたちはアパレル業界に、倫理的な経営などほとんど期待していない。企業に求める基準も恥ずかしいほど低い。だがそれは、現状が変わる可能性を極端に過小評価しているからだ。今日、スタイリッシュなフェアトレード商品を手の届く価格で提供している企業は多い。消費者が支持するなら、その試みは成功するだろう。「成功はひとえに、消費者がフェアトレード商品を買ってくれるかどうかにかかっている」とホッジも認めている。アルタ・グラシアの従業員の前に立ち、プロジェクトは失敗に終わったと告げなくてはならない日がくるかもしれないと思うと、ホッジはしょっちゅう眠れなくなるのだそうだ。

生活賃金を払うためにコストが上がり、そのせいで商品が値上げされたとしても、その値上げを受け入れるだけの余裕が消費者にはある。だが、そもそも小売価格を大幅に上げる必要などないのだ。

海外の服飾工場労働者の賃金は、小売価格の約一パーセントにすぎない[18]。現状では労働者の賃金は低すぎ、アパレル企業の利益率は高すぎる。だからコストを消費者に転嫁しなくても、企業は大幅な賃上げが可能だ。WRCの調査では、工場労働者の賃金を現在の二倍に、さらには三倍にまで増やしても、アメリカにおける消費者価格にはほとんど影響がないことが判明している。また、元ウェブスタ—大学労働学教授のジェフ・バリンジャーの計算によると、ナイキは小売価格をまったく上げなくても、推定一六万人の靴工場の従業員の賃金を倍にできるはずだという[19]。

アパレル企業は海外の安価な労働力の恩恵で、何十年ものあいだ利益をむさぼってきた。だが、消費者には、そのことでどんな具体的メリットがあっただろうか？　着きれないほど大量の服を持つが、その品質や仕立てのレベルは史上最低になり、アメリカでは数えきれないほどの雇用が失われた。国内の生産拠点は賃金では開発途上国に太刀打ちできないからだ。わたしたちにできるのは、搾取工場を使わないようアパレル企業に要求することだけではない。目標を今よりずっと高く持ち、工場労働者に生活賃金を支払うよう要求すべきだ。海外の賃金が上がれば、アメリカの各種産業にとって切実に必要な、競争の機会が得られるかもしれない。つまりそれは、アメリカ経済にとっても望ましいことなのだ。実現は簡単でも単純でもないかもしれないが、不可能ではない。そしてその利益は非常に広範に及ぶだろう。

第七章　中国の発展と格安ファッションの終焉

リリーがわたしの手に押しつけたドレスは、胸の真んなかに大きな花の飾りがついた、体にぴったりフィットするミニドレスだった。香港から北に車で数時間のこの工場では、こういった流行のドレスが月に二万二〇〇〇種類も生産されている。「これ、とても人気があるんですよ」とリリーは言った。「お好きな色でおつくりできます」。安価な流行の服を瞬時に大量生産する大工場を自分の目で見るために、わたしは中国にやってきた。そうした工場は最先端の技術を持ち、海外からの注文を手ぐすね引いて待っている。ここも、そんな工場のひとつだった。

工場の営業担当者のリリーは、服を並べたサンプル室に通してくれた。色あせてよれよれになった数々のサンプルが、無秩序にハンガーにかかっている。日の目を見ることのない服たちは、まるですっかり着古されたもののように見えた。工場のサンプル室は、デザイナーたちが新しい着想を得たり、どういうスタイルの服をどれだけの品質でつくれるかを確認したりするところだ。だが、なかにはここで見たデザインを丸写しして使う「デザイナー」もいる。リリーは他にもたくさんの流行のドレスを選びだしては、わたしに薦めた。胴の部分が真ちゅう色のスタッズで覆われたフリルの黒いミニドレス。全面に縦フリルが縫いつけられた、光沢のある紫のVネックのトップス。こちらもスタッズが散りばめられた、ゆったりしたトップス。スカート部分をジッパーが斜めに横切っている、アーミーグリーンのフリルドレス。これまた大量のスタッズが十字の形を描いている、ノースリーブの黒いブラウスなどだ。

どれをとっても、アメリカの格安ファッションチェーンの店頭で売られていそうなものばかりだ。リリーの工場では輸出用の服が月に八〇〇万枚生産されており、そのほとんどが格安チェーン店の「今月のニューモデル」として販売される。事実、サンプル品をひっかきまわしているあいだに、見覚えのある服を何枚か見かけた。Forever 21で売っていた、襟周りに花の刺繍のある鮮やかな青のトップスもあった。Forever 21は、創業当初はほぼすべての商品をロサンゼルスで生産していたが、現在は大半を輸入している。今でも国内生産しているのは、変化の速い最先端のアイテムに限られる。仕事はどんなふうに進めているのかと尋ねると、リリーはこう説明してくれた。「代理店が中国にあって、その代理店と交渉するんです」。これは珍しいことではない。超大型アパレル企業、とくに格安チェーンは、海外の工場に発注するのに代理店を通すのが普通だ。それからリリーは、Forever 21で見た刺繍入りのドレスを、一着九ドルで売ってもいいと言ってきた。すごい。それを手に入れて、その気になればコピー商品を売ることも簡単にできるわけだ。オリジナルだと思っているほうのデザインだって、どこかからコピーしてきたものかもしれない。リリーは最初に見た花飾りのドレスの見積りも提示した。一一ドルだという。「原価はどんどん上がっていますが、精いっぱいお安くしておきますよ。お友だちですからね」とリリーは言った。

過去二〇年間、アメリカの消費者は衣料品の徹底的な価格競争を受け入れ、その恩恵をこうむってきた。生産工場間の競争は苛烈をきわめ、生き延びたのは最低価格を提示できたところだけだ。いくつかの中国工場にきいたところ、純利益率は現在でも三パーセントから五パーセントだという。[1] 返品やキャンセル、ラインの生産中止などは珍しいことではないが、そういうことがあると、すぐに立ちゆかなくなる。工場が生み出す利益は経営側の人々の懐に入ってしまい、経営安定のためには使われないからだ。中国や開発途上国の工場のオーナーや経営者の多くは経済的に豊かになり、今では立派な中産階級だ。わたしが中国で会った工場経営者たちは、よい車を乗り回し、高層マンションに住み、おしゃれなレストランで食事をしていた。リリーのような事務系従業員は、こうした管理職と工場労働者との中間の地位にあり、工場の寮に住むことが多い。洋風の名前で英語が話せるリリーのような若い大卒女性は、中国の工場（オーナーはたいてい男性で、標準中国語を話す）で海外の顧客との連絡窓口として雇われることが多い。だが、その下にいる縫製作業員たちは、生活するのがやっとだ。中国では労働組合の結成が禁止されているため、賃上げ要求もできない。したがって今後しばらくは、格安のコストで格安のファッションをつくらせることができるかもしれない。だが実際は、格安ファッションの終焉の兆しはいたるところにある。

朝九時。リリーは工場から車で南に二時間の、深圳《しんせん》のホテルまで迎えにきてくれた。車にはリリーの上司も乗っていた。上司の男性は髪はスポーツ刈りで、レザーのライダーズジャケットにスリムジーンズというでたちだった。リリーは歯を見せて大きく微笑む、背の高い美人だ。おしゃれなネイビーのピーコートを着て、中国ブランドのムートンブーツを履いている。リリーの工場を見つけたのは検索サイトのAlibaba.comだった。中国人起業家のジャック・マーが創設した、世界最大のEコマースサイトだ。二〇〇七年の新規株式公開（IPO）は、グーグルに次ぐ史上第二の規模となった。[2] このサイトではボートの塗装業者やブルドーザーメーカーから、ウェブ制作会社やウィッグメーカーにいたるまで、あらゆる業者を検索することができる。中国本土の婦人服メーカーを検索すると、ヒット数は一〇〇万件以上あった。

わたしはそうして見つけた業者に「ファッション・フォワード社（もちろん、架空の会社だ）のオーナー」を装って連絡を入れた。パソコンでピンク色の名刺もつくり、自分のアパートの住所と電話番号を入れた。そして自分のクローゼットにあるものを集めて格安ファッションの〝ラインナップ〟をつくり、生産を発注した場合の見積りを頼んだ。その他もろもろのことは、言葉の壁がごまかしてくれますように、と祈りながら。

「見積もりをお願いします」。Alibaba.com を通じて、おびただしい数の工場に問い合わせをした。すると、こんな簡単な呼びかけをしただけで、受信ボックスが満杯になるほどたくさんの回答が届いた。そのひとつはこんな具合だった。「お問い合わせ、誠にありがとうございます。最良のお見積り価格を提示させていただくため、次の各項目をお知らせください。サイズ表、デッサン／デザイン／縫製の別、写真（もしあれば）、柄の詳細、生地のグレード、数量（色・デザイン別の最少発注数）、納期」。わたしは何ひとつ答えられなかったのに、相手はおかまいなしだった。連絡をとった工場の多くが、生産の全工程を引き受けます、と申し出てくれた。デザインを選んでください、とカタログを送ってくれた工場さえあった。

取材先を中国にしたのは、わたしの服のラベルには世界じゅうの地名が見つかるが、服飾工場の分布状況は偏っているように思えたからだ。わたしの格安ワードローブの生産国ラベルには、ブルガリア、カンボジア、香港、インド、インドネシア、イスラエル、フィリピン、ルーマニア、スリランカ、タイ、トルコ、ベトナム、レソト、マカオの表示があり、北米大陸以外の地球上すべての大陸にちらばっている。だが多国間繊維取決め（MFA）が二〇〇五年に失効して以来、アパレル業界における中国の力は絶大になった。現在、アメリカにおける中国製衣料の輸入高は二〇〇五年の倍以上となり、全輸入衣料のなんと四一パーセントを占めている。[3] なかには中国が完全に市場を独占している分野もある。アメリカで売られている室内用スリッパの九〇パーセント、靴の七八パーセント、ネクタイの七一パーセント、手袋の五五パーセント、ドレス類の約五〇パーセントが中国製だ。[4]

多くの場合、中国製品に高品質は望めない。消費者が「メイド・イン・チャイナ」という表示を見たとたん用心深くなるのも当然だ。アパレル業界関係者の話では、中国の工場はひそかに糸や生地のグレードを落としているだけでなく、納期に間に合わせようと極端に生産のスピードを上げている。そのせいで、服がすぐにばらばらにほどけてしまったり、ジーンズや靴下の色がロットによって大きく違ったりすることがあるという。信じられないかもしれないが、こんなことが実際に起きているのだ。

ロサンゼルスの婦人服ブランド Karen Kane（カレンケイン）のデザイナー、マイケル・ケインは、ここ数年、中国で生産している同社の製品の質が低下していると打ち明けてくれた。中国の縫製工場とはもう二〇年以上のつきあいになるが、近頃では納品された商品はひとつ残らず検査が必要だという。生産を海外に移転した当初の検査割合が一〇パーセントだったのと比較すると、大きな違いだ。

「ここ三年か四年のあいだに、状況は大きく変わった」と彼は言う。「中国では競争が激化している。人件費は上がる一方なのに、価格はこれまでどおり安く据え置かざるを得ないんだ」。工場は、品質を犠牲にしてコストを削減しているというわけだ。

それでも西ヨーロッパとアメリカを除くと、中国は服の品質では世界一だ。中国には技術も熟練労働者も揃っている。人件費の安い国のなかで、複雑な縫製が可能なのは中国だけだ。「他の国だと品質管理はもっと難しい」。ケインはそう言いながら、インドやバングラデシュなど低コストの生産国名を挙げた。「他の国も試してみたが、品質と値段を考えると中国以外の選択肢はないね」。クローゼットの中身をよく見てみてほしい。Tシャツやトレーナーなどベーシックなアイテムの生産国は、ほとんどがバングラデシュ、カンボジア、ベトナムその他の貧しい途上国だ。一方で、パーティードレス、流行のコートや靴、ユニークなプリントや装飾の多いトップスなど、ファッション性の高いアイテムは多くの場合、中国製のはずだ。

一九八〇年代には中国も、低価格のベーシックアイテムを製造していた。Ann Taylor（アンテイラー）がまず香港に、続けて上海にオフィスをかまえた時期に生産管理を任されていたサリー・レイドは、「中国はいわゆるCMTの国だった」という。というのも、一九八〇年代に中国が初めて海外企業の進出を受け入れた当時、縫製工場にできるのは、ただ生地を裁断（Cut）し、服を縫製（Make）し、生地や糸の端を切り揃える（Trim）ことだけだったからだ。「昔は中国では生地がつくられていませんでした。アメリカで生地を用意して、中国に送っていたのです。今は何もかもが変わりました。中国には必要なものがすべて揃っています」。繊維機械メーカーのエリコンが発行する

『The Fiber Year』の二〇〇九・一〇年版によれば、過去一〇年間、中国は「世界の繊維産業を牽引してきた」。そして、今や世界屈指の繊維となったポリエステルの六九パーセントを生産している。

今日の中国の服飾工場にできないことはほとんどなく、何でも引き受けてくれる。工場の多くは、生産の全工程をまとめて請け負うことができる。つまり、生地を調達し、型紙をつくり、必要なテストをすべて行い、縫製し、端糸を切り整え、包装するまでのすべてを完全にこなせるのだ。こうした完全請負型の工場は、ファストファッションの企業にとって好都合な存在だ。Gapのようなブランドなら、全製品の一貫性と品質を維持しようと工程のすみずみまで目を光らせるだろう。だが、スピードと流行に重きを置くファストファッションの場合はちがう。一切合財を工場任せにできるなら、それに越したことはないのだ。

中国の工場は、多くが最新の機器とコンピューターソフトを導入している。少なくとも、わたしが訪ねた工場はそうだった。それは繊維工場でも同様だ。中国が二〇一〇年に買い入れた新型の紡績機は世界全体の取引高の七二パーセント。最先端の織り機は八四パーセント、新型編み機は四分の三を占めている。[5] リリーの工場を訪問中、スタイリッシュな男性が静かに部屋に入ってきた。その人はデザインソフトを駆使して、わたしが手に持っていたレーサーバックのタンクトップの画像をコンピューターに取り込んだ。二〇分後、そのタンクトップは画面上に手品のように描き出され、さまざまな色の変化を試せるようになった。

訪問した五つの工場のうちのいくつかには、自前のデザインチームとサンプル室があった。そうした工場からは、帰国後も定期的にスカイプやEメールで連絡がくる。最新のスタイルの一覧表や高画質の画像を送ってくるのだ。また、わたしが話をした工場は、いついかなるときも注文に応じられるということだった。販売担当者のケイティは、現地時間の夜一〇時になると、きまってわたしにEメールをよこす。ちょうど工場の寮でテレビを見ている時間なのだ。調子はどうか、注文はないかと尋ね、わたしの恋愛問題にまで口をはさんでくる。中国の工場のおかげで、服の生産はいとも簡単になった。だが同時に、カレンケインが経験しているような大きな問題もある。マイケル・ケインは言う。

「生産部門は中国が独占している。とくにアパレル業界ではそうなんだ。独占が高じて、品質レベルを中国が左右できるようになってしまった。こちらは何も言えなくなってしまったんだよ。抜け出せない罠にかかったようなものだな」

　五年ほど前から、中国各地で深刻な労働力不足が問題になっている。工場で働く移住労働者たちの子供に当たる若い世代の働き手が、一人っ子政策の影響でついに減少に転じたのだ。そのうえこの世代の多くは、ホワイトカラーを目指して大学に進学する。[6]労働者たちは、工場長から販売担当者、そして縫製員に至るまで、ほとんどが内陸部の貧しい地域から移住してきた。その数は広東省では四〇〇〇万人にものぼる。[7]ケイティも、彼女の工場のオーナーや従業員の大多数も、内陸部の湖北省の出身だ。だが、近年は国内支出の増大で僻地にも雇用が生まれ、労働者はできるだけ出身地の近くで働きたがるようになった。

　このふたつの大きな変化が同時に起きた結果、人件費は年間で一〇パーセントから三〇パーセントも高騰した。[8]サルバトーレ・ジャルディーナのオーダーメイド紳士服店ナットサンの山東省の工場は、高い離職率に悩まされつづけている。新年の休暇に里帰りした従業員たちが、自宅近くにできた他の工場に移ってしまうからだ。ジャルディーナは言う。「従業員の賃金は以前の倍に上げました。辞めてほしくないですからね」

過去何十年も、中国からの輸入品の価格は、横ばいか下降線をたどるかのどちらかだった。それが、ここへきて上昇に転じている。貿易商社Li & Fung（利豊）が扱う商品の平均原価は、二〇一一年の最初の五カ月間に、前年同期比で一五パーセントも上昇した。[9]「中国製品の価格は信じられないほど上がりはじめている。驚異的な上昇率だ。中国の生産に、コストの優位性はほとんどなくなった」とケインは言う。Gapのデザイナー、ペトラ・ラングローバーからも同じ言葉を聞いた。中国製品は今や高くつきすぎるのだ。

中国経済が遂げた奇跡的発展の舞台は、香港対岸の中国南沿岸部に集中している。製造業の三大都市である広東省の広州、東莞《とうかん》、深圳が、およそ二四〇キロにおよぶ沿岸部にかたまり、巨大な工場地帯を形成している。Alibaba.comで見つけた連絡先もほとんどがこの一帯にあったため、わたしは取材先をここに決めた。アレクサンドラ・ハーニーの二〇〇八年の著書『The China Price』〔『中国貧困絶望工場』日経BP社〕によると、ここに建つ工場の数は推定四〇万。[10] 深圳だけでも服飾工場の数は三〇〇〇にのぼり、五〇万人近い労働者が働いている。[11]

「中国では、案内してくれる人がちゃんといるんでしょうね？」広東省に出発する数週間前のある晩、一緒にビールを飲んでいた友人のレスリー・ウルフにそうきかれた。現在、マンハッタンのガーメントセンターで、ストッキングやタイツ、ソックスなどをデザインする会社に勤めているレスリーは、以前勤めていた会社の仕事で中国の〝パンユウ〟に行った経験があるという。わたしは、タクシーを呼ぶか、あるいは地下鉄やバスに乗るつもりだから、そんな人はいらないと答えた。それに、道がわからなくなったら英語できけばいい。アメリカ人は中国にとって重要な顧客なのだから、英語も通じるだろう。それでも駄目なら身振り手振りでなんとかするつもりだと言うと、レスリーは「とんでもないわよ」とにやにやした。「無理よ。どうやって相手に行き先を知らせるの？　タクシーの運転手に、紙に英語で書いて見せるつもり？」

数日後の夜、ノートパソコンでテレビ番組を見ていて、〝パンユウ〟のことを思い出した。ところでパンユウってどこだろう？　インターネットで調べてみて、ぞっとした。わたしが訪問する約束をした工場のいくつかは、他ならぬパンユウにあるとわかったからだ。パンユウ（番禺）とは広東省の地区名だったのだ。それも広東省の省都の広州市に属する、人口一〇〇万人の市轄区だ。そんな大都市でも英語が通じないとわかって、中国がどんなところかなのかを、わたしもおぼろげにイメージしはじめた。

タクシーで行き来するつもりでいた三大都市は、まとまってひとつの巨大都市を形成している。その規模は、アメリカのどんな大都市より大きい。深圳の人口はおよそ一四〇〇万人。東莞は深圳と広州のあいだに位置し、人口八〇〇万人以上。広州は約一三〇〇万人だ。広東省全体で少なくとも一億人というから、アメリカの全人口のほぼ三分の一が、ミズーリ州くらいの広さの土地にひしめいているることになる。わたしはすっかり用心深くなり、中国南部にいる間は絶対にひとりで移動しなくてすむように準備した。幸いなことに、ほとんどの工場は喜んでホテルまで迎えに行くと言ってくれた。電車やタクシーを使うように指示してきた相手は、全部訪問リストから外した。

リリーの工場がある東莞に向かって三〇分ばかり走ると、深圳のきらめくオフィスビルや高層マンションの群れが遠くに消えていき、工場地帯に入った。わたしは高速道路のこの区間を何度か往復したが、そこからは何千何万という工場が容易に見渡せた。その光景は、巨額の制作費をかけたファンタジー映画を思わせた。ＣＧＩを使った戦闘シーンで、怪物や武装した生き物を無数にコピー&ペーストして遠くへ遠くへと並べていき、地平線まで軍隊で埋めつくす、あのやり方だ。東莞の工場群は見渡す限り広がっていて、まるでＣＧＩの軍隊が目の前に現われたようだった。深圳から北に向かう幹線道路の左右には、およそ一キロ先までずっと、灰色の四角い建造物が連なっていた。

中国の服飾産業の規模は、圧倒的ともいえるほど巨大だ。歴史上存在したどんな服飾産業と比べても、数倍は大きい。服飾工場の数は四万以上、従業員数は一五〇〇万人以上にのぼる。[12] それにひきかえ、アメリカでは四〇年ほど前の服飾産業のピーク時でも、従業員数は服飾産業と繊維産業を合わせて一四五万人だった。[13]

この巨大な中国の服飾産業は、驚くほど専門分化が進んでいる。中国北部の上海に近い沿岸部では、世界に流通する靴下のほぼすべてが生産されている。その数は年間九〇億足にのぼる。そこから遠くない浙江省《せっこうしょう》には、子供服に生産を特化している都市もある。そこではおよそ五〇〇〇の工場すべてで、子供服が生産されている。[14] 他にもセーターの都市や下着の都市があり、同じ種類の工場が極度に密集して、それぞれ膨大な量を生産している。[15] ついこのあいだまで衣服が足りないと思っていたのに、気がつくとまるで衣服の海を泳いでいるみたいな状況に陥っているのはなぜだろうと不思議に思ったら、その答えは中国を見るだけで明らかだ。

ファイリーンズ百貨店の創業者が「工業国が克服すべきもっとも大きな課題は、生産できるだけ生産し、いかに残さず売りさばくかということだ」と言ったのは、一九三五年だ。[16] 中国が産業革命を経て、考えられる限りのありとあらゆる消費財で世界を覆いつくす五〇年近くも前のことだった。東莞への道すがら、わたしはリリーを質問攻めにした。飾り気のない建物の前を通り過ぎるたびにわたしが質問する。「あの工場は何をつくってるの?」。リリーはよどみなく答える。「ノートパソコン」「テレビ」「携帯電話」。時折、「衣料品」という言葉がまじる。ある工場ではリリーが英単語を思い出せず、建物のてっぺんの電波塔を指さした。アンテナ工場だったのだろうか?

何十年ものあいだ、中国はとめどなく生み出される工業製品をいかに売りさばくかという難題を、低コストで生産することで解決してきた。わたしが訪ねた工場のほとんどは、スカートを数千枚発注すれば、一枚五ドルでつくってくれる。アメリカに持っていって一枚二〇ドルで売れば(自分の手で直接売り、輸送費を最低限に抑えるという前提なら)かなりの利益が出る計算だ。ものを輸入するということは、実際はそれほど簡単ではない。だが、安くて訴求力のある商品をつくるという中国の奇跡的な能力を利用してひと財産築くというアイディアには、抗しがたい魅力がある。

過去五〇年間、アメリカは世界最大の消費国だった。開発途上国(近年では主に中国)が生産に精を出す一方で、アメリカ人は買い物に大忙しだった。そうやって、公正な取り分以上の天然資源を吸い上げてきたのだ。だが過大に消費した分はどうにかこうにか、ほとんど資源を使わない開発途上国とのあいだで相殺されていた。ところが現在、わたしたちの消費習慣は中国にも広がりつつある。中国の人口はアメリカの四倍以上で、近く購買力も四倍以上となると目されている。一三億の中国人が、アメリカ人と同じように猛烈に服を買うところを想像してみてほしい。

今思うと恥ずかしいのだが、この旅のために、わたしは意識的に、持っている服のなかで一番平凡なものを選んだ。中国のファッションの傾向が今日も共産圏の厳格さに支配されていると思い込んでおり、ニューヨークファッションの感性で相手を圧倒してはいけないと思ったのだ。だが、チノパンにキャンバス地のスリッポンを履き、シンプルな黒のブラウスを着たわたしは、どう見ても野暮ったかった。ヤシの並木の深圳の歩行者広場を埋めつくすおしゃれな二〇代の中国人たちは、みんなニーハイのブーツを履き、シックな革のメッセンジャーバッグを斜めがけにしていた。リリーもケイティもわたしよりずっとおしゃれで、前途有望な大卒の若者に流行している最新のファッションに身を包んでいた。

ほんの一〇年前には存在しないも同然だった中国のアパレル業界は今、爆発的成長の一歩手前にある。現在、中国のファッション市場と高級品市場は、世界でもっとも急速に拡大している。[17] 中国版ヴォーグ誌も二〇〇五年に刊行された。深圳市服飾業協会は市内のデザイナー合同のショーをお膳立てして、二〇一〇年からロンドン・ファッション・ウィークで発表している。アメリカの高級ファッションデザイナーのダイアン・フォン・ファステンバーグも、二〇〇七年に上海店をオープンした。

山東省に工場を持つサルバトーレ・ジャルディーナが初めて中国に来た二〇〇五年当時は、高級車に乗っている人もファッショナブルな服を着ている人もほとんど見かけなかったという。だが、それからわずか数年で、中国のファッションは花開いた。わたしが中国の工場を訪問したのは二〇一一年の春だが、縫製員の女性はほとんどが、ダウンジャケットを着てラインストーン付きのストレッチジーンズを履いていた。男性は流行の上下セットのトレーニングウェアに身を包み、髪の毛をジェルで逆立てていた。縫製員の賃金はまだわずかだが、彼らの多くが自由に使えるお金をすべて流行の服につぎこんでいるのは明らかだった。ジャルディーナも同意見で、「中国人はどんどん高級志向になっています」と言う。

共産主義の虚飾がはがれ落ち始めた当初、中国人は西欧のスタイルを追い求めたが、その傾向にも変化の兆しが見える。対抗する国内のブランドが登場し、消費者の愛国心に訴えるようになったのだ[18]。二〇一〇年には婦人服ブランドＪＮＢＹがニューヨークのソーホーに旗艦店をオープンした。このことからも窺えるように、中国ブランドはアメリカ市場にも進出を始めている。

中国で消費階級の人口が拡大し、工業製品の生産が驚異的に増えたことで、世界の経済も資源も、持続可能性という大きな課題を突きつけられている。ジャルディーナは言う。「考えてもみてください。中国の男性、女性、子供がひとり残らず、二足ずつウールの靴下を買ったとします。それだけで、世界じゅうのウールは枯渇してしまうでしょう。どうしたって資源は不足する。そうなれば価格が上がります」。中国における消費量が増加したことで、すでに繊維の価格は上昇している。特に値上げが顕著なのは綿で、供給が需要に追いつかない状況だ[19]。エリコン社の調査によれば、綿花はすでに不足しており、耕作可能な土地をめぐって競争が激化しているという[20]。

多くのアメリカ人は、工業都市がどんなところだったかを忘れてしまっている。工業都市というのは、空気や水が汚染された、非人間的な醜い姿の街なのだ。東莞に滞在中、わたしはずっと感じていた。地球は、洪水のように地を覆いつくす製造業の圧倒的な力に屈服する他ないのだ、いや、すでに屈服してしまったのだ、と。まるでＳＦ映画のような規模の工業地帯を見てしまうと、この勢いを止めるには同じくらいＳＦ的な解決法しかないような気がしてくる。さらに心配なのは、格安ファッションが中国人消費者の心もとらえはじめたことだ。Ｚａｒａの親会社であるインディテックスの収益は、二〇一〇年に三二パーセント増加した。増益の主な要因は、中国での売上増加だった。インディテックスはこの年だけで七五店舗を中国にオープンしている。[21]もし中国人がファストファッション企業の狙い通りに服を消耗品のように扱うことになったら、ファッションが引き起こす環境的、社会的問題の深刻化は必至だ。

＊

リリーの工場は、大きな四階建てのピンク色のコンクリート建築だ。東莞市の巨大工場地帯、虎門《フーメン》にある。中国の工業都市の例にもれず、東莞も数十の小さな町で構成され、それぞれに独自の専門分野がある。[22]虎門の専門は婦人服だ。わたしはひと目でこの町が好きになった。Humen〔英語表記がHumanに似ている〕という名前とは裏腹に、人間が多すぎるというわけでもない。中国南部の他の町と違い、すぐに全貌が把握できるくらいの規模で、ほとんどのビルが高層ではなく中低層建築だ。美しい繁華街には、洋風のレストランや婦人服の問屋が建ち並ぶショッピングモールがある。ストレッチジーンズだの、グラフィックプリントのついたスウェットシャツだの、流行のブラウスだの、どの店もそれぞれの売り物を店先で宣伝している。そういう店のなかに消えて行き、出てきたときにはぱんぱんに膨らんだバッグを抱えている販売業者を何人も見た。ここには中国各地から販売業者が集まってくるのだ。

一方、虎門の製造業はこぢんまりとしている。裏道に入ると、どの横丁にも小さな露天商がひしめき合い、太いロール状の布地やレース、スパンコール、スタッズ、ファスナーなど、ありとあらゆる装飾品や付属品を売っている。サウスチャイナ・モーニングポスト紙の二〇〇五年の統計によると、虎門の服飾品生産高は年一〇億ドル相当だ[23]。そこにあるリリーの縫製工場は、ロサンゼルスとニューヨークで見たどんな工場と比べても一〇倍以上広かった。ある部屋は倉庫ほどもあり、縫製員たちが各自の担当箇所を縫っていた。そこでは水玉模様の白いサンドレスと、グレーと白のコンビバージョンのあの花飾りのついたミニドレスがつくられていた。また別の部屋では数人の女性が、全長一二メートルはあるコンピューター刺繍機を使って、輪が重なりあった形の模様を刺繍していた。別の階では、何百本ものトレーニングパンツの脇に上から下まで白い縦線を縫いつけ、できたものから次々に明るい青色のプラスチック容器に投げ込んでいた。サンプル室も通りぬけた。そこには二〇人のスタッフが集まって、互いの手元をのぞき込みながら、焦茶と茶の配色のセーターとローヤルブルーのコートの分析をしていた。すべて見つくしたと思ったら、今度は別の部屋に案内された。そこでは一二、三人の従業員が、ピンクとクリーム色のシフォンのように透ける生地でドレスをつくっていた。あの生地はおそらくポリエステルだろう。それからリリーはもう一度わたしを車に乗せると、町の反対側に新しく建った、同じくらい大きなデニム工場に連れていってくれた。その日の締めくくりは、おしゃれな韓国焼き肉レストランだった。わたしたちはいくつかのコースを注文した。このレストランは工場長の弟の店で、彼もやはり服飾工場を経営しているということだった。

深圳のホテルへの帰り道で運転手が道に迷い、わたしたちは夜の繁華街で右往左往する羽目になった。リリーも深圳に来るのは初めてだった。つい最近大学を卒業して、中国の内陸部から東莞に出てきたばかりなのだ。深圳には二〇〇メートル級のビルが二〇以上あり、ほとんどの人が〝トランスフォーマー〟と呼ばれるロボット生命体のような超高層マンションに住んでいる。リリーとわたしは車の窓に張りつき、摩天楼から降りそそぐ、ラスベガスのショーのような光の洪水を眺めた。青いジグザグのネオンで縁どられたビルが見える。光が輝く雨粒のように窓ガラスに降りそそぐ。わたしたちはすっかり魅せられてしまった。

深圳は伝説的な都市だ。三〇年前は人口三万人のちっぽけな漁師町だった[24]。一九八〇年に中国初の経済特区に指定され、外国企業は輸出用の部品や原料にかかる関税を免除された。その直後から、深圳は前代未聞の速さで発展を遂げてきた。一九八〇年から二〇〇八年まで毎年、年平均二八パーセントの経済成長を実現したのだ[25]。一夜にして工場が建ち並び、安い中国製の服、電化製品、玩具、その他考えうる限りのありとあらゆるものが深圳からアメリカに流入しはじめた。よいことがあっという間に実現することを、中国では〝深圳スピード〟と呼ぶようになったほどだ。深圳はまちがいなく、ニューヨークのイメージに合わせてつくられている。最先端の建築、巨大なショッピングモール、最新型のiPhoneを持ったコンピューターおたくの若者。ニューヨークにあるものは全部そろっている。なんと、セントラルパークまで建設中だ。スターバックスやマクドナルド、KFCなどのチェーン店もあり、深圳人好みの派手な車が走り回っている。

わたしの抱いていた中国南部に対するイメージは、「安いだけで心がこもっていない、でもつい買ってしまう服を大量生産する、外国の工場地帯」というものだった。わたしが中国の服飾工場の取材に行くときいた知り合いは全員、わたしが搾取工場の暴露記事を書くと思ったと言っていた。わたしも、劣悪な労働環境を想像していたのだ。だが来てみると、現実はまるで違った。二〇一〇年のアメリカが衰退を続けていたあいだに、中国は繁栄を遂げていたということがよくわかった。アメリカの対中輸入額は、三六五〇億ドル相当。経済政策研究所（ＥＰＩ）によると、対中貿易赤字が原因で、アメリカの全雇用の約二パーセントにあたる二八〇万人の雇用が失われている。[26]

わたしが会った中国の若者たちは、工場で働くことを将来的なゴールとは考えていなかった。深圳の中心部で働く若者の仕事は、ほとんどがサービス業か事務のようだった。ケイティは北部の大都市吉林《きつりん》の大学で園芸学の学位を取った。携帯電話に保存した写真を誇らしげに見せてくれたが、それには雪が一、二メートルも積もったキャンパスに立つケイティが写っていた。大卒というステータスを得るのにかかった学費は、年間わずか六〇〇ドル。それだけの投資で、ケイティはよその都市に移って世界の顧客を相手にする仕事につくチャンスを手に入れたのだ。だがその工場での職を、彼女は数カ月後に失った。理由をきくと、次のような答えが返ってきた。「移転にとてもお金がかかったのよ」。わたしが訪問したあの新しい工場と社員寮は、移転したばかりだったのだ。「なのに今年は注文が減って、人件費ばかりかさんだから」。わたしは彼女が心配になった。工場から工場へと渡り歩いて、必死で仕事を探しているのではないかと思ったのだ。「そんなことはないわ」と彼女は返信してきた。「心配しないで。貯金があるし。今度は前より時間をかけて、もっといいところを探すつもり」。実際、彼女は数週間後には新しい仕事についていた。

インフラや技術も、中国では驚異的な速さで発展している。新幹線もあり、上海から北京までの一三一八キロを五時間で結んでいる。深圳の公共交通機関はニューヨークの老朽化した電車やバスよりはるかに新しい。ある工場のオーナーがわたしの大好きなニューヨークについて口にした唯一の感想が「あそこの地下鉄はすごく古いよね」だった。中国の高速鉄道に乗ったあとでは、アメリカの電車にはすごくいらいらさせられると、ジャルディーナも言っていた。「恥ずかしくなります。あれじゃまるで『きかんしゃトーマス』です」と。

＊

中国で初めて訪問した工場は、黄土色のタイル貼りの複合施設のなかにあった。虎門のメインストリートからずっと奥にひっこんだ、みすぼらしい裏通りに面したところだ。搾取工場の取材に来た者に格好のネタを与えそうな、不気味な建物だった。工場の前で車を降り、警備員に通してもらいながら、わたしは「さあ、行くわよ」と身がまえた。ところが、一歩なかに入ってみると、そこは現代のオアシスだった。すりガラスの壁や可動式のスポットライト、スタイル・ネットワーク〔現代のおしゃれなライフスタイルをテーマに放送するケーブルテレビ局〕お墨付きのくすんだラベンダー色の室内。かわいらしい女性がわたしの世話をやき、エスプレッソやらキャンディやらペットボトル入りの水やらを、次から次へと差しだしてくれる。彼女はこの工場のチーフデザイナーだ。コルセットつきの茶色のチェック柄のビクトリア調のドレスをつくっていた手を止めて、工場内を案内してくれた。

まず、三階のショールームに案内された。アーティストのアトリエを模したショールームで、マネキンや展示台、壁際に並んだ棚にさまざまな作品が飾られ、色とデザイン別に分類されている。驚くほどセンスのいい部屋で、並んでいる七分丈のウールジャケットや麻のパンツ、凝った仕立ての美しいシルクのドレスなど、どれをとっても、わたしのクローゼットにあるどの服より上質でファッショナブルだった。最初の訪問先は、中国でも最高級のアパレルメーカーだったのだ。

次に、販売責任者のハリソンをオフィスに訪ねた。ハリソンはデスクに歩み寄ってタバコに火をつけ、計算機を取りだした。彼のオフィスは異常なほど広かった。黒い革張りのカウチや、カーブを描く大きなデスクを見失ってしまいそうなほどだ。壁に貼ってあったシャネルのポスターをわたしが指さすと、「お気に入りなんです」とハリソンはきまり悪そうに言った。わたしは家から持ってきたギャザー入りの黒いミニスカートを見せた。つくってもらったらいくらになるかを尋ねると、彼は顔をしかめていさめるように言った。「ポリエステルはいただけませんね」。このメーカーの商品は、ほとんどが自社でデザインする高級婦人服で、日本、シンガポール、中国で販売している。ポリエステル製などありえない。彼はこう話を結んだ。「中国には何千というメーカーがあります。もっと安くできるところもあるでしょう。でも当社はつねに品質が第一です。生地も仕立ても一級です。そうでなければこの業界で生き残ってはいけませんからね」

深圳郊外の龍崗《りゅうこう》という町にケイティの工場を訪ねたのは、その数日後のことだ。冷たい霧雨の日だった。工場は従業員寮のすぐ向かい側の、コンクリートの敷地に建っていた。深圳市の中心部から工場が郊外に追いやられてから、もうずいぶん経つそうだ。今ではその跡地に、大企業の本社やオフィスビル、高級ホテル、レストラン、さまざまな店舗などが建ち並んでいる。郊外の工場地帯さえ、瀟洒で地価の高い場所に変貌しつつある。わたしが訪ねた真新しい工場も、そんな場所に割りこむように建っていた。道沿いには最近ヤシの並木が植えられたばかりで、美しいピンクのスタッコ仕上げのマンションが建ち並んでいた。まるで裕福なリタイヤ組のために計画的に造成された、フロリダの街のような眺めだった。

しかし、裕福そうに見えるからといって、この国の労働基準や労働環境がアメリカと同レベルになったかというと、そんなことはない。縫製工場の労働者は、今も世界じゅうで長時間労働と不当な低賃金を強いられている。現在の中国にもそれが当てはまることは、ことさら徹底した調査をしなくても明らかだった。

中国の工場で働く労働者は、製品の種類にかかわらず、ほぼ例外なく従業員寮に住んでいる。一部屋に六人から八人が、つくり付けのベッドで寝起きしていることも多く、この缶詰状態がしばしば国際的に非難の的となっている。中国の工場のほとんどにこうした寮がある。賃金が低すぎて、一般的な住宅で暮らすのは難しいからだ。住居とシャワールームさえ提供すれば賃金を低く抑えられるのが、工場にとっては好都合なのだ。しかし理由は他にもある。従業員のほとんどが出稼ぎ労働者であるということだ。龍崗の工場に勤めるケイティも寮に住んでいる。部屋は一階の一人部屋だ。寮を無料で提供している工場もあるが、賃金から寮費を差っ引く工場もある。中国の労働局が二〇〇六年に一七工場を対象に行った調査によれば、約半数の工場はベッド代と食費を従業員に請求していた。寮内のベッド代は月額一ドル五〇セントから一二ドル五〇セント、食費は月額九ドルから二一ドルだった。[27]

寮のなかには一度も入らなかったが、従業員用の食堂や屋台は何度か目にした。驚くにはあたらないが、食事の内容はさして自慢できるようなものではない。リリーの工場の従業員食堂は、金属製のピクニックテーブルがずらりと並んだ、暗い大きな格納庫のようなところだった。床に近い低いところに置かれた巨大な鍋で、野菜を煮こんでいる。レンガの壁で申しわけ程度に仕切られた、とてもキッチンとは呼べない代物だった。ご飯は床に置かれた蓋のない大きなドラム缶からよそうのだが、そこからたった四、五メートルのところに巨大な工業用洗濯機があり、脇には子供用のジーンズが山積みされている。それでもリリーは、工場の施設を誇らしく思っており、一日三回の食事をすべてここでとるのだと言っていた。

ケイティに、工場の労働者たちは毎日何時間働くのかときいてみた。一日一二時間強、という答えが返ってきた。朝七時四五分から夜九時半までだ。繁忙期には毎日これより一時間長く働く。なぜそんなに働くのかときくと、ケイティは苦笑して言った。「仕事が必要だから。仕事があったらあったで、納期に間に合うように終わらせないといけないし」。納期を短縮できる長時間労働は工場の強みだと、ケイティは考えている。変化の速い格安ファッションの時代には、商品を早く店に出すためならどんなことでもする、という意気込みが大事だというのだ。中国で訪問した工場はすべて週六日労働か、あるいは月に一日だけ休める週七日労働だった。ケイティの工場も、最近やっと休日が週一日に増えたばかりだ。中国の工場労働者は、国の労働法で定められた上限よりほぼ一〇〇時間多く働かされているのだ。

ニューヨークに戻ってからケイティにEメールを送り、寮の写真を送ってくれないかと頼んだ。当ファッション・フォワード社は倫理規範をまとめているところであり、労働者の住環境が基準を満たしているかどうかを確認したい、と理由をつけた。翌日、四階建ての寮の内部の写真が二〇枚ほど届いた。「ぐちゃぐちゃでごめんなさい」と彼女は書いてきた。散らかっていると言いたかったようだが、そんなことはなかった。

最初の写真では、ジーンズを履いてVネックのシャツを来た若い女性がふたり、小さな明るい部屋でつくり付けの二台のベッドの間に座っている。お箸で麺類をすすりながらテレビを見ているところだ。ケイティが送ってくれた写真は驚きだった。といっても、予想とは逆方向の驚きだ。暗く貧しい様子を思い描いていたのに、アメリカの大学の女子寮に似ていないこともなかったからだ。化粧道具、洗剤や鍋、フライパンなどがあちこちに置かれている。壁には花柄のステッカーや南国のビーチのポスターが何枚も貼られ、ベッドを覆っているのは明るい女性らしい色の掛け布団だ。隅の壁際のカウンターには電気調理器と小さな流し台がある。ストレッチジーンズやレースのブラジャー、鮮やかな色合のTシャツなどが窓辺に干してある。経済的豊かさとセンスの洗練度を示す証拠があちこちに見つかった[28]。

わたしが中国に行ったのは、ちょうど世界各国のヒエラルキーが変わりつつあるのが誰の目にも明らかになった頃だ。アメリカ人はこれまで、子供たちは世代を経るごとに豊かになると思って過ごしてきた。だが今や、未来が不確かな時代になった。二〇一一年のアメリカの失業率は九パーセントを超え、経済成長率はわずか二パーセントと予想されている。一方、中国では二〇〇九年に一一〇〇万人分の雇用が新たに生まれた。海外の安い人件費のうえに成り立っていた欧米のアパレル企業は、当然ながら、この力関係の変化と中国の物価高騰にパニックに陥った。広東省の工場は今後、地価の安い省に移転し、中国全土に散らばるだろうと予測されている[29]。また多くの企業が、カンボジア、ベトナム、インド、バングラデシュなど、人件費のより安い国に生産を移転しようと慌てふためいている。

*

中国ではもはや手に入らなくなった安価な労働力を他に求める企業と同様に、わたしも中国からバングラデシュへと飛んだ。首都ダッカに着陸したのは、夜一〇時頃だった。眠りについた街に、クリスマスの色とりどりのイルミネーションがまたたき、クリケットのワールドカップの共同開催地に選ばれたことを祝っていた。人口密度がとんでもなく高いダッカは交通渋滞で悪名高いが、空港からホテルまではあっという間だった。リキシャや、ダッカ名物の奇想天外な〝緑のベビータクシー〟が数台、暗闇からいきなり姿を現しては、あっという間に見えなくなった。ベビータクシーは金属でできた三輪の乗り物で、甲虫《かぶとむし》のような形をしている。わたしはホテルにチェックインして、すぐにノートパソコンを充電器につないだ。その直後、突然停電になり、電気がまったく使えなくなった。しかたなくテラスに出て、くず鉄と木でできた掘っ立て小屋の群れを眼下に見渡した。ここはもう中国ではないんだ、と思った。

バングラデシュはGDPのランキングで世界第一五五位という、とても貧しい国だ。労働争議が絶えず、インフラも未発達だが、決して惨めな国ではない。ダッカはきれいな都市だ。路上は掃き清められ、庭園も美しい。早春に訪れたときは、花がそこかしこに咲きほこっていた。バングラデシュ人は人なつっこいことで有名だ。そして開口一番「バングラデシュはお好きですか？」と質問してくる。まるで、世界におけるバングラデシュの地位の低さを心得てはいるのだが、持ち前の親しみやすさで形勢逆転をはかろうとしているかのようだ。

人件費の安さを利用しようと押し寄せる数々のアパレル企業に、バングラデシュの服飾業界は必死で対応しようとしている。服飾工場で働く人の数は国全体で三〇〇万人以上にのぼり、アパレル関連の輸出は全輸出の八〇パーセントを占める。ウォルマート、ＪＣペニー、Ｈ＆Ｍ、Ｚａｒａ、Ｌｅｅ（リー）、Esprit（エスプリ）、ＶＦコーポレーション、Umbro（アンブロ）、Wrangler（ラングラー）、ディズニー、Ｎｉｋｅ（ナイキ）はすべてバングラデシュに生産拠点を持っている。さらに、今では中国のアパレル企業も同じことをしている。裁断や縫製を、自国より低賃金のバングラデシュで行っているのだ。バングラデシュの縫製工場は今、はてしなく増え続ける注文をなんとかこなすため、労働者を確保するのに躍起になっている[30]。

バングラデシュのアパレル業界は、厳密さに欠ける、勘や経験頼みの世界だ。わたしがAlibaba.comでコンタクトを取った人たちは工場のオーナーではなく、単なる仲買人だったことが判明した。彼らはわたしの注文を、わたしが決して見ることのない取引先の複数の工場に仲介しようとしているだけだったのだ。バングラデシュのアパレル産業で活躍している彼らはみな、五種類以上は仕事をかけもちしているようだった。しかもそれぞれ違う業界の仕事だ。わたしがバングラデシュで最初に会った相手はマスードといい、驚いたことにリキシャでホテルに迎えにきた。ダッカには四〇万台以上のリキシャがあり、バングラデシュの主要な交通手段である。もっとも、アパレル業界で成功している人たちは、エリートが好む、道路をふさぐ新しいおもちゃを乗り回していることが多い。つまり、自動車のことだ。

わたしはリキシャのせまい座席に体をねじ込み、なんとかマスードの隣に座った。マスードは神経質そうなビジネスマンで、イタリア製の革靴を履き、派手な腕時計をつけていた。「工場までは遠いの?」とわたしはきいた。「ほとんどのお客さんは工場には行きません。オフィスで話し合いをするほうが簡単ですよ」と彼はにべもなくはねつけた。工場は見せてはもらえないようだ。リキシャの車夫は、立ちこぎでひょろ長い脚の重みをペダルにかけ、マスードとわたしを引いて大使館の建ち並ぶバリダラ地区を走り抜けた。漆喰の邸宅の門をつたう植物が、えび茶色の花をつけている。ダッカには現在、急速に外国資本が集まりつつある。グルシャン地区周辺の私道沿いに建ち並ぶ、門塀に囲まれた邸宅のたたずまいに、ここで生み出されている富の一端が垣間見える。

マスードは五年前にバングラデシュのアパレル業界で仕事を始め、三年前にセーター工場を建てた。以前は、輸出加工区(EPZ)にある韓国資本の工場で働いていたという。EPZとは、バングラデシュで生産を行う国外の投資家に減税措置が与えられる経済特区だ。バングラデシュのEPZには八つの工場があるが、ほとんどが日本企業か韓国企業の工場だ。

マスードの会社は、国外の顧客にダッカ内外の工場を多数仲介している。G-Ⅲアパレルグループもそうした国外の顧客のひとつだ。カルバン・クラインやEllen Tracy(エレントレーシー)、Kenneth Cole(ケネスコール)、Levi's(リーバイス)といった巨大ブランドの、デザインと生産を請け負う企業だ。イギリスのファストファッションチェーンNew Look(ニュールック)にも、一度に六万から一〇万枚という膨大な量のニット製品を納入している。「注文数が多い場合は、一度にたくさんの工場を使います」とマスードは教えてくれた。「こちらの工場が忙しくても、あちらの工場は暇ということもありますから、注文はその時々で振り分けます。つまり下請けに出すんです」

華々しい顧客リストとは裏腹に、会社はたったふたりで運営されていた。オフィスはアパートの三階を改装したものだ。廊下の向かい側には小さなセーター工場があるが、マスードの工場ではない。ミーティングは板張りの部屋で、会議テーブルを囲んで行われた。テラスを見晴らせる開いたドアから日が差し込み、テーブルを照らしていた。ダッカでは常に自然光の届く所にいるのが賢明だ。日に六、七回は決まって停電になるからだ。テーブルの向こう端に、格好のいいレバノン人の男性が座ってタバコを吸っていた。その人もバイヤーだった。わたしの向かいにはマスードの共同経営者のシュクルが座っていた。ふくらんだ髪の背の低い男性で、ポロシャツを着て、首にメジャーを引っかけている。わたし以外はすべて男性だった。

レバノン人のバイヤーは、最近まで広東省の広州を拠点に仕事をしていたのだと言った。長いあいだ中国で仕事をしていたので、中国語が流暢だ。それなのにすべてのビジネスをバングラデシュに移したのだそうだ。「バングラデシュのほうが中国よりずっと市場環境がいいですからね」と彼は言った。「中国はコストがかさみます。バングラデシュでもコストは上がっていますが、中国ほどではないですよ」。さらにこのハンサムな外国人は「H&Mがキャンセルした商品を定期的に買いとって、ヨーロッパで売りさばいているんです」と言い、わたしも仲間に入らないか、と勧めた。だが、アメリカでは法律で禁止されている行為だ。

バングラデシュの繊維産業は長い伝統があり、高く評価されている。だが欧米に輸出しているのは、Tシャツやトレーナー、シンプルなセーターなど、価格の低いベーシックなアイテムばかりだ。この種のアイテムはほとんどが、世界でももっとも開発の遅れた地域でつくられている。もともとバングラデシュの輸出産業は、多国間繊維取決め（ＭＦＡ）の中国の割り当て制限が厳しくなるのと並行して発展した。おかげでバングラデシュは、ＥＵへのＴシャツの供給量で世界一の地位を確立した[31]。現在は製品の多様化と洗練度の向上を模索しているところだが、マスードのサンプル室でファッショナブルなアイテムといえば、襟まわりにありきたりなスタッズを配したコットンニットのトップスがせいぜいだった。バングラデシュ全体のレベルも、おそらく同程度のはずだ。バングラデシュはまだ、初期の中国がそうだったように、全体に裁断（Ｃ）、縫製（Ｍ）、仕上げ（Ｔ）しかできない〝ＣＭＴ〟の段階にとどまっているのだ。

　わたしは持っていったあのギャザースカートを引っ張りだして、会議テーブルの上に広げた。これを三〇〇〇枚つくったらいくらになるかときくと、「こういった〝織物生地〟を扱う工場はほとんど全部、二〇一二年の終わりまで予約でいっぱいです」マスードは申し訳なさそうに言った。〝織物生地〟とはパンツ、ジャケット、ドレス、スカート、ブラウスに一般的に使われる、ノンストレッチの生地だ。彼はつまり、バングラデシュにはわたしの〝織物生地〟のスカートをつくる余力はないと言いたかったのだ。他の企業が先手を打ち、それでなくても超過労働をしている工場を軒並み押さえているからだ。もしわたしが大量の注文を出すウォルマートやＨ＆Ｍの社員だったら、おそらく工場は見つかっただろう。だが、わがファッション・フォワード社には、入り込む余地はなかった。

　わたしは戦術を変え、ニットのキャミソールもつくりたいのだが、と持ちかけた。これもわたしのクローゼットから持ってきたものだ。バングラデシュは有数のニット生産国だ。ニット関連の雇用者数は一五〇〇万人にのぼり、輸出品の四〇パーセントはニット製品が占めている[32]。だが、そこから話はややこしくなった。わたしは生地のサンプルのなかから、コットン九〇パーセント、スパンデックス三パーセントの混紡のエメラルドグリーンの生地を選んだ。「似た色にはできますが、必ずしもそのとおりにはなりません」とマスードは言った。欲しい色を手に入れるには、なぜかインドか中国から生地を仕入れるしかないという。わたしの偽事業の品質基準は、みるみる下がっていった。マスードはわたしに計算機を手渡した。ニットのシャツ一枚の縫製費は四ドル八〇セントだという。「精いっぱい勉強させていただきますよ。バングラデシュには初めてお越しいただいたのですしね。今度いらっしゃるときはきっとお役に立てます。品質では当社が一番ですから」。わたしはキャミソールをマスードのところに置いてきた。その型でサンプルをつくってもらうためだ。一カ月たって、煙っぽい匂いのするサンプルが届いた。「カシミヤ風」と称されたちくちくするアクリル地は、カシミヤとは似ても似つかない代物だった。

アパレル産業が中国から撤退し、より労働力の安い国に移るにつれて、他の国には十分な労働力もインフラも、法人優遇政策も技術もないことがわかってきた[33]。品質にも問題がある。カンボジアやドミニカのように、国全体の人口が深圳や広州など中国の大都市ひとつ分にしかならない国もある。中国だからこそ可能な大量生産によって成り立っている大手ブランドは、そうした小国には生産の一部しか任せられない。

ダッカの工場は、違法な場所に無計画に建設されているため、日常的に工場火災が起きている。インフラの問題も深刻で、停電も頻繁である。発電機が始動する音が、もはや首都の生活のBGMになっている。道路の整備も遅れていて、ダッカ周辺の服飾・繊維の生産拠点と首都を結んでいるのは、路肩が土のままの二車線の道路がたった一本だけだ。車の台数も増えている。ダッカの北東五〇キロ足らずのところにある繊維の町、ナルシンジまで行くのに、車で三時間もかかった。道中はずっと度胸だめしのようで、スリル満点だった。わたしの乗った車は、リキシャや原付自転車、命知らずの歩行者、人間や布地をうず高く積み上げた手製ペイントのトラックなどの前に無理やり割り込んでは、狂ったようにスピードを上げたからだ。この交通渋滞のなかで納期に間に合うように商品を生産するのは、さぞや大変にちがいない。バングラデシュのアパレル業は波に乗ってはいるものの、中国に取って代わるのはとうてい無理だろう。ファッション業界で起きているインフレを軽減することも、おそらくできそうにない。

二〇一〇年の秋、新学期を迎えるために買い物をしたアメリカの消費者は、過去何十年もお目にかかったことのなかった現象に遭遇した。服の価格が上がったのだ。綿やその他の繊維の価格が上昇すると同時に、中国で人件費が高騰したことで、アパレル企業は窮地に追い込まれた。ワシントン・ポスト紙によると、二〇一〇年の服飾品の価格は、前年度比で一〇パーセント上がった。たとえばLands' End（ランズエンド）は、二桁に迫る勢いの繊維価格の値上げ率に耐えかねて、女性用コーデュロイパンツを七ドル値上げした。ランズエンドをはじめいくつかのアパレルショップは、特別な刺繍や上質のボタンを使って値上げを正当化しようとした。だが、品質を下げることで、原価の高騰分を相殺しようとする店もある。たとえばAbercrombie & Fitch（アバクロンビー&フィッチ）は、二〇一一年にジーンズのデザインを変更し、一〇ドル値上げした。だがワシントン・ポスト紙の小売業専門アナリストたちが調査した結果、新デザインのジーンズの生地はそれまでより安価なものに変更され、以前より薄くなっているようだという[34]。一方、H&Mはそうした集団から抜け出し、それでなくても他店より低かった価格をさらに下げた。売上枚数を増やすことで、利益が薄くなったことによる減収分を取り戻そうという作戦だった。二〇一〇年秋にはピンストライプのドレスを四ドル九五セントで売り出して、多くの人を驚かせた。だが、作戦は裏目に出た。翌年の夏には収益が一八パーセント下落したのだ[35]。アパレル業界のビジネス環境は今、激動の時代を迎えている。とくに中国の変化の影響は大きい。わたしたちはそう遠くない将来、好むと好まざるとにかかわらず、これまでの消費習慣を変えざるをえなくなるのかもしれない。

第八章　縫う、つくり変える、直す

サラ・ケイト・ビューモントは二〇〇八年の夏以来、身につけるものすべてを自分の手でつくっている。手づくりをはじめた時期が世界金融危機と重なっているのは、偶然ではない。彼女自身にとっても、それは思いがけない方向転換だった。だが、決断は早かった。「そのときどこにいて何をしていたか、はっきり覚えているわ」。赤毛のビューモントは穏やかな口調で、日の光の降り注ぐブルックリンの制作スタジオでそう言った。「その瞬間のことは、まるでこれから誰かと結婚しようというときの記憶みたいに、鮮明に頭に焼きついているわ。ずっと続けてこられたのは、たぶんそのせいだと思う」

「何がきっかけだったんですか？」とわたしはきいた。彼女はそのとき、店に並んだ雑多な服の山に囲まれていたのだろうか？　格安の服が、一度洗っただけでほつれて、色落ちしてしまったのだろうか？　それともクローゼットに収まらないほどの服を目の前にしながら「着るものがなんにもなーい」という、あのおなじみのフレーズが頭にこだましたのだろうか？　どれも違う。「リビングの床に座って銀行の通帳を見ていたとき、突然思い立ったの」と彼女は言った。「手づくりすれば、節約できるってね」

ビューモントの制作スタジオは、ブルックリンのボーレムヒルの一画の、こぎれいな路地に面している。大きな見晴らし窓のあるこの小さなスタジオは、Very Sweet Life（とびっきりの人生）と命名されている。型紙制作用のテーブルがいくつかと、ミシンが数台。アイロン台。それに、いつも最新作を着せているボディースタンドがある。初めてスタジオを訪ねたときにこのスタンドが着ていたのは、襟周りにギャザーの入ったペールピンクのニットのトップスだった。ビューモント自身は、紺色のコットンのたっぷりしたロングドレスに黒い革のベルトを締め、ストライプのブラのストラップを肩からのぞかせていた。彼女が身につけているものは、ひとつ残らず自分でつくったものだ。そう聞くとたいてい、原始的で単純な服を想像するだろう。だが彼女の服は、大手チェーン店と同レベルか、それ以上だ。大事なのはその点だ。自分の服を縫うとき、ビューモントは仕上げに、高級ファッションでしか使われない袋縫いという手法を使うことが多い。生地の裁ち目を折り返しのなかに縫いこむ手法だ。手間もコストもかかるから、大量生産品にはまず使われない。ビューモントはまた、シルクニット、ベルベット、サッカーなどの素材を好んで使う。美しくて着心地がいいのに、高価で縫製や手入れが難しいために、既製品ではあまり見かけない生地だ。現在のアパレル産業は、利潤追求の論理にしたがって服の品質を下げている。だがビューモントは手づくりすることでその枠組みから解放され、上質の服を着て暮らしている。小売店では見つからないような、見つかっても高すぎて買えないような服を、日常的に身にまとっているのだ。

わたしが着ていた服をひと目見て、「そのブラウス、中国製ね。わかるわ」と彼女は言った。そのとおりだった。JCペニーで買ったポリエステルのタンクトップで、在庫一掃処分で三ドルもしなかった。中国にはたしかな仕立ての技術があるのだが、生地はたいてい安物で、縫い方は単純。時間をまったくかけずにつくられている、とビューモントは言う。「中国では原価を最低限に抑えることしか考えていないから、とにかくスピーディーよ」という彼女は、服を見ればインド製か、はたまたイタリア製かを言い当てられ、ハンドメイドはひと目で見分けられるという。「車を買おうとしている人は、車に詳しくなるでしょう。詳しくなればなるほど、ボンネットを開けて、注目すべき箇所をチェックするようになる。言ってみれば、わたしは服のボンネットを開けているというわけ」

わたしの服のことを、ビューモントはわたしよりよく知っていた。だが、それを着ている理由を説明できるのはわたしだけだ。高校時代はずっと、大学に入ってからもたいていは、リサイクルショップで古着を買ってきた。値うちものを見つけて着るか、そうでなければ切ったり縫ったりして、自分なりにつくり直していた。高校三年生になった日に撮った写真には、ハイウエストのフレアスカートを切ってつくったミニスカート姿の自分が写っている。二〇歳の頃はモッズファッションに凝った。その当時家族と撮った写真を見ると、ビーズのついた黒いニットのベストに、黒のミニスカートをパンツの上に重ねて着ている。当時どんな店をさがしても、そんなものは売っていなかっただろう。そのうち、通っていたシラキュース大学構内の Aéropostale（エアロポステール）や Victoria's Secret（ヴィクトリアズシークレット）のような、ファッションチェーン店の服にも手を出すようになった。モールで買った服を着るのはおしゃれじゃない、と思っていた。それはつまるところ普及品であり、着ると全人格を消し去られるような気がしていたのだ。

大学では、自由な時間のほとんどを学生運動に費やした。大学のロゴ入りウェアを生産する海外の工場の人権遵守を監視するよう、大学当局に要求したのだ。「わたしの出身はSweatshop University〔「労働搾取大学」の意。シラキュース大学と頭文字が同じ〕です」と書いた巨大な垂れ幕を掲示したという理由で、わたしは卒業式から追い出された。だから、ほんとうに大学を卒業したのは、H&Mが地元のショッピングモールにオープンしたときだったといえる。労働搾取には反対したわたしも、安さには反対しなかったというわけだ。それから一〇年経った今、わたしの服の四分の三はH&Mで買ったものだ。リサイクルショップ通いも昔のこととなり、格安ファッション店めぐりの習慣がすっかり定着している。どんな服でも五〇ドルを超えるものは頑として買わなかったために、使い捨てするしかない粗悪な服が、何百枚もクローゼットに詰めこまれることになった。

ビューモントに会ったときには、すでにアパレル業界には幻滅していた。はっきりわかったからだ。アパレル業界は利益を生み続けるために流行を決定し、つくり、勝手にこわしている。業界はあまりにも巨大化し、価格競争は極度に激化し、安いコストで休みなく新商品をつくり続けない限り、立ちゆかない。品質は崩壊してしまった。自分の服に対する愛着や尊敬の念を、今ほど多くの人が失ってしまったのも、企業が今ほどやりたい放題に見えるのも、初めてだ。それもこれも、アパレル業が工業化し、大量の宣伝費を費やして巧妙なやり口を駆使する産業になり下がったせいだ。今日では、ある店の服を好きだというのは、ファストフードのサンドイッチを好きだというのと同程度の意味しか持たなくなっている。

ビューモントに会おうと思ったのは、彼女のブログVery Sweet Lifeを読んだからだ。二〇〇九年九月一三日の書き込みは次のとおりだ。「スローフードという運動がありますね。それにならって、自分の着る服の大半を手づくりしようというこの企画を、『スロークローズ』と呼ぼうと思います。大量生産の服は、ファストフードと同じく飢えと必要性を満たしてはくれますが、耐久性に欠け、無駄の多いものです。自分で縫った服には、手料理と同じく愛情と栄養が詰まっています。服だって栄養たっぷりになれるのです」。スロークローズという呼称を使ったのは、ビューモントが初めてではない。今、わくわくするような新たなファッション哲学は他にも数多く生まれている。だが、なかでもこれは最高の考え方だ、とわたしは思った。

最初は、持っている安っぽいブラウスやタンクトップを捨てて、ブルックリン在住のデザイナーがつくる、すばらしくスタイリッシュな服に置きかえるつもりだった。そのデザイナーの服はどれも、再生プラスチックやオーガニックコットン、環境にやさしいモダールなどを素材にしている。でも、うまくいかなかった。経済恐慌後のアメリカ人の例にもれず、わたしも経済的に苦しくなってしまったのだ。二〇〇八年に雑誌社をクビになり、失業した。加えて自宅周辺の不動産が暴落し、家の価値もいっぺんに下がってしまった。結局、家は買ったときより安く手放した。新しい服を買うなどということは、優先順位リストのずっと下へ追いやられてしまったのだ。だが格安ファッションにもすでに幻滅していた。不当な低賃金で縫製員を働かせる企業はもちろん、大量販売をする店でも、もう二度と買い物はしないと自分に誓っていた。かといって、もっとよい服を買う余裕があるわけでもない。そうなると、服を買うこと自体をあきらめるしかなかった。

服に関して、わたしと似たような岐路に立った人は少なくないようだ。服との関わりにおいて何かが欠けていると感じている消費者は多く、それが買い控えにつながっている。シーナ・マテイケンという若い女性は、「ユニフォーム・プロジェクト（一枚限定プロジェクト）」という企画を実行した。エリザ・スターバックがデザインしたたった一枚のドレスを、一年間毎日着つづけたのだ。それを大勢の人に見てもらうことで、大量消費の風潮に異議を唱えると同時に、賛同者からの寄付を募って慈善団体に送るという企画だった。これに似た趣旨で、別の消費者向けキャンペーンも行われた。着る服のアイテムを六点以下に絞り（ただし靴、アクセサリー、下着を除く）、一カ月それだけを着て過ごすことに挑戦してもらう「シックス・アイテムズ・オア・レス（六枚以内キャンペーン）」だ。「ザ・グレート・アメリカン・アパレル・ダイエット」という運動では、参加者は一年間、まったく服を買わずに過ごしてから、次の質問に答えることになっている。「流行の新しい服を持たないと、わたしたちは何者になるのでしょうか？」

服を手に入れるというと、普通は店に出かけて商品を選ぶことしか思いつかない。安いものを買うという選択肢を自分に禁じ、しかも貯金がほとんど底をついたわたしは、品揃えを一から考え直す必要に迫られた。買い物のしかたは人それぞれだ。だが、こうして一年間、何も買わずにいた経験から、言えることがある。買わなくても、ちっとも困らないということだ。以前は流行の服を絶えずクローゼットに詰めこみ続けていたが、今はちがう。だが残念なことに、買わずにいたからといって、持っている服がいとおしくなることもなかった。わたしが身につけて歩きまわっている服は、相変わらずつまらない「お値打ち品」の寄せ集めだからだ。買わずにいればすべて解決、というわけにはいかなかったのだ。

いつまで新しいものを買わずにいるつもりかと、ビューモントに尋ねた。わたしが次にめざすべき方向に舵を切ったのは、その答えを聞いたときだ。「新しいものを買うのをやめようと思ったことはないわ」と彼女は言った。「そうではなくて、必要なものはなんでも自分でつくろうと思っただけよ」。ビューモントは、わたしのようなファストファッション中毒からの更生者ではなかったのだ。それどころか、どんなものでも買いすぎるということのない人だった。ショッピングの習慣を改めるのは、自分らしい自然な成り行きにすぎなかったのだ。だが、わたしにとっては天と地がひっくり返るような大変革だ。着るものすべてを、とは言わないまでも、大半を自分でつくれるのかというと、それすらあやしかった。おそらく無理だろう。でも裁縫を習ったことで、衣服に関する考え方は変わった。人類には何千年ものあいだ服を自分の手でつくってきた歴史があり、衣服のはじまりは最後の氷河期にまでさかのぼる。[1] 店で買う、融通のきかないプレハブ式の服は、ごく最近の発明品なのだ。ハンドメイドやオーダーメイドを完全にあきらめたとき、わたしたちはさまざまな意匠や高い品質、細部に手をかけた仕上げなどを失った。それといっしょに、服を自分にぴったりのサイズに合わせることも忘れてしまったのだ。

ミシンの発明で社会には変革が起き、人々の日常生活は根本から変わった。女性は長時間におよぶ単調な手縫いの仕事から解放された。アメリカ遺産博物館によると、ミシンがなかった時代、紳士物のワイシャツ一着を仕上げるには一四時間、シンプルなドレス一着にも最低一〇時間はかかったという。[2] 裁縫は時に楽しみにもなるとはいえ、お針子や仕立屋に任せるだけの金銭的な余裕がない場合、主婦は自分と家族の服をすべて、自分で縫ったり繕ったりしなければならなかったのだ。

発明された一八〇〇年代半ばには、ミシンはとてつもなく高価だった。平均年収が五〇〇ドルだった一八六〇年代に、一台一二五ドルもしていた。[3]それでも、縫い物の時間を奇跡的に短縮してくれるこの最新式の機械を多くの人が買い求めた。一台のミシンを交代で使えるように積み立てをする自治体や団体も多かった。そこでシンガーミシンなどのミシン会社は、リースプランを導入した。こうしてミシンは、高価だったにもかかわらずたちまちベストセラー商品になった。

ミシンの登場からまもなく、衣料品の工業生産が始まり、服は店で売られるようになった。だが初期の既製服は買った人の体にまったく合わず、縫製も粗雑だった。にもかかわらず、とても手が出ないほど高価だった。だが婦人服よりデザインが画一的で、比較的スタイルにこだわらない紳士服は、急速に市場に受け入れられた。やがて、一九二〇年代には婦人服も売れ始めた。婦人服販売で他をリードしたインディアナの大手デパートでは、一九二四年の終わりには、布地が一八九〇年の半分の長さしか売れなくなったという。[4]それでも、服の手縫いや誂《あつら》え、仕立てといった習慣は、二〇世紀に入ってからも長く続いた。

だが、一九七〇年代に格安の輸入衣料が流入するようになると、ミシンや裁縫の技術を持つ人が、徐々に減り始めた。ハンドメイドやオーダーメイドの服は、このときの数十年でほぼ絶滅したと言える。安い輸入物が入ってきたことで、服を自分でつくる習慣がなくなり、ドレスメーカーや仕立屋の専門技術が時代遅れになったという。ソーイング・アンド・クラフト・アライアンス（裁縫・手工業同盟）の会長、ジョイス・パラハックは言う。「今じゃ量販店に行けばTシャツが二、三ドルで買える。ドレスだって一〇ドルから一五ドルだ。昔ならありえなかった値段だよ。海外から低級品を輸入し始めたせいで、バランスが崩れたんだ」

わたしの母は祖母に裁縫を習い、高校の家庭科の授業では服を一からつくったそうだ。父方の祖母は、一からつくることはなかったそうだが、家族の服のサイズを詰めたり広げたりといったことがとても上手だった。それにひきかえ、わたしは裁縫を習ったことが一度もない。たった一世代で、裁縫の技術は失われてしまったのだ。わたしたちの世代が裁縫の知識を失ってしまったことは、そんなに大きな問題だろうか、とパラハックにきいてみた。今や、量販店に行けば二ドルでTシャツが買えるではないか。「裁縫はとても大事だ」とパラハックは反論した。「今の人はボタンがとれてもつけることもできない。ボタンつけなんてすごく簡単なのに、ボタンなしで着るか、捨ててしまって新しい服を買うかのどちらかしかないんだ。裁縫の技術が急激に失われているのは、恥ずべきことだよ」

わたしは裁縫を知らないだけでなく、繕い方もリフォームのしかたも知らない最初の世代だ。一番のお気に入りの服はあまりに頻繁に着たせいでぼろぼろになったが、それでも繕おうとは思いつきもしなかった。気に入っているコーデュロイのジャケットは背中が裂けているし、大好きなエメラルドグリーンのカーディガンは肘に穴があいている。裾が地面を引きずるほど長いパンツも、肩はぴったりなのに胴回りがぶかぶかのシャツも、そのままで着ていた。

服を繕ったり、体にぴったり合うように直したり、お金の許す限り高品質のものを買ったりすることはすべて、持続可能な着方につながる。そうでなければ、服は身につけないまま手放されることになるか、ゴミになるかのどちらかだ。わたしはBrooklynbased.netというウェブサイトで、驚くほど精力的に活動している仕立屋集団がブルックリンにあることを知った。Aラインのスカートなら八〇ドルから仕立ててくれるという。早速、いくつもの直しや簡単なリフォームを、一時間わずか二五ドルで引き受けてもらった。彼らのウェブサイトにはこうある。「お気に入りのドレスが、ひと夏着ただけでほつれてしまったことはありませんか？　きつすぎたり丈が長すぎたりするスカートを、いつの日か魔法のように体にフィットすると期待して、クローゼットに吊るしたままにしていませんか？欲しくてたまらない服があるのに、つくり方がわからなくて困ったことはありませんか？　お気に入りの服を生き返らせたり、あるいは一からおつくりいたします。四人の仕立屋がご注文をお待ちしています」。服というものは実際に直したりデザインを変えたりできるのだと気づいてから、わたしは例のソックスデザイナーの友人、レスリー・ウルフに、ジーンズのつぎ当てやスカートの裾上げを頼むことにした。彼女はパートタイムで仕立ても請け負っているのだ。アパートの向かいのクリーニング屋にも、服のリフォームを頼めることがわかった。そちらには、冬のジャケットの丈詰めを頼んだ。

ビューモントは現在、四〇代前半だ。ピッツバーグで生まれ育った。子供のとき、祖母から簡単な裁縫を少しばかり教わった。以来、自分の服を何枚もリフォームし、刺繍をするようになった。ニューヨーク市の公立学校で八年間教師を務めたときは、放課後プログラムで子供に裁縫を教えた。退学者が続出していたある学校では、彼女のクラスだけ出席率が一〇〇パーセントだったという。「技術を覚えようとするときは、大人だって幼稚園児のようになるわ。そして自分に誇りを持てるようになるのよ」とビューモントは言う。「あなたも裁縫を覚えるべきだと言ってるんじゃないわ。ただ、裁縫ってとても満ち足りた気分にさせてくれるものだってことが言いたいの」と、彼女は少し恍惚とした表情で大きく息を吸った。

裁縫は実際に手を動かし、目で覚えるものだ。ちょっと座っていたらすぐに作品ができあがるものでもなく、本を読んで簡単に身につくものでもない。「だからこそ世代から世代へと受け継ぐ必要があったし、だからこそ受け継ぐ人がいなければ途絶えてしまうのよ」とビューモントは言う。一番いらいらするのは、ミシンの前に座ったときに糸の掛け方がわからなかったり、針をほんの数回上下させただけで糸が絡まったりすることだ。裁縫には記憶力、計算力、きめ細かな注意力が欠かせない。たえず決断力も要求される。裁縫を覚えたいなら、やはり誰かに教わることをおすすめする。

わたしはビューモントの裁縫教室を受講することに決め、マンハッタンのキルティング用品店に材料を買いにいった。店には何千種類もの生地があった。にじみ絵のような淡い色のもの。一面にクモの巣がプリントされたもの。選択肢は無限にあり、少しばかり圧倒されたが、楽しかった。対照的に、アパレルショップに並んでいる服の色や形は非常に限られている。わたしはもう、流行を決める店の言いなりに服を買わなくてもよくなった。糸や生地の品質も自分で決められる。その気になれば袋縫いだってできる。結局、ウズラの羽模様のプリント地に、まずまずの品質の鮮やかなオレンジ色の糸を合わせることに決めた。裁縫にはずぶの素人のわたしが、ファッションデザイナー顔負けの決断力を発揮したのだ。

裁縫教室にはもうひとり、ハリエットという生徒がいた。ふたりの子供のために、服の仕立てを型紙のつくり方から学ぶのだという。子どものひとりは一六歳の娘で、その子がいつでも母親の手づくりの服を着られるようにするのだと言って、はりきっていた。わたしとハリエットの最初の課題は、ミシンに糸を掛けることだった。わたしたちは部屋の二隅に分かれ、なめらかなフォームの最新型のケンモアのミシンに向かって座った。「糸は波の形に掛けます」とビューモントは言った。「その波のそれぞれの部分で、糸に圧力が加わります」

糸のかけ方はミシンによって少しずつ異なるが、全体の動き方はどれもだいたい同じだ。まったくの初心者でも使いやすいように、今のミシンには数多くの工夫がある。メーカーは落ち込んだ売上げを再び上向かせるために、まったく新しい市場の開拓に乗りだした。その市場とは、趣味の裁縫だ。タイム誌によると、裁縫を趣味とするアメリカ人の数は二〇〇六年でおよそ三五〇〇万人と、二〇〇〇年の三〇〇〇万人に比べて増加している。[5] ハンドメイドの楽しみを知る人が増えるにつれて、裁縫を趣味とする人の数も増えつづけている。

趣味の裁縫を始める人の心をつかむために、ミシンは自動化され、コンピューター内蔵となり、トラブル防止機能も備えられた。そのうえボビンの着脱は磁石式になっている。ブラザーはSew Advance Sew Affordable（一歩進んだお手頃価格）とSimply Affordable（シンプルお手頃価格）の二種類のミシンを売りだした。シンガーのSimple and Confidence（簡単操作の頼れる味方）のうたい文句は「コンピューター内蔵、ワンタッチ、押しボタンひとつで完全自動の創造的ツール」だ。新型ミシンの大半は糸掛け部分に番号が振られて、ボビンの横に図が表示されている。初心者でも、糸を金属のフックに回す前にプラスチックの糸通しに通したり、ボビンを反対向きにセットしたりする間違いをしでかさずにすむ。ここまで手取り足取りしてもらうのは情けないが、もし表示がなかったら途方にくれてしまうだろう。

ビューモントはハリエットとわたしに、ボビンのカバーを開けたままミシンを動かして、糸がどんなふうに輪になって縫い目をつくるのかをよく観察するように、と言った。そして、ミシンの各部分について詳しく説明してくれた。送り歯の役割は、生地をつかんで送ること。はずみ車は手動で針を上下させるための部品で、針を上げて生地を外したり、手で回しながらゆっくり縫ったりするときに使う。針板には一ミリ単位の目盛がついているが、これを利用すれば、直線や特定の縫い幅のステッチが正確に縫える。こういった機能もすべて、現代のミシンに新しく加えられた工夫だ。

初めて何かを縫うときというのは、はらはらドキドキするものだ。間違ったらどうしようと心配したり、最初から見事な腕前を示そうと自分にプレッシャーをかけてしまったりするからだ。ところが、いったんミシンが動きだし、小さなモーターが回転し始めれば、不安はかき消されてしまう。ビューモントに教わった一コース三回のレッスンで、わたしは基本的な枕カバーを縫うことができるようになった。とにもかくにも、これで裁縫を生活の一部にすることができる。

数週間後、わたしは生まれて初めてミシンを購入した。届いたミシンを寝室の小さなテーブルに設置して、ボビンに糸を巻き、ミシンに糸を掛けた。そして、破れてしまったためにもう半年も履いていなかった黒いジーンズを出してきた。夏に脚の部分をカットしてショートパンツにしたジーンズの残り布を四角く切り、破れたジーンズと一緒に針の下に置いた。そして縫い目を補強するためにジグザグ縫いにセットし、ペダルを踏んだ。糸はすぐにミシンの内部で絡まってしまった。それでも慌てず騒がず、糸も生地もミシンからはずして、もう一度すべてをセットし直した。そしてついには、きちんとつぎを当てることができた。その後の数週間で、わたしは他のジーンズにもつぎを当て、スカートの裾を直し、ぶかぶかだったTシャツの脇を詰めた。なんてことだろう。自分の服のサイズを体型に合わせて調整する作業がこれほど充実感を与えてくれることを、三一年間も知らずに過ごしてきたなんて。

実はほとんどの人は、自分で思っているよりずっと、スタイルにこだわりがある。そのせいもあって、クローゼットの服に強い不満を抱いている。微調整やほんの少しのリフォームで着られるようになるのに「着られない」と烙印を押されている服があまりにも多い。ドレスやスカートの丈がちょうどいいことなどめったにないし、色は合わず、シャツはたいていしっくりしない。ついている紐は長すぎたり短すぎたりする。トップスは「このうるさいフリルやリボンやタイさえなかったらとても素敵なのに」と思うようなものを買ってしまう。わたしの場合、裁縫を覚えたからといって着るものすべてをつくれるようになったわけではない。だがおかげで、服とは必ずしも完成されたものではなく、変更の余地があると気がついた。リフォームしたり、繕ったりできるものなのだ。そう考えると、クローゼットの服のほとんどすべてが、急にさまざまな可能性を秘めたものに見えてくる。やり方しだいで、もっと頻繁に着られるかもしれない。それどころか大のお気に入りになる可能性さえある。わたしは裁縫を覚えたおかげで、技術と愛情を持ってつくられた服を見分けられるようになった。それとともに、品質のよい服が欲しくてたまらなくなった。格安ファッションにお金をかけるのがどんなに無駄か、今は身にしみて感じている。何しろ生地も仕立ても、持つ価値のないものがほとんどなのだから。

ビューモントの趣味は、ペチコートつきで背中が編み上げになったフルレングスのドレスなど、大草原の少女風のロマンティックで古風なものだ。わたし自身の趣味はそれほど個性的ではない。肩パッド入りのボートネックのショートドレスのような、一九八〇年代風の肩幅の広い角張ったシルエットが好きだ。黒にショッキングピンクなどの強い色を合わせるのも気に入っている。襟元に大きなリボンのついたブラウスもいい。袖がキャップスリーブ〔肩先が隠れる程度の短い袖〕だと、どんな服でも欲しくなってしまう。裁縫ができるようになってわかったことは、まだある。自分の体型にぴったりの着こなしは可能だ、ということだ。それを知ってからは、もう妥協はしなくなった。来月から、型紙つくりのクラスと裁縫の中級クラスを受講する予定だ。ブレザーやドレス数枚をオーダーメイドで誂えるため、貯金もしている。

　格安ファッション店で買い物をしていた頃は、わたしと同じ服を持っている人は何千人も、いや、ひょっとすると何万人もいた。まったく同じではなくても、同じ形や同じ柄を着ている人が大勢いたはずだ。数年前、ブランチを食べに行ってレストランで席についたとたん、店内に同じようなマリンストライプのシャツを着た人が少なくとも四人いることに気がついた。そのうちのひとりは、わたしだ。たしかにシャツの形が微妙にちがってはいたが、デザインというものがどれほど無限にあるかを考えると、四人はまったく同じものを着ているも同然だった。これは服が大量生産されている現代では、日常的に起きることだ。そうなると、個性的なオーダーメイドの魅力はますます高まる。ビューモントは言う。「自分でつくった服を着るなら、同じものを着ている人は世界であなたの他にはひとりもいないのよ。考えてもみて！　素敵でしょう？」

「わたしたちは今、進化の転換期、つまり移行期にいるの。ファッション界が危機に陥っているのは、それも理由のひとつだと思うわ」とビューモントは言い、アパレル業界を揺るがす価格の高騰や、綿の不足、著名デザイナーたちの行き詰まりなどを例に挙げた。「今の二極化されたシステムは、確実に終わりかけていると思うわ」。消費者がオーダーメイドに回帰し、世界に一枚の服を求めはじめることを想像すると、「大規模ファッション」後が楽しみだ。裁縫に必要な忍耐力や時間や好奇心が誰にでもあるわけではないとしても、今より多くの人が基礎的な繕いぐらいはできるようになり、身近にいる仕立屋を利用するようになるといい。現代の生活では、自分の使うものを自分でつくり出したり、着る服のデザインや機能を自分で決めたりする機会が少なすぎる。裁縫をすると、主体的に行動し、自給自足をしている手応えが得られる。服のデザインのしくみもわかる。裁縫をするということは、スタイルと品質を決定する力を手に入れるということだ。業界のシステムに、何も委ねる必要がなくなるのだ。売られているものを買うだけでは決して得られない満足感。それが、わたしが体験したものだった。

＊

サウスカロライナ州コロンビア生まれのジリアン・オーウェンズ（二九歳）は、生まれてこのかた、ずっとリサイクルショップで服を買ってきた。ところがついに、買うべきものが見つからなくなってしまった。「古着を探すのにはもう疲れたわ。買いたいものが見つからなくなったんですもの」と彼女は嘆く。「リサイクルの店で見つかるのは大半がH＆Mの古着。しかも完全にくたくたに着古されている」。数年前のクリスマスプレゼントに、オーウェンズはミシンをもらった。それは古着を探す代わりに自分で服をつくりなさいというお告げのように思われた。彼女は地元の生地店に行ったが、すぐに敗北感を味わった。つくるより、買うほうが安いとわかったからだ。

だが、ハンドメイドの服でも、その気になればとても安く上げることができる。コストを決めるのは、使う生地の品質とデザインの複雑さだ。ビューモントのスタジオで、ボディースタンドが着ていたかわいいピンクのTシャツは、生地代が三ドルだった。ビューモントが普段選ぶのは一ヤード一〇ドル以下で、服一着にかかる生地の長さは通常三ヤード（約二・七四メートル）以下だ。また、シーツを再利用したりデザイナー生地の「端布」をニューヨークのガーメントセンターで買ってきたりして、コストを抑えている。それを聞いて、わたしにもひらめくものがあった。一度も使う機会のなかったシーツを使って、キャップスリーブのドレスをつくってみよう。余っている生地や部品を使えば、枕カバーやぬいぐるみ、小さなバッグなど、何かしらできるはずだ。

しかしオーウェンズにとっては、自分でつくるのなら、店で新品を買うより一ペニーでも安く上げることが重要だった。「縫い物って女性が節約のためにしてきたものでしょう？」と彼女は訴える。「手間ひまをかけてつくるより安く新品を買えるのは、何かがおかしい気がするの」。そこでオーウェンズは、今度はリフォームするという前提でリサイクルショップに行くことにした。そしてサイズの合わない流行遅れの服を買ってきて肩パッドを外し、袖を切り落として、大胆に裾を詰めた。たとえば一九八〇年代の Liz Claiborne（リズクレイボーン）のパウダーブルーのサックドレス〔腰部に切りかえのないワンピース型のドレス〕は、小柄な彼女には大きすぎたが、現代風のかわいらしいカクテルドレスにつくり変えた。紳士物のワイシャツをイブニングドレスに仕立てたり、サッカーシャツでヒップハングのスカートをつくったりもした。「つくったり直したりすると、得るものが大きいわ」と彼女は言う。実際、手に入れたものは大きかった。リフォーム作品を集めたブログ ReFashionista が大人気になったのだ。彼女はそこに、生まれ変わった服の写真を毎日欠かさずアップしている。

リフォームには、服一着がまるまる犠牲になるというリスクもある。「みんな、自分の服に鋏《はさみ》を入れるのを怖がるわ。駄目にしてしまうのが怖いのね」。オーウェンズにとっては、そのリスクも楽しさの一部だ。だが、リフォームしようと決心するのに時間がかかる人もいる。オーウェンズのある友人は、買ってきた新品のタンクトップのフリルのことで何カ月も文句を言っていたという。「やっと決心がついて、その子はフリルを切り落としたの。それからはそのタンクトップを気に入っているわ」。オーウェンズは笑いながら教えてくれた。

一八世紀のイギリスでは、メイドたちが主人の服のお古をリフォームして着ていたという[6]。世界恐慌の時代に育ったわたしの祖母は、服を捨てたことがない。つぎを当てたりリフォームしたりしながら、完全に擦り切れるまで着るか、お下がりとして下の子に着せていた。第二次世界大戦中に服や靴が配給制になり、生産される生地のほとんどが軍服に回されるようになると、おしゃれな女性たちは古いリネンや端布や夫のスーツなどから、洗練された服を仕立てあげた。リフォームは装いを一新し、流行についていくための生活技術だった。だが、その習慣は次の世代には受け継がれずに終わった。

今また、服のリフォームをテーマにしたブログやインターネット上のグループが多数誕生している。オーウェンズはウェブサイト Refashion Co-Op（リフォーム協同組合、Refashionco-op.blogspot.com）の編集を手伝っているが、ここにはリフォームをする人たちが世界じゅうから集まっている。一カ月に一度作品を投稿すれば、誰でもサイトのメンバーになれる。オーウェンズはまた、地域社会にも新たな発想を吹き込んでいる。彼女が紳士物のワイシャツでつくったイブニングドレスは、地元の博物館に展示されている。また地域のリサイクルショップと協力し、寄付された服のなかから傷んだり流行遅れになったりしたものを選び、リフォームして販売している。利益は女性のためのシェルターに寄付される。オーウェンズは言う。「もしわたしが手を貸さなかったら、こういう服は捨てられて終わりだったでしょうね。リフォームすれば全員が得をするのよ」

*

ヴィンテージの古着を販売するサラ・ベレケットは、自分のファッションブランドを立ち上げようと考えたことがあった。だが、そのためにかかる費用と財政リスクを考慮して、ヴィンテージもののリフォーム中心のビジネスを選んだのだという。アメリカのヴィンテージ服の市場は、高品質な年代ものが集まる、世界有数の市場だ。だが、染みがついていたり破れていたり、あまりにも流行遅れになってしまったりしたために売れないものも多い。誰もが古着を自分でリフォームしたり直したりしたいわけではない。その時間がない人もいる。ベレケットはそんな人たちから仕事を請け負っている。

ベレケットのような古着販売業者の数は増えている。もちろん、手直しの不要なものは、そのまま売る。たとえば彼女が運営する販売サイト Sarazcloset.com には今、一九八〇年代のランバンのダブルジャケットがそのまま売りに出されている。だが彼女が買い付ける古着の四分の三は、手を加えて初めて売りものになる。イヴ・サンローランのチェックのジャケットはこわれたボタンを付け替え、ジャンプスーツは袖を切り落とした。裾丈は昔と比べ劇的に短くなっているので、ドレスやスカートの裾はほとんどすべて詰める。「買ってすぐに着られるように、完成された形で売りたいの」とベレケットは言う。

彼女は消費者の力に強い信頼を寄せる。消費行動を通じてアパレル業界を変えることができると、固く信じているのだ。「消費者が、たとえばH&Mのやり方を支持しないと決めれば、それで何もかも変わるはずよ」と彼女は熱心に語った。「わたしたちは企業を非難するけど、結局、行動に責任を持つべきは消費者自身よ」。ベレケットのウェブサイトでは、特別な日のために、ヴィンテージのドレスがレンタルできる。「無駄を省くためには、ものを共有するのもひとつの手段よね」と彼女はその理由を説明する。「何でも自分のものにする必要はないと思うわ。パーティードレスなんて一度着れば終わりなんだから」

変化への欲求や新しいものを着たいという気持ちを満たすために、こうしたレンタルショップや交換会が、多くの共感を呼んでいる。交換会とは地域や個人が開催するイベントで、参加者は状態のよい服を持ちよって交換したり、少額の寄付を集めたりする。こうした交換会は全国各地で行われており、ボストンのザ・スワパホリクスが主催する交換会には四〇〇人以上が参加するなど、反響が大きい。二〇一〇年四月二六日付のUSAトゥデイ紙に、この新たな風潮に関する記事が掲載された。「新しい服を交換会で調達する女性が増えている。自分の服だけでなく、子供や夫の服でも同様だ。友人同士が互いの家に集まり、おしゃべりを楽しみながら、まだあまり着ていないお気に入りの服を交換することもあれば、インターネットの交換サイトや企画団体が催す交換会で、見知らぬ者同士が交換することもある」。今日の買い物からほぼ完全に失われてしまった人や社会との交流を求めて参加する女性も増えているという。

初めて交換会のことを知ったときは、複雑な気持ちになった。自分は高価なデザイナーズブランドのジーンズや高級なウールのコートを持っていっても、他の人たちは伸びきった染みだらけの、流行遅れの服を持ってこないとは限らないからだ。確かめるには出かけてみるしかない。自分が求める趣味と品質を兼ねそなえた服が手に入る、運営のきちんとした交換会を見つけることが何より大事だ。そんなことを思っていたとき、フェイスブックを見ていたら、自宅から八〇〇メートルの場所で交換会が開かれることがわかった。どんなものか試してみるチャンスだ。そこでクローゼットからもう着ない服を全部ひっぱりだし、そのなかから数点を交換用に選んだ。H&Mで買ったまだ新品同様のブラウス二枚、Old Navy（オールドネイビー）で買って一度も着なかったセータードレス一枚、Gapの品質のいい黒のコーデュロイパンツ一本、Diesel（ディーゼル）の白のスニーカー一足だ。

交換会場に着いて、持ってきたものを出迎えの人に渡した。会の方針として、誰が何を持ってきたかは伏せておくことになっている。地元の図書館の地下の広いホールで行われたこの交換会では、持ち寄られたものが婦人服、紳士服、子供服、フォーマルウェア、コート類、靴、その他に分かれて並んでいた。全体的にごく普通の服という印象だったが、欲しいものもいくつか見つかった。上質のウールのロングコートと赤いランニング用ショートパンツ、ベビーブルーのコーデュロイのスカートだ。家に帰って着てみた結果、赤いランニングパンツだけを残して、あとは慈善団体のリサイクルショップに寄付し、古着処分の流れに乗せる結果となった。

＊

初めてエリザ・スターバックに会ったとき、彼女が何を着ていたかは思い出せない。だが、自分が安物のタンクトップに安物の黒いブーツと安物のニットスカートを履いていたのは覚えている。あのスカートはたったの五ドルだった。いい服を着ている人たちに会って話を聞くまで、わたしは普段買っていた格安品を自慢に思っていた。だが、スターバックとの出会いは衝撃的だった。身長一八三センチのほっそりした体つき。澄んだ青い瞳。短くカットした黒い髪。ほぼすべての大手ファッションチェーンをわたり歩いてきたデザイナーで、Coach（コーチ）などの高級ブランドに勤務した経験もある。それなのに彼女は必ずと言っていいほどいつも、リサイクルショップで見つけた古着を着ていた。テイラードカラーのジャケットにパンツ、ピルボックス型のヴィンテージものの帽子といった具合だ。同じ値段のものを比べるなら、リサイクルショップのほうがチェーン店よりはるかによいものが手に入るのだという。「たった一二ドルで、ウール一〇〇パーセントの上質のパンツなんかが見つかるわ」と彼女は言う。「どこに目をつけたらいいか、わかってるからよ。H&Mの商品を買うぐらいの値段で、ほんものの高級品が見つかるのよ。H&Mに行くと、それどころかUrban Outfitters（アーバンアウトフィッターズ）でさえ、お店に入ったとたんに、あまりの品質の低さに拷問されているみたいな気になるの」。掘り出しものを求めて、スターバックはいくつものリサイクルショップを何時間もかけて徹底的に歩きまわる。店にあるものの半数近くは試着してみるのだという。

今のわたしは、リサイクルショップやヴィンテージものの店で買いものをしようとすると、複雑な心境になる。綿一〇〇パーセントのセーターやシルクのチューブトップやレザーブーツなどを探すのだが、よいものはすぐに売れてしまう。残っているのは、品質が低いものばかりだ。売れ残り品の山を見ていると、現在売られているのは低品質のものばかりだと、つくづく思い知らされる。品質が低いために、今の消費者はかつてのように服飾品を貴重だとは思わなくなっている。当然、昔かけていた程お金をかけることもない。では、消費者は今、何にお金をかけているかといえば、ブランドや高級デザイナーの名前に対してなのである。だが本当は、生地のよさや、ポリシーのある個性的なデザインにこそ、貴重なお金をかけるべきなのだ。わたしたちは、真の意味でよい服をつくってくれるデザイナーを増やす必要がある。同時に、そういう服を自ら買おうとする消費者も増えていかなくてはならない。

スターバックの考えでは、デザインのよし悪しはどれだけ頻繁に着られるかで決まるという。わたしは少し前まで、愕然とするほど似たり寄ったりのタンクトップを三四枚と、スカートを二一枚持っていた。だがスターバックのデザインする Bright Young Things（ブライト・ヤング・シングス）の一連の服は、一枚でさまざまな着こなし方ができる、フレキシブルなデザインが特徴だ。同じようなものを何枚も持つ必要はないと消費者に気づかせる狙いが込められている。たとえば黒いミニドレスは、前後ろを逆にして着ることができるだけでなく、広げてジャケットとして羽織ることもできる。コンバーチブルパンツは、ハイウエストパンツとしてもローライズパンツとしても、また普通のウエスト位置でも履くことができる。スターバックのデザインには次のようなメッセージがあり、そこには彼女独自のライフスタイルが織り込まれている。「自分のスタイルを自分で決めること。創造的になること。それは、服を大量に持つより素敵なことです」。こうした用途の広いデザインは、今日のファッション界で主流になりつつある。たとえば American Apparel（アメリカンアパレル）のルーズフィットの服は、多様な着こなしを提案するパンフレット付きだ。

スターバックの一連のデザインは、二〇一〇年のグリーンショーでも取り上げられた。グリーンショーは秋のファッションウィークと同時にマンハッタンで開催されるランウェイ・ショーで、持続可能なファッションだけを集めたものだ。このショーに出品したデザインのうち、二色展開のホルターネックのトップス、パンツ、コートドレス、クリーム色のラップドレスの計四種のデザインは、マンハッタンにあるアーバンアウトフィッターズの三店舗で販売された。この新デザインを試着するため、わたしはイーストヴィレッジ店でスターバックと落ち合った。彼女のコレクションは、タンクトップのラックの陰に隠れていた。タンクトップはいつもの派手な色使いや、その年大流行した小花柄だった。「こういう服は次のシーズンにはもう着られないかもしれないわ」とスターバックは警告した。こういう服というのは、店内の流行品全部を指している。「みんなが目にするから、いつ店に出たものかすぐにわかっちゃうでしょ？　いつ買ったものか、正確に言い当てられるわけ。格好悪いわよね」。スターバックのコレクションはすべて栗色、黒、クリーム色の単色使いだった。

ブライト・ヤング・シングスの服のラベルにはこう書かれている。「何通りの着方ができるでしょうか？」運のいいことに、わたしは正解を教えてくれる当のデザイナーと一緒だった。「きっとみんな、同じことしてるんでしょうね」。急いで試しにかかったわたしを見て、スターバックは笑った。最初に、調整可能なホルターネックのトップスを試してみた。首のところでひねって、体にぴったりしたへそ出しルックにしようとした。スターバックは「わたしは横向きに着てみたけど、それだともっと露出度が高くなったわ」と言う。ホルターをぐるりと回して腕を一本だけ通すと、まったく異なるドレープの、アシンメトリーなスタイルになった。

サラ・ケイト・ビューモントやエリザ・スターバック、サラ・ベレケット、ジリアン・オーウェンズのような女性たちの服に対する態度とライフスタイルを知って、わたしは自分の服をつくってみよう、そしてアパレル業界全体のありかたに影響を与える勢力の一端を担おうと思うようになった。どんな服でも、リフォームは可能だ。自分好みの、さらに表現豊かなものに変えられるのだ。わたしは今、自分の体型に合ったものを着ることにプライドを感じている。サイズを直して着るようになってからは、街に出るたびに欲求不満が募るようになった。というのも、体にぴったりの服を着ている人が、誰ひとりとしていないからだ。サイズ合わせなんて、とても簡単なことなのに。今ではわたしも、喜んで服を切り刻むようになった。無駄にするリスクは常にあるが、たいていは最初よりずっと気に入るものができる。最近のわたしのリフォームの、ほんの一例をご紹介しよう。①クローゼットのなかで埃まみれになっていたポリエステルのブラウス。肌にべたべたくっつく合成繊維の裏地を取り外してベルトを切り落とし、涼しげに透けるルーズフィットのブラウスにつくり変えた。このブラウスは多くの人から褒められる。②救世軍のリサイクルショップで買ったレザーのスカート。裏地を少し切って、裾を詰めた。③楽しい柄だけれど、ピエロみたいなので、日中は着られなかったシャツ。トートバッグと枕カバーにしたら、ぴったりだった。④中古で買った茶色のレザーブーツ二足。黒く染めたら、合わせられる服が増えた。⑤Tシャツ全部。ぴったり合う丈と幅にした。

サラ・ケイト・ビューモントはわたしの将来を予想して、今後何年も、飽きることなく自分の服をつくりつづけるだろうと言った。「何年か後にもまだ『すごい、自分でトップスをつくっちゃった！』

と嬉しがっているでしょうね」と彼女は眉を上げたり下げたりしてわたしの表情を真似てみせた。わたしも一緒に笑ってしまった。本当のところは、実際に時間が経ってみないとわからない。もしかしたら裁縫は向いていないと諦めて、才能豊かな人たちに任せることになるかもしれない。任せたい候補者はたくさんいる。スターバックのようなデザイナー、ベレケットやオーウェンズのようなリフォームの専門家、ウルフのようなプロの仕立屋。そしてこれから世に出てくるにちがいない、革新的なスローファッションのデザイナーやアパレルショップも大歓迎だ。

第九章　ファッションのこれから

エコーパーク・インディペンデント・コープ（E.P.I.C）という名のブティックがある。流行の最先端を行く、少しばかり威圧的な外観だ。名前の由来となったロサンゼルスのエコーパークにあり、おしゃれな店頭の窓ガラスには二匹のウサギが後ろ足で立ち互いの片手を交差している、謎のロゴマークが描かれている。ロフト風の店内は、美術館のような白い壁に囲まれたスペースだ。パッチワークのレオタードやスパンコールのついたジョッパーズ、風変わりなプリントのセクシーなドレスなどが並んでいる。オープンは二〇一〇年三月。わたしがアトランダムにいろいろな店に入る試みを始めたのは、その年の八月だった。E.P.I.C を訪ねたときには、すでに有名人つきのスタイリストが大勢つめかけるようになっていた。自分の雇い主に、この店の服を着せようというのだ。ファッションの急先鋒レディー・ガガのスタイリストも最近来店し、ドレスを買っていったという。

わたしが入って行くと、背の高い金髪男性がにこやかに挨拶してくれた。赤いチェックのシャツにスリムなハーフジーンズ姿の、少年のような男性だ。これがトリスタン・スコットだった。数分後には、わたしたちは盛んにおしゃべりを交わしていた。店構えから想像していたのとはずいぶん違う店だとわかったからだ。流行の最先端を行っているにもかかわらず、商品のほとんどは地元ロサンゼルスでデザイン、生産されていた。そのうえ環境にやさしい生地を使うなど、倫理的な調達を基本方針としていたのだ。

これまでずっと、ファッショナブルで環境にやさしく、労働者（できればアメリカ国内の）に生活賃金を保証しながらも、商品の価格は安い、そんなユートピアのような店がどこかにないものかと探してきた。だが、あるわけがない。資源を枯渇させるほどの大量生産や搾取労働なしにつくった商品なら、安くなりようがないからだ。服をきちんとつくったら、安くはできない。これまで書いてきたとおりだ。わたしはこの事実を受け入れるのに二年かかった。だが今、価格の問題さえ除けば、わたしの理想はすべて実現可能になっている。

ここ数年、産直野菜を買う人が増えている。比較的価格の高い有機卵や地元でとれた野菜などの売れ行きも伸びている。近隣の農家から仕入れた原料だけを使った、おいしい、しかも生活の質を高めてくれる食事を提供するレストランも人気が高い。地域を重視し、何をどのように食べるかをよく考えて決めるスローフードの支持者は大勢いる。そしてこの動きは、ゆっくりと、しかし確実に、ファッションの世界にも広がっている。

過去何年ものあいだ、エシカルファッションの主流は、デザインよりも政治的な意図を重視するものだった。商品は、麻の靴やオーガニックコットンを使ったシンプルなTシャツなど、流行と無関係な単調なものばかりだった。これでは、限られた支持しか得られなかったのも無理はない。有機野菜や地域でとれた食材が支持を得たのは、それが新しい食の体験を与えてくれたからだ。スローファッションやローカルファッションも、ここへきてようやく、同じように新たな体験を約束するものに変わりはじめた。

E.P.I.C がオープンしたとき、ふたりの経営者スコットとリアノン・ジョーンズは、エシカルファッションについては黙して語らなかった。ファッションそれ自体に注目してほしかったからだ。「料理にこっそり芽キャベツを混ぜ込む、母親みたいにやりたかったんだ」とスコットがいたずらっぽく言うと、レトロなロッカースタイルのヴィンテージ愛好家、ジョーンズが「実はこれ、オーガニックだったのよ！　ほーら、買わせちゃった！」と母親の声色を使い、ふたりは笑いこけた。商品の多くは、オーガニックコットン、毒性のない植物性タンニン染めの皮革、再生ポリエステルといった素材を使っている。だが、客はほとんどの場合、そのことに気づかないそうだ。客のめあては、ここで販売されている五〇の最先端の独立系ブランドである。再生PET樹脂とオーガニックコットンでつくられたAs Is（アズイズ）、紳士物に植物性タンニン染めの皮革を用いるGas'd（ガスド）などがその代表だ。「お客さんが着たくなる服をつくるのが、とても大事なんだ。ファッションをすごく愛しているからね」とスコットは言う。スローファッション運動の成功にまず必要なのは、実際に購入し、身につける経験を増やしてもらうことだ。そのために肝心なのは、品質、創造性、独自性のすべての点で、チェーン店や過大評価されているデザイナーズブランドに勝る服をつくることだという。

ケイト・マグレガー（三一歳）は、スローファッションをコンセプトとするKaight（ケイト）という名のブティックをニューヨーク市内二カ所に構えている。控えめで美しく、こぢんまりした店だ。国産品、または持続可能な製法でつくられた生地を使用したもの、その両方を兼ねそなえた商品も多い。ここにはFeral Childe（フェラルチャイルド）の作品もある。フェラルチャイルドはブルックリンを本拠地に活動するふたり組のアーティストによるブランドで、シルクスクリーンによるオリジナルプリントの布地を用いている。その他、イヴィアナ・ハートマンの美しい仕立てで知られるブランドBodkin（ボドキン）の服もある。また、フェミニンで高品質のフード付きパーカーやニットジャケットで知られるシアトルのブランド、Prairie Underground（プレーリーアンダーグラウンド）も扱っている。マグレガーは、エコ認証を押し売りする気は毛頭ない。それよりも魅力的なスタイルのほうが大事だという。「デザインが素敵で仕立てがよく、着たいと思うからこそ、買いたくなる。そこがいちばん肝心よ」

スローファッションには、わたしたちが習慣的にチェーン店に期待することとは驚くほど違う点が、他にもたくさんある。流行に左右されない、というより、独自のラインで流行とはまったく相容れないものをつくることに重点が置かれることも多い。「もし本当の意味で先端を行くすぐれたデザインの服をつくれば、流行がそれに追いつくのは何年もあとになるでしょうからね」とマグレガーはその理由を説明してくれた。たとえばE.P.ICのホームページでは、パニエ付きのマリー・アントワネット調の光り輝くドレスや、袖から長い房飾りを下げた金色のラメの服などが売られている。服装だけで王様と貧民とを見分ける時代は、はるか昔に終わった。それなのになぜわたしたちは、人と同じ無難なスタイルにばかり固執するのだろうか？　ある意味、個人のスタイルの選択の幅は昔より狭まっているといえるだろう。流行があまりに速く移り変わるので、消費者にはふたつの選択肢しかなくなってしまった。瞬時に切り替わるネオンサインのように大わらわで流行を追い求めるか、独自のスタイルを貫く勇気を持つか、そのどちらかである。

「現代のファッションは、本当に面白いデザインや芸術的な服を着ることよりも、ステータスを誇示することが目的になってしまった。とくに高級ファッションの世界で、その傾向が強いね」とスコットも同意する。彼もジョーンズも、真にユニークで先鋭的な、いわば芸術的な商品を選んでE.P.I.Cに置くよう努めている。ケイトもやはり、E.P.I.Cよりはいくぶん抵抗なく着られそうではあるものの、非常に独創的な服を好む。わたしはケイトで、虹色のゼブラ柄のフラットシューズを買った。柔軟性の高い特許製法の再生プラスチックを素材とする、再生可能な靴だ。ブラジルのMelissa（メリッサ）というブランドの製品である。メリッサの工場は完全循環型リサイクルシステムを採用し、生産工程で出る排水も廃棄物も、すべて再生利用している。売れ残った商品も再生し、翌年のコレクションに利用するという[1]。

どんな素材を使おうと、スローファッションはそれ自体、本質的に環境にやさしい。同じデザインのものを少量しか生産しないからだ。ロサンゼルスのブランドReclaimed（リクレイムド）のデザイナー、アリシア・ローホンが再生繊維でつくる服はすべて一点もので、E.P.I.Cを通して販売されている。E.P.I.Cやケイトで売られている商品は、主だったものも含め、どれも少量しか生産されていない。スローファッションは環境にやさしいだけでなく、それ自体が非常に大きなセールスポイントだ。同じものを持っている人がほとんどいないのだから。また、自分の住んでいる地域でつくられたものを買うスローファッションは、地域の人材支援にもつながる。ここ数十年で失われてしまった地域の個性を再生する力も秘めているのだ。

ケイトのオーナーであるマグレガーは、オハイオ州スプリングフィールドで零細企業のオーナーの娘として育った。幼い頃から流行のファッションを追いかけていたという。「子供のときから、何か買うならまず地元で、と言われたわ。零細企業を支えるためよ。そのことがいつも頭にあったわ」と彼女は言う。コロラド州ボールダーで学生時代を過ごし、環境問題への意識を培った彼女は、アパレル産業は表面的で無駄が多いと思うようになった。「そのせいでファッションから遠ざかるよう自分に強いたこともあった」と言う彼女は、本来の関心とは正反対に、金融関連ニュースの仕事についた。大好きなアパレル産業に戻ったのは、その後だ。持続可能な製法でつくられた繊維のストッキングをデザインするというアイディアのもと、二〇〇六年にロウアー・イーストサイドに最初の店をオープンし、そこから構想を広げていった。「アイディアは進化して、今では全工程を視野に入れているの。生産過程だけでなく、染色の手法や原料の調達方法まで、何もかもよ」

E.P.I.C でもケイトでも、ブティックのオーナーはデザイナーの門番という位置づけではなく、パートナーとして働いている。鋭い美的感覚を持ちつつ、素材の調達段階からすでに環境への負荷をなくすことができるように、デザイナーを支援しているのだ。たとえば環境にやさしい繊維の調達先を紹介したり、レザーを植物性タンニンで染める手法や再生素材の使い方を教えたり、といったぐあいだ。E.P.I.C のスコットとジョーンズは、持続可能な製法でつくられる生地を買い付けるツアーまで企画して、デザイナーたちと一緒に出かけた。そのうえ、通常はごく一般的なやり方で生地を調達しているデザイナーとも契約を結び、環境にやさしい商品の制作を委託している。マグレガーも、同様の働きかけをしている。オーガニックの素材を部分的にしか使わないデザイナーに対して、将来的にオーガニック素材の比率を上げるよう要求しているのだ。E.P.I.C もケイトも人気が高いので、デザイナーたちはなんとか自分の作品を置いてもらおうとする。つまり、主導権を握っているのは店側だ。ジョーンズは言う。「現実にそんな要求ができるようになってきている。デザイナーたちも、従ってくれることが多い。彼らも実際にやってみると、持続可能な製法でつくられた生地を使うのは、思っていたほど大変ではないとわかってくる。それほど大きな方向転換が必要なわけではないのだ、とね」

ファッションスクールにおいても、持続可能な服づくりが推奨されている。E.P.I.Cに作品を持ち込もうとするデザイナーたちを見ても、初めから倫理的な調達を行う若手が増えている。繊細でスタイリッシュなレザージャケット専門の紳士服ブランドRoark Collective（ロアークコレクティヴ）のデザイナーは、店に作品を持ち込んできたとき、すでに植物性タンニン染めのレザーを使っていた。スコットは言う。「彼らはファッションスクールを卒業したばかりだった。ぼくらが何も言わなくても、社会はその方向に動き出しているんだ。すごく嬉しいことだよ」

持続可能な製法の繊維を生産する企業の数も増え、価格も下がり始めている。ここ数年で種類も増え、品質も劇的に向上した。「二年前に環境にやさしい服について書き始めた頃は、手に入るのは麻のスカートだけだった」とジョーンズはふり返る。E.P.I.Cを開店する以前、エコファッションのブログを執筆していたのだ。今は天然素材のほぼすべてについて、持続可能な製法が選択できるようになった。わたし個人は、ポリエステルよりウールやコットンを選ぶべきだと思う。着心地がよく、石油に依存しておらず、土に還るからだ。だが、原料を再生利用したり転用したりできる素材はすべて支持するというのが、わたしの立場だ。最終的には、繊維業界で使われている有毒な溶剤や化学物質の全体量を減らすこと、そして社会全体でも繊維の消費量を減らすことを目標にすべきだろう。

セルロース繊維の製法も、近年では環境に配慮したものに変わってきた。スターバックがデザインする Bright Young Things（ブライト・ヤング・シングス）シリーズの素材は、テンセルの混紡生地だ。テンセルはレンチング・コーポレーションの登録商標で、スーパーファインコットンのような手触りにシルクのような光沢が特徴のレーヨンだ。原料はユーカリのパルプで、化学溶剤を使って抽出する。環境にやさしい完全循環型リサイクルシステムで生産し、使用した化学溶剤はすべて再利用する。わたしはこのテンセルに似たモダール製の、黒のノースリーブのトップスを持っている。すばらしく柔らかな肌触りで、人前でもつい生地を撫でつづけてしまいそうになるほどだ。わたしはシルクにも首ったけだが、普段はリサイクルショップで買うことにしている。そのほうが安いこともあるが、シルクの生産は高度に労働集約的（約五・四キロ強の生糸を取るのに、約三万匹の蚕が必要）だからだ。生地は衣料品の根幹であり、おそらくもっとも重要な要素だろう。上質の生地は肌触りがよく、耐久性があり、汚れも落ちやすいので、長持ちする。さらに独特の質感と美しさがあり、一度どんなものかを知れば、ひと目で見分けられるようになる。

地域密着型の生産にも、復活の兆しがある。地元で生産したほうがずっと品質管理が楽で、市場にも早く出せることに、デザイナーたちが気づいたためだ。「あるラインの在庫がわずかになってしまったら、デザイナーに電話して『やあ、今週急ぎでつくれそうなものあるかい？』ときくだけでいい。そうすれば迅速にことが進む。どうしてみんながこの方法を選ばないのか、不思議だよ」とスコットは言う。ケイトのマグレガーも口を揃えた。「デザインのどれかが、いつ爆発的な人気にならないとも限らないでしょう？　地元の工場と普段からいい関係を築いていれば、大急ぎで追加生産を頼めて、二週間で店頭に出せる。すばらしいことだわ」。これは、現代のファストファッションやインターネットに広く行き渡っている適時即応の考え方でもあるが、実は、業界全体の規模が小さく、統合が今ほど進んでいなかった昔も一般的だった。需要に素早く応じられる国産の製品には、誰もが喉から手が出るほど欲しい強みがあるのだ。

　さまざまなマイナス要素にもかかわらず、二〇一一年上半期、アパレルメーカーの雇用数はわずかに増加した。いったんは史上最低の一五万五〇〇〇人まで減少したが、二〇一一年五月には一五万七四〇〇人まで持ちなおしている。[2]中国の人件費が急騰した今、国産品もコストの面で不利とは言えなくなった。生産を国内に戻したのは、マイナーなデザイナーばかりではない。カリフォルニア・ファッション協会の会長イルゼ・メチェックによると、ターゲットもメイシーズも、新シリーズのテスト生産のために国内拠点を探しているところだという。「メイシーズのプライベート・レーベルが、高級婦人服のトップスの生産を予定しています。海外で大量生産に入る前に、国内でテスト生産したいと考えているのです」とメチェックは明かした。

　ロサンゼルス発のブランドKaren Kane（カレンケイン）は拠点をアメリカに戻した。一九七九年の創業以来、長らく商品の半数以上を中国で生産してきたが、二年前に海外工場の賃金が高騰しはじめると同時に方向を一八〇度転換し、今では全製品の八〇パーセントをロサンゼルスで生産している。もっと大幅な国内回帰を果たしたブランドもある。やはりロサンゼルス発の、シルクのプリントドレス専門のブランドSingle（シングル）だ。二〇一一年から生産を中国から国内に戻し、今は製品の九

○パーセントが国産品だ。[3]

規模の大きな企業の場合、国内生産に舵を切るのは容易ではない。アメリカには大量生産が可能な大きな工場がほとんどなくなってしまったため、生産拠点を国内へ戻すには工場の再建が必要だ。だが、経験を積んだ工場管理者や熟練労働者の多くはすでに引退したか、他の業種に鞍替えしたかのどちらかだ。機械は老朽化するか、さもなければ国外のメーカーに売り払われて、もはや影も形もない。アメリカではほとんど生産不可能になってしまった衣料品もある。セーターをつくるには特殊な編み機が必要だが、機械のほとんどが売却され、国外に流出してしまった。「セーターの生産を再開するには、編み機を中国から買い戻す必要がある」とマイケル・ケインは言う。彼のブランドであるカレンケインは、生産資源の枯渇という現状のなかで、どうしたら最高級の国産品をつくれるかを模索しているという。「つくりたいものをつくれる場所を見つけるのは、かなり難しい」とケインは認める。「地元に残った生産拠点をもう一度利用できればと、ずっと思っているんだけどね」

マンハッタンでガーメントセンター保存運動に尽力するエリカ・ウルフは、「国内生産への回帰がニューヨークでも起きるかもしれません」と期待するが、さしたる根拠があるわけではない。「今年は中国から他拠点への生産移転が進むと思います」と彼女は楽観的だ。ガーメントセンター保存運動は、マンハッタンの多くの団体やニューヨーク市と協力して、センター内の生産拠点を守ろうとしている。「有名デザイナーも何人か戻ってきてくれたらいいんですけど」とウルフは言う。

ウルフをはじめ、わたしが話を聞いたファッション関係者の多くが、国内生産を活発化させるための優遇税制、設備資金融資、職業教育などの公的支援が必要だとしていた。ウルフはワシントンＤＣ

でロビー活動を行い、国産メーカーのための産業振興債の発行を訴えたことがあるという。アンディ・ウォードの服飾産業振興会社は、労働者に高度な縫製技術やパターン技術を教えるため、州の融資を利用している。こうした取り組みをさらに広げる必要がある。不法就労者に関しても、なんらかの措置が必要だ。歴史的に見ても、服飾製造業の根幹を担ってきたのは移民なのだから。

カレンケインは二〇一一年のクリスマスシーズンに向けてディラーズデパートと提携し、中価格帯のメイド・イン・USAコレクションを国内一七九の店舗で販売した。デパートにとって、国産品は救いの神だ。リードタイムを大幅に短縮できるからだ。五カ月も前に発注するのではなく、流行の動向を見極めてから、カレンケインと協力して注文を調整できる。商品が店頭に並ぶまで、わずか数週間しかかからない。「デパートはこれを、すぐれた小売形態だと認めている」とケインは言う。「国内の生産の幅がさらに広がれば、今よりずっと早く流行に反応したり、方向転換したりできる。業界は今後、その方向に進んでいくんじゃないかな」

地元で生産すれば、デザイナーも生産現場への目配りが容易になる。労働者に対する虐待や搾取は、国内にも存在する。だが、各ブランドが生産量を減らし、業界全体が今より高品質の少量の服に重点を置くようになれば、アパレル企業はより明確に社会的責任を果たせるようになり、そうなれば業界内の労働問題も改善されるだろう。衣料品の値上がりも、賃金低下の競争に歯止めをかけるだろう。「生産を地元に持ってくれれば、工程の監視もずっと容易になる」とE.P.I.C のトリスタン・スコットは言う。もっともE.P.I.C のデザイナーの多くは少量ずつしか制作しないので、仕事場は自宅や個人のスタジオなのだが。工場主のなかには、州や連邦の労働法が厳しすぎる、海外の工場との価格競争に不利だと不平をもらす者もいる。だが歴史的に見ても明らかなように、アパレル業界には監視の目が欠かせない。それがなければ、労働環境はたちどころに悪化するだろう。

価格のことを考えてみよう。わたしは、消費者全員が引き出しを総点検して、スローファッションの基本アイテムや下着を買いそろえるべきだと言っているわけではない（もちろん、お金に余裕があってそうしたいという人まで止めるつもりはないが）。また、地元でつくられた高い服を、五歳児にも着せるべきだ、と主張するつもりもない。子供服はほんの数カ月でサイズが合わなくなってしまう。わたしがアルタ・グラシアの取り組みを有望だと思う理由は、生産品が基本アイテムであり、流行に左右されないということだ。大量生産品やTシャツなどの実用的な衣料品は今より安価であるべきで、発展途上国で生活賃金を支払い、フェアトレードの工場で生産することは、そのための完璧な解決策だ。そんな生活賃金を保証する工場で、その他の生活必需品もつくってくれたら、どんなに嬉しいだろう。たとえばソックスや下着、ジーンズ、それにあまり高価でない冬物のコートやブーツなどは、ぜひお願いしたいものだ。

スローファッションの強みは、ファッション性にある。つまり自己表現のための服だという点である。そういう服こそ、点数は少なくていいので、一点一点に今よりお金をかけるべきだ。ものを買うとき、わたしはいつも、ここで支払うお金は誰かの給料に直結しており、結果的には社会全体を元気にするのだと思い出すようにしている。最近のムーディーズの解析レポートによると、消費者が国産品にかけるお金を一パーセント増やすだけで、二〇万人分の新規雇用を生み出すことができるという。[4]シャツには三〇ドル以上かけたことがなかったとわたしが打ち明けると、マグレガーは「まあ」と答えるだけで精いっぱいだった。消費者が衣料品にそれほどまでにお金を使わないなら、縫う人も売る人も、まともな生活ができるはずがない。格安ファッションチェーンでせっせと働く売り子とは違い、マグレガーは「自分の作品を買う余裕がある生活」を目安に自身の給与を設定している。その作品の価格とは、およそ五〇ドルから三〇〇ドルだ。服を使い捨ての流行アイテムではなく投資と見なすなら、マグレガーのつけた値段も許容範囲と言える。

　では、いくらまでなら服にお金をかけられるのだろうか？　それは個々人の収入と経済状況によるだろう。買うのが自分の服か、夫の服か、はたまた家族みんなの服なのかによっても違う。わたしは安い服を買うのをやめたあと、地元で商品を販売している独立系のデザイナーから数点を購入した。出費は痛かった。シルクのノースリーブのミニのシフトドレス〔ウエストに切りかえがない、ストレートの細身のドレス〕を二〇〇ドルで買ったときは、レジに向かいながら息が詰まるような気持ちだった。本当にそのドレスが好きか、本当に着るのかと、ありとあらゆる方向から自分に問いかけなくてはならなかった。突然、服が経済的な影響力を持つものになったのだ。

　高品質の服を、社会的責任が果たせる額を賃金として払って、環境的に持続可能な量だけつくる場合、公正な価格はいくらだと思うか、と、アパレル業界の人々にきいてみた。難しい質問だ。どんな服を想定するかで、答えは大きく違ってくる。コートとトランクスでは、公正な価格といっても相当な開きがあるだろう。無理もないことだが、即答できた人はいなかった。結局のところ、不当に高い価格なのか、それとも品質に見合う妥当な価格なのかを見きわめるには、消費者自身の学習が不可欠なのだ。上質の仕立てやよい生地とはどんなものかを知っておく必要がある。消費者全般にそうした知識が行きわたれば、小売店が設定する価格も、今より信頼のおけるものになるだろう。そして驚くほど高い値札は、それに見合う特別な品質の証となるだろう。

スーツやドレスをオーダーメイドでつくると、たいていの既成服よりも高くつく。デザインの独創性が一ランク上のものや一点ものを買う場合は、数百ドル以上の出費を覚悟しなくてはならない。だがそういう場合でさえ、たとえばプラダを買うよりはずっと安い。そんな商品こそ守るべきであり、求められるべきだ。また、小規模な小売店の商品は、デザイナーと店との両方に利益が必要なため、どうしても価格が高くなることを覚えておこう。価格を不当につり上げている高級品市場とは異なり、まっとうな個人経営の店の価格は、実際の商品価値や労働や技術にかかったコストをきちんと反映している。

E.P.I.Cでは、デザイナー側がスコットとジョーンズに卸価格と小売価格を明示することになっている。原価と照らして検証をするためだ。製品を高級に見せるためだけに、高い利鞘が設定されることはない。「うちの店では、つくるのにもっとも時間のかかる手の込んだ服が、もっとも高い。理にかなっているよね」とスコットは言う。ケイトにはさらに高価な商品もあるが、それは高級な素材を用い、縫製が複雑であるがゆえについた価格である。客はたいてい、どんな価格も容認するという。「ブランドをよく知っていて、品質がすばらしく高いと経験上わかっているお客様が相手なら、ある程度の値段でも納得してもらえるわ」とマグレガーは言う。価格がどうやって決定されたのかを、消費者はもっと知るべきだろう。商品の価格と品質とのあいだの溝を埋めるには、ファッション業界全体の透明性を高める必要もある。

これまで格安衣料品を買ってきた人でも、出費を増やさずに買い方を改めることはできる。購入点数を減らし、買うものを厳選すればいい。わたしの場合、年間の服飾費は以前と変わらないが、今では以前よりずっと似合う、ずっと素敵な服を持っている。これはすばらしいことだ。コートや靴や、男性の場合ならスーツのために大金をとっておくのが、賢いやり方だ。そうすればたいていの場合、体型に合って長持ちする、より上品で古びることのないスタイルが手に入る。これまでのように頻繁に買い換える必要もなくなる。

時間が経つにつれて、流行に乗ることと素敵な着こなしは両立しないことが多いと気がついた。今人気なのはフリルが大きく波打つルーズなシャツだが、わたしには似合わない。その前に流行した丈の長いチュニックも似合わなかった。流行から遠ざかれば遠ざかるほど、どんなスタイルやシルエットが自分に合うのかがわかってくる。だが、流行のものがたまたまとても気に入ることだって、ないわけではない。一九九〇年代のミニマリズムの単純化されたスタイルは、わたしのお気に入りだ。ただし、流行品を探すときは、まずリサイクルショップに行く。流行といっても多くは古いものの焼き直しである。そうでないにしても、すぐにリサイクルショップの店頭に並ぶ。わたしは、チェーン店やディスカウントストア、それにたまに格安ファッション店で簡単な買い物をすることまで、きっぱりとやめたわけではない。だが、そういう店での買い物をひとりひとりが半分に減らすだけでも、アパレル業界に現状を改めさせる充分な圧力になるだろう。肝心なのは、どこで買うにしてもできるだけよいものを買い、買ったものをきちんと活用し、手入れをすることだ。

靴を修理して履くという習慣も取り戻すべきだ。地元の修理屋さんの支援になるというのも理由のひとつだが、それだけではない。靴は、かかとや靴底を替えるだけでぐっと長持ちするからだ。二〇一〇年の冬に、わたしは初めてブーツのかかとを替えた。それまではいつも、靴底に穴があいたら捨ててしまっていた。ほとんど履かずにグッドウィルか救世軍に持っていくこともあり、そのたびに新しい靴を買っていた。だが、今回はブルックリンの靴修理店を調べて、電話してみた。そして、哀れっぽい自信のなさそうな声できいた。「ブーツのかかとを取り替えてもらうことって、できますか？」何か突拍子もないことを口にしているような、頼りない気持ちだった。まるで「一角獣の角はありますか？」とでもきくみたいに。電話の向こうの男性はぶっきらぼうに「どうしたんだい？」と答えた。黒いふくらはぎ丈のブーツのかかとがすり減って、膝を痛めそうなくらい傾いているのだとわたしは説明した。「新しいかかとに替えるしかないな。それじゃ」。電話は一方的に切れた。

このブーツを修理に出すにあたって問題だったのは、そもそも安物だったことだ。五〇ドルで買ったのだが、革は低品質で靴底はゴム、縫い方や接着のしかたも並み以下だ。半年しか履いていなかったが、表面が変な銀色の斑点で覆われ、底はすっかりすり減っていた。それでも直そうと決めた。修理が終わったブーツを受けとったとき、あまりにきれいになっているので驚いてしまった。革は湿り気を帯び、真っ黒でつやつやに光っていた。新しい靴底もかかとも、頑丈で分厚かった。新品よりよくなっていたのだ。翌シーズンに早くも流行が変わったときは、修理して本当によかったと思った。そのシーズンに流行していたつま先の尖ったルーズなブーツはすでに旬を過ぎ、店員はコンバットブーツやつま先の丸いブーツばかりをしきりに勧めるようになっていた。流行色も、黒から茶に変わった。

大げさすぎると思われるのを承知で言いたい。わたしたちは誰もが、自分の服に仕える執事であり、服が年をとっていき、やがて一生を終えるまで見届ける義務がある。不要になった服があったとしても、それをただちに埋め立てゴミにしないですむかどうかは、わたしたち次第なのである。次の人にも着てもらえるよう、いい状態に保っておくべきだ。つまり、持っているあいだは手入れと管理を怠らず、寄付したり売ったりする前には洗濯し、修理するのだ。この冬、しまい込んでいたコートを出したとき、わたしは何日間も着ようかどうしようか迷った。裏地のほころびを繕わないと駄目かな？ 丈を詰めたり、ちょっとリフォームしたりすれば着られるようになるかも？ でも、そうやって考えても、服によってはどうしても着る気になれないものもある。買ったときはいいと思ったが後々気が変わるケースもあれば、実は初めから好きではないのになぜか買ってしまったと気づくケースもある。よいものを見分けられるようになったせいで、見るからに粗悪品だと感じるようになった服も多い。結局、出してきたコートは、数枚をクリーニングに出し、裏地を繕い、ぶら下がったボタンを付け直して、できるだけよい状態にして寄付に回した。

車でショッピングモールに出かけて何千人もの人と同じ服を買い、あらかじめ決められた流行のスタイルを身につけていた消費者たちは、今、独立系のブランドや個性的なファッションに戻りはじめている。デザイナーの仕事場と小売店を併設した店も増えてきた。そういう店では、顧客が最終的なデザインに注文をつけることもできる。ロサンゼルス近郊のシルバーレイクには、マトリョーシカ・コンストラクションという店がある。商品はすべて店舗内で手づくりされていて、その場でサイズを合わせてもらえる。伝統的なニット地のドレスも扱っており、柄や袖丈を指定してつくってもらえる。

同様に、サイズや色やデザインを注文できる仕立屋の人気も復活している。ささやかではあるが、こうした復活には重大な意味がある。スローファッションとは頭を使うことであり、自分の手を動かすことだ。それを見て刺激を受けた別の誰かが、今度は自分の服をつくるようになるのを見るのは感動的だ。

わたしに関して言えば、ゆっくり、しかし確実に、生活も服も変化している。着ている服のことを人にきかれれば、「どこそこで買ったの」とか「たった二〇ドルだったのよ」といった会話より、ずっと豊かな話ができる。相手に時間があれば、アメリカの衣料品と繊維貿易のことを、そして今も国内でつくられている高品質で仕立てのよい服のことを話したいと思う。わたしが服をリフォームしたり、自分でつくったりした話を聞いてもらいたい。生地がどんなに大切かを伝えたい。お気に入りの地域のデザイナーも紹介したい。

以前のような服の着方は、もう二度としないと自分に誓った。通いつめていた店で服を買うことも、二度とないだろう。なぜなら、以前はファッションの聖地のように見えたH&MやOld Navy（オールドネイビー）やターゲットの前を通りかかるたびに、その実態が頭に浮かんでしまうからだ。そこには、お値打ち品を装った格安の服が、無秩序に詰め込まれているのだ。服がどんなふうにつくられ、どんな素材が使われているかを知り、そしてどんな長い道のりを経てわたしたちのクローゼットにたどり着くかをはっきりと思い描くことができれば、価値がない、使い捨てにしてもよい、などとはとても思えなくなる。その代わり、格安ファッション店では決して手に入らない、高い技術と上質の生地を使った個性的な服が欲しくなる。バーゲンや掘り出しものをあきらめることさえできれば、今までよりはるかに魅力的な、はるかに元気を与えてくれる、新しい服の着方があることに気づけるのではないだろうか。

あとがき――ペーパーバック版原書によせて

二〇一二年六月に本書の単行本を刊行して以来、興味を持ってくれた人たちに対して、わたしは気がつくと同じことを言い続けていた。「格安ファッションについての本じゃないんです」。本書は、格安ファッションに限らず、アパレル業界全体について書いた本だ。全価格帯を網羅しており、ブランドから縫製工場、消費者に至るまで、ありとあらゆる関係者が登場する。そのうえで、すべてが常軌を逸するに至った経緯を、詳細にリポートした。消費者の取材では、頭のてっぺんから爪の先までForever 21の服で固めた事務系のインターンの学生から、ブランドの靴一足に八〇〇ドルを投じるブランド中毒者、七ドルの靴を買うのが精いっぱいという人まで、あらゆる購買層を対象とした。

さらに言えば、本書は女性のためだけのものでもない。「服装なんて気にしない」という男性も含め、服を着るすべての人に向けて書いた。アメリカ人は年間三六〇〇億ドル近くを服や靴に使っており[1]、アパレル業界がわたしたちの生活に及ぼす影響は、驚くほど多岐にわたっている。

単行本刊行からの一年間、わたしはあちこちで本書について話してきた。その間にいよいよ明らかになったのは、格安の流行品を売るチェーン店が、現代のわたしたちの生活にいかに密接に関わっているかということだ。生産移転による国内雇用の減少にも、世界じゅうの縫製工場での悲惨な搾取労働にも、さらにはアメリカ国内の所得格差の拡大にまで、多大な影響を及ぼしている。海外で生産した商品を低価格で販売すること、世界じゅうにはびこる貧困とは、表裏一体の関係にある。所得と地域社会の安定を揺るがし、環境問題を絶望的なまでに悪化させているのは、現代人の極端な大量消費だとわたしは思う。なかでももっとも大量に消費されているものが衣料品だ。

格安ファッションチェーンは、問題の多い現代の消費文化の縮図でもある。わたしたちは電化製品や家具や装飾品、そしてとりわけ衣料品を、前代未聞のペースで、買っては捨てている。購入するときに考えるのは、「今、何が流行しているか?」ただそれだけだ。一九九一年から二〇一一年までの二〇年間で、アメリカ人が一年間に購入する衣料品の数は倍になった[2]。繊維ゴミの量も、一九九九年と比べて四〇パーセントも増加している[3]。

衣料品には、アメリカという国家が抱える問題がすべて凝縮されている。経済問題も環境問題も、さらには文化的な問題さえ関わっている。本書は、単に格安ファッションを論じたものではない。ファッション中毒の本ですらない。ファストファッション化した現代社会そのものについて語った本なのである。

本書で述べた悲観的な予測の一部はすでに現実となり、ファストファッションは崩壊の兆しを見せている。第七章では、二〇一一年四月に訪問したバングラデシュのダッカについて、次のように書いた。人口過密な首都ダッカで、服飾工場は違法な場所に無計画に建設されている、と。ダッカにはインフラも基本的な安全対策も欠けていることは、当時すでに、わたしの目にも明らかだった。あれではまるで災害を招くためのお膳立てをしているようなもので、実際、火事や死亡事故が多発していた。

だが、それを知っていたわたしでさえ、二〇一三年四月二四日の事件は驚きだった。ダッカ郊外で、縫製工場などが入った八階建てのビル〝ラナ・プラザ〟が崩壊し、少なくとも一一二九人の労働者が亡くなったのだ。[4] 犠牲者の多くは、欧米ブランド向けの商品をつくっていた。その半年前には、やはりバングラデシュのタズリーン・ファッションズ工場で火災が起き、一一二人が死亡している。

ラナ・プラザの崩壊は、服飾業界史上最悪の惨事といわれる。[5] その後、ファッション業界の労働条件と安全基準を、すみやかに、かつ根本的に変えるための運動が世界じゅうで始まった。Ｈ＆Ｍ、ウォルマート、Ｇａｐ、Tommy Hilfiger（トミーヒルフィガー）、カルバン・クライン、Benetton（ベネトン）、Abercrombie & Fitch（アバクロンビー&フィッチ）、Ｚａｒａなど、バングラデシュで生産を行う大手企業は、工場の労働環境にもっと責任を持つべきだとしてやり玉に上がった。しかし、欧米の消費者にも罪がないとは決して言えない。格安の商品を持てはやす消費者こそが、アパレル企業に低価格を強い、そのプレッシャーが工場に、ひいてはそこで働く労働者に転嫁されているのだから。あるいは、こう言い換えてもいい。以下は、ウォールストリート・ジャーナル紙の論評である。「アメリカ人の格安ファッション熱が、バングラデシュの生産ラッシュの最大の要因だ。それが生産力向上の熾烈な競争につながり、悲惨な事故を招いた」[6]。ファストファッションのシステムは年中無休だ。工場は来る日も来る日も、ぎりぎりの低コストで新たな流行品をつくり、出荷するよう要求される。「安く、早く」が合言葉となっている限り、衣料品は、もっとも危険でもっとも労働環境の劣悪な工場で生産されつづける。

ラナ・プラザの工場崩壊は、アメリカ人消費者の心を強く揺さぶった。理由はいくつもあるが、端的に言えば、わたしたちの格安ファッション中毒はもう行きつくところまで行っていたのだと思う。ラナ・プラザの悲劇が起き、アメリカ国民の怒りが大きく広がったとき、わたしを含む誰もが突然、天のお告げでも聞いたように気づいたのだ。ファッションの新たなパラダイムを社会が受け入れつつあることに。それは、搾取、無駄、貪欲といったものに立脚することのない、従来とはまったく異なるパラダイムだ。時代の流れは変わっていたのだ。それも、思いがけない速さで。

二〇一三年二月のニューヨーク・タイムズ紙の本書の書評には「〝スローファッション〟は〝流行のファッションに匹敵する地位〟を獲得した」とある。だが、持続可能性も倫理的な消費活動も、もちろん単なる流行ではない。きわめて重要な進化であり、社会に深く根ざした動きだ。大手アパレル企業には、この運動のなかで果たすべき重要な役割がある。たとえば、バングラデシュには四〇〇万人のアパレル関連労働者がいる。[7] その主な雇用主は、Ｈ＆Ｍ、Ｇａｐ、ウォルマート、シアーズ、ＪＣペニー、Ｚａｒａなどの大手チェーンストアだ。こうした企業の力があれば、労働者の生活の質を高めることが可能だ。サプライチェーン全体で労働基準を向上させ、それが守られない場合には責任をとるべきだ。そして、高い労働基準をブランド価値の一環としてアピールすべきである。消費者は今、食品だけでなく衣料品にも、生産方法や産地を表示するよう要求している。ニューヨーク・タイムズ紙の書評にもあるように、「食品業界で起きた革命的な変化が、アパレル業界にも広がっている。産地が、商品を選択する際の重要な情報になりつつある」[8]のだ。

消費者が求めるのは、完全な透明性と、心温まるストーリーだ。たとえばオンラインショップを経営するEverlane（エヴァレン）のウェブサイトには、商品のスライドショーとともに、生産工場のさまざまなエピソードが紹介されている。透明性の点から、信頼のおける公正労働認証制度をアパレル業界内に創設する必要がある。認証は独立した第三者が付与し、業界全体で広く用いられなくてはならない。食料品店に行けば、放し飼いの鶏の卵やオーガニックの野菜、フェアトレードのコーヒーなどを自由に選べる。チェーン店で服を買うときも、倫理的で環境にやさしい製法の商品を、ひと目で見分けられるようにするべきだ。

そういう製品なら、価格が多少高くても消費者は受け入れるのだろうか？　答えはイエスだ。だが、工場の労働環境や賃金の大幅な改善に、そもそも大手ブランドの値上げは不要だ。たとえば、バングラデシュの時給は現在、二一セント。衣料品一点につき、わずか一〇セント値上げをするだけで、四五〇〇の工場で必要とされるすべての労働改善が可能になるという。これは、ワーカーズ・ライツ・コンソーシアムの調査結果で判明している。[9]

今さらながら、エシカルファッションでもっとも重要なのは、技術革新だ。真の革新のためのリソースを持ち、責任を担っているのは（もちろん、責任は消費者やエコブランドにもあるが）、大手チェーンストアや巨大ブランド、それにファッションスクールに他ならない。サスティナビリティ（持続可能性）という言葉は今、アパレル業界の流行語のようになっている。大手企業が正しい方向に一歩を踏み出したときは、わたしたちもそれを評価すべきだ。たとえば、PUMA（プーマ）が最近開発した靴や衣料品のシリーズは、初の「Cradle to Cradle 認証」〔直訳すると「ゆりかごからゆりかごへ」認証。マクダナー・ブラウンガート・デザイン・ケミストリー社によるエコロジー認証。生産から使用、再生まで徹底した倫理規範が必要とされる〕を取得した。靴も服もすべて、生分解もしくは再生利用が可能なシリーズだ。Timberland（ティンバーランド）が発売したアースキーパーズシリーズにも、再生ゴムとオーガニックコットンの靴紐、それに環境にやさしいなめし剤をつかった皮革のブーツがある。また、Levi's（リーバイス）、H&M、Zara、ユニクロ、Victoria's Secret（ヴィクトリアズシークレット）など多くの企業が、「二〇二〇年までにサプライチェーンの健全化を図る」と宣言している。きっかけは、国際環境NGOのグリーンピースが出した声明だった。生産過程で危険性のある化学物質を使っているとして、何十社もの大手ブランドが批判されたのだ。[10]

エシカルファッションが脚光を浴びるこの風潮に、セレブたちもひと役買っている。女優のヘレン・ハントは、二〇一三年のアカデミー賞授与式に、再生素材とオーガニック素材を使ったH&Mのコンシャスコレクションを着て登場した。ターゲットやH&Mで買った外国産の格安ファッションを着たとして本書で批判したオバマ大統領夫人は、二〇一三年のアカデミー賞授与式に、国産ブランドのNaeem Khan（ナイームカーン）の華やかなロングドレスで登場した。女優のケイティ・ホームズも、今は失われた昔ながらの高品質にこだわるファッションを提供している。彼女が手がけるブランドHolmes & Yang（ホームズ&ヤン）の商品は、生産を国内に限定し、工場と密接に連携してつくられている。[11]

もっとも驚くべき変化は、国産品の割合がわずかに増えていることだろう。わずかとはいえ、重大な変化だ。国産品の人気が復活しているのだ。アトランティック誌は〝国産品ブーム〟の到来を予告し[12]、ニューヨーク・タイムズ紙は、地域で生産された商品を支援することが「ステータス・シンボルになった[13]」と報じている。国産品が選ばれる理由は、愛国心や義務感だけではない。今や職人技や伝統、経済的成功の象徴となったことも、その一因だ。Brooks Brothers（ブルックス ブラザーズ）や

Club Monaco（クラブモナコ）など大手ブランドは、国産品の割合を増やしている。Pendleton（ペンドルトン）の国産品シリーズであるポートランドコレクションや、Prairie Underground（プレーリーアンダーグラウンド）、Raleigh Denim（ラリーデニム）などの地域生産型のブランドも大ヒットしている。

嬉しいことに、国内に戻ってきた工場や独立系ブランドの多くは、品質や革新性、取引相手との協力や透明性を重視し、徹底的な構造改革を実現している。オレゴン州ポートランドに、Queen Bee Creations（クィーンビークリエーションズ）の制作スタジオがある。熟練した職人が工業用機械を使って革を裁ち、バッグや財布を縫製する様子を、ガラス越しに見ることができる。併設のショップで、完成品を購入することも可能だ。ブルックリンにも、縫製工場と独立系デザイナーの制作スタジオを併設した画期的な施設、マニファクチャー・ニューヨークがオープンする。一〇〇人もの独立系ファッションデザイナーが、縫製員と同じ建物内で働くことになっている。この方法なら、誰もがコストを削減できる。自身の名を冠した有名ブランドのデザイナー、アイリーン・フィッシャーもまた、国内工場の取得を検討中だ。健康、教育、利益の分配に関するブランドの価値観を体現するような工場をつくるつもりだという[14]。

生産現場についての知識を持つ人が増えれば、消費行動も変わってくるだろう。身につけるものすべてが身近でできたものである必要はない。だが、できる限り地域の生産を支援すべきだ。もちろん、主な理由は雇用の促進である。しかし同時に、人と人、人と地域、そして人と衣料品が互いにつながり、責任を持ち合うことから得られるものも、非常に大きいはずだ。

*

ファッショナブルでありながら、しかも安くすむようなエコファッションの実践を呼びかける学生運動が高まりを見せている。本書の出版以来、わたしもそうした運動の一端を担うことができるようになったことが、とても嬉しい。大学のキャンパスでは、古着やヴィンテージもの、手づくりファッション、衣類の交換会、レンタルなどが大流行だ。二〇一二年六月のＵＳＡトゥデイ・カレッジ〔大学版ＵＳＡトゥデイ〕紙によると、現在さまざまな大学で盛んに行われている「節約運動」は、次の五つの基本原則に基づいているという。①古いものこそ新しい。②スタイルの組み合わせに挑戦しよう。③買うより交換すべし。④タダよりすてきなものはない。⑤社会的責任を意識することこそ、今一番トレンディ[15]。

二〇一三年春、わたしはジョージ・ワシントン大学で毎年開かれるトラッション・ショーで講演をした。トラッションとは、ゴミをリサイクルして価値のあるものにつくり変えることだ〔トラッションはTrashとFashionの混成語。トラッション・ショーは、リサイクル品でつくった服のファッションショー〕。わたしが本書で批判したホール・ビデオの人気は相変わらずだ。だが、同じユーチューブに、今では二四万五〇〇〇以上の手づくりファッション指南の動画もアップされている。

読み返してみると、本書では、エシカルファッションのための手づくりを強調しすぎたかもしれない。裁縫を学ぶことはわたしにとって、服の価値や技術との関わりを回復するために重要だった。だが、誰もが裁縫を必要とするわけではない。時間がかかりすぎて無理だという人も多い。スローファッションの信望者に、ミシンが絶対的に必要というわけでもない。ここに、そのことを明記しておきたい。

もうひとつ、どうしても言っておきたいことがある。第五章を読んで、グッドウィルや救世軍などに服を寄付するのは間違ったことだと誤解する読者がいた。伝えたかったのは、消費者があまりにも繊維ゴミの問題に無知だということ、過剰な消費による環境への負荷は寄付では打ち消せないということだ。服を手放すなら、よい状態で慈善団体のリサイクルショップに寄付するのが責任のあるやり方だということまできちんと書くべきだった。

実際、繊維はほぼ一〇〇パーセント、再利用もしくは再生が可能だ。幸いなことに、着古したり破れたりしみのついたりした服であっても、慈善団体は再生業者や古着業者に回してくれる。いずれにしろ、服は捨てるべきではない。現状では、繊維ゴミのうち再利用や再生に回されているのは、わずか一五パーセントにすぎない[16]。残りは埋め立てゴミになっている。寄付するくらいなら捨てたほうがましだとだけは、思わないでほしい。本書の執筆後、わたしは服の数を減らした。不要な服をゴミ袋数枚に入れ、クインシー・ストリートの救世軍に持っていった。自慢できることではない。あんなことは、もう最後にしたい。今後は、持っていくにしても一度にせいぜい一、二枚に留めたいと思う。

学生運動の先導者たちが導きだした結論どおり、ゴミを減らして服や繊維を再利用することこそ、エシカルファッションのかなめだ。古着の購入、委託販売、共同利用、交換、レンタルといった方法に加えて、ｅＢａｙ、Ｅｔｓｙ、Dresm、Threadflipなどのウェブサイトで売りに出す方法もある。さらに、販売店での引き取りシステムも、徐々に広がっている。

二〇一三年の前半、Patagonia（パタゴニア）、North Face（ノースフェイス）、Eileen Fisher（アイリーンフィッシャー）に続いて、H&Mも各店舗に古着のリサイクルシステムを導入した。H&Mがアイコレクト〔スイスの古着リサイクル企業〕との契約で始めたこのシステムは、他のブランドの古着も一律に受け入れるという点で他社をリードしている。だが、なんといっても群を抜いているのは、パタゴニアだ。持ち込まれた古着を新たなコレクションのために使用しているのである。[17] ターゲット、Forever 21、ウォルマート、Gap、Old Navy（オールドネイビー）、Zara、ユニクロなど、大量生産方式の大手チェーンストアも、再生や生分解が可能な再生資源製品を早急に取り入れるべきだ。たとえばリーバイスは、再生ポリエステルを使ったデニムコレクション、「ウェイスト〈レス」を発売している。しかしこうした変革は、今よりずっと広い分野で実現しなくてはならない。包装から運送、商品開発、店舗運営に至るまで、すべての面でエネルギー効率と資源効率をさらに高める努力が、小売店にも求められる。

＊

個人的な話になるが、服を買う頻度を減らし、服の着方を変えるのは、最初はかなり大変だった。考え方と行動の両方を変える必要があったからだ。わたしも多くの消費者と同じように、即座に満足を与えてくれる格安ファッションの中毒になっていた。満足といっても、買ったときの一時的な高揚感だ。ファストファッションからスローファッションへの変身は、ダイエットのようなものだ。初めのうちは少しばかり我慢を強いられるが、やがては満足のいくライフスタイルの変化が実現する。

この一年、読者から多くの反響をいただいた。もっとも多かった質問は「それではどこで服を買えばいいの？」という質問だった。倫理的な商品の選択肢は日に日に増えており、入手も容易になっている。最終章で触れたように、ニューヨーク市内にはエシカルファッションの店もいくつかある。ブルックリンのケイトや、新しくできたBhoomkiは、わたしの家から歩いて行ける距離にある。このふたつの店の商品はすべて、公正な労働環境でつくられたものか、あるいは国産品だ。環境にやさしい商品しか扱っていないので、ラベルを確認しなくても、安心して買い物ができる。デザインは一流で、最高にファッショナブルだ。エシカルファッションの店が周囲にない、という人も大丈夫。インターネットショップが急速に増えており、実店舗の不足を埋めてくれている。社会的責任に敏感な店の一部をリストにまとめ、わたしが運営するウェブサイト、Overdressedthebook.comの店舗一覧（Shopping Directory）に掲載している。参考にしていただきたい。

オンラインのブティックFashioningChange（ファッショニングチェンジ）とModavanti（モダヴァンティ）も、社会に変革をもたらしつつある。これらのサイトでは、デザイン別やカテゴリー別（環境にやさしい、オーガニック、地元生産品、フェアトレードなど）の検索もできる。どのカテゴリーを選んでも、デザインで妥協することなく、社会的責任を果たすという主義を守ることができる。ファッショニングチェンジでは、オールドネイビーからプラダまで、好みのブランドを選べば、似たデザインを倫理的な方法で制作してもらえる。さほど高価ではない商品も多く、トップスなら二八ドルから入手可能だ。

一般消費者にとって、持続可能なファッションは値段が高すぎるのではないかという質問も多い。たいていの人は（わたしもそのひとりだが）、衣料品にかけられるお金はそう多くない。この質問に対しては、こう答えることにしている。まず、買う量を減らせば出費も減らせる。わたしたちは、手っとり早く欲求を満たすことをやめ、ウィンドウショッピングの喜びを学び直す必要がある。わたし自身は、新しいものを買う前に一週間待つというルールを守っている。これには訓練が必要だが、倹約にもなり、賢いお金の使い方にもつながる。本当に身につけたいものだけを買うようになるからだ。くり返しになるが、リサイクルショップでの買い物や友人や家族との交換会も、お金のかからないよい方法だ。

第二に、二〇ドルのシャツを三枚買うよりも、丈夫で美しく仕立てのいいシャツを一枚買うことをお勧めする。ほとんどの消費者は、使い捨ての格安ファッションに自分がどれだけのお金を使っているかを認識していない。安物買いの銭失いをやめ、何年経っても着られる服に投資するほうが、長い目で見れば経済的だ。

お説教臭いアドバイスはこのへんにしよう。現実を見ても、持続可能なファッションの価格は下がってきている。そして、今後数年間は下がり続けるだろうというのが、わたしの率直な見方だ。

ファッション業界は今、大規模な地殻変動のまっただなかにある。中国の人件費も原油価格も高騰し、世界経済のダイナミクスは変化している。持続可能性と公正労働が一般的なビジネス手法として広がるにつれ、環境に優しい倫理的な商品に割増価格をつけたり、「エコ商品」だからといって高級品に分類したりといったことは減るだろう。アメリカ国内に工場がもっと戻ってくれば、服飾関連のリソースを当たり前に入手できるようになり、生産コストも下がるだろう。中間職の雇用がもっと国内に戻れば理想的だ。そうなれば、消費者所得も増える。

新たなビジネスモデルによって、高級衣料品も従来より手が届きやすくなっている。今増えているのは、エヴァレンのようなオンラインショップだ。実在の店舗に商品を置かないこの業態なら、中間マージンが不要なので、高品質で生産量の少ない商品でも比較的安くできる。共同で働いてリソースを共有するデザイナーたち、たとえばブルックリンで機械を共有し共同で靴づくりをしているグループなども、コスト削減に応じて小売価格を下げている。

＊

一九六〇年代、動物心理学者のグレン・ジェンセンは、二通りの方法で動物に餌を与える比較実験をした。無制限に与えられるか、ゲームに勝って獲得するかのどちらかを選ばせるのだ。すると、ほとんどの動物がゲームの方を選ぶ[18]。この発見によって、努力は生物の本能であり、努力して手に入れる方が、ただ与えられるよりも好ましいという、意外な事実が明らかになった。

ジェンセンの実験結果は、ファストファッション全盛の現代社会の矛盾を浮き彫りにするものだ。新しいものを持つことで得られるつかの間の高揚感を、はてしなく追い続けることもできる。だが、それは楽をしてものを手に入れるやり方だ。反対に、変化のスピードを落とし、ネットワークをつくり、喜びを共有し、すでに持っているものに工夫を加えたらどうなるか、試してみることもできるはずだ。服に関する最高の満足感は、店に行ってお金を使うことでは決して得られないものだ。今もわたしは、そう信じている。

二〇一二年一月に本書を書き終えたとき、書こうと思ったそもそものきっかけだった格安の流行の服を、わたしはほとんど手放していなかった。それまで通り、実際に着てもいた。だが、序章で居間に積み上げたあの三五四点の衣料品は、今はもうない。総数は約九〇点になった。クローゼットの三分の一ほどを占めているのは、リサイクルショップやヴィンテージショップで見つけた服だ。グッドウィルで見つけたイタリア製のウールのブレザーと、ロウアー・イーストサイドのヴィンテージショップで買った水玉のシルクのブラウスがお気に入りだ。その他友人との交換で手に入れたもの、家族から譲られたものが合わせて九点。一から自分で縫い上げたシャツが二枚（そのうちの一枚、ラベンダー色のニットのトップスは、最近のデートに着ていった）。手放さなかった服も二四枚ある。H&Mで買って八年になるドレスは、この夏、結婚式に着ていった。

新たに購入した服は、持っている服のなかでも中心的な存在だ。どうしても欲しくてたまらなくなり、迷ったあげくに家まで連れ帰ったものばかりだ。State（ステート）の真っ赤なシルクのドレス。環境にやさしいテンセル製の、Carrie Parry（キャリーパリー）のカナリアイエローのノースリーブトップス。高級スーツも三着仲間入りした。そのうちの一着、シルクの裏地のついた国産のブレザーには、まだタグがついたままだ（家賃の支払いのため、売らざるを得なくなった場合に備えて）。

わたしのクローゼットはまだ完璧ではない。ワードローブを完成させ、自分のスタイルを確立するには時間がかかる。今後何年もかけて、わたしはこの旅路をたどることになるだろう。本書を執筆することで、服に対する情熱を持てたこと、何がよい着こなしかを考えるようになったことは、とても幸運だったと思う。今は時間をかけて、手を加えて着られるようにしたり、試着したり、一からつくったり、何を着ようかと考えたりしている。いつもぴったりの服を着られるように用意しておけば、毎日が暮らしやすくなる。そのうえ、そうすることで自信も高まるのだ。

スローファッションの元祖、イギリスのケイト・フレッチャーは、消費者が手持ちの服をいかに創造的に着回しているかを研究している。着回しはそれ自体が高度な技であるとして、彼女は「着回しの技術」と呼んでいる。ウェブサイトには、こう書かれている。「ほとんどの人は、ものをつくること、たとえば服をつくることにどれほど高い技術が必要か、その技術がどれだけ大事かをよく知っています。ですが、クローゼットのなかのものを完璧に着回すにも同じだけ、技術と創意工夫、それに練習が必要なのです」[19]。これはワードローブをつくるうえで、とても貴重で前向きなアドバイスだ。望みどおりのワードローブを手に入れるには、手直ししたりサイズを合わせたりといった、情熱的でたゆみない努力が必要なのだ。

わたしは最近、祖母の服を総点検させてもらった。「おばあちゃん、八〇年代のシルクのブラウスはもう着ないでしょう。もらってもいい？」シルク。肩パッド。角ばったシルエット。どれも大好きだが、店で買うと高くつく組み合わせだ。祖母と一緒に寝室で即席のファッションショーをして、トップスを二枚もらった。一枚はペールピンク、もう一枚はホットピンクだ。さっそく、鋏《はさみ》とミシンで微調整をほどこした。ペールピンクのほうは袖を縫い止めて、この冬の講演会で、三度着用した。スローファッションとは何よりもまず、精神的で質的な変革なのだと思うのは、こんなときだ。

変革といっても、消費者ひとりひとりによって、内容は異なるだろう。エシカルファッションには、多種多様な要素が含まれる。それだけに、関わり方は人の数だけあることになる。あなたの関わり方は、手縫いや交換会かもしれない。あるいはヴィンテージものや、もしかしたら高価なエコ素材の商品を買うことかもしれない。国産品を買ったり、独立系のデザイナーを支援したりといった選択肢もあるだろう。ひょっとしたら、工場を立ち上げたい、小売店を開きたい、あるいは環境にやさしい染色方法を編み出したいと考えている人もいるかもしれない。いずれの場合も、大切なのは楽しむこと。そして、いろいろ試してみることだ。

次の基本さえ押さえておけば、道を誤ることはない。本当に好きな服だけを買うこと。必要以上に買いすぎないこと。そして、最大限に着回すことだ。どこで買うかより、どう買うか。それこそが重要なのである。

エリザベス・L・クライン

原註

序章　ファッション民主主義の憂鬱

1 "Trends: An Annual Statistical Analysis of the U.S. Apparel & Footwear Industries," Annual 2008 Edition, American Apparel and Footwear Association.

2 同上

3 "Outlet Stores: Where to Shop & How to Save Big Bucks." *Consumer Reports*, May 2006.

4 Stan Cox, "Dress for Excess: The Cost of Our Clothing Addiction," November 30, 2007, www.alternet.org/environment/69256.

第一章「店を開けるくらい大量の服を持ってるわ」

1 Mark J. Perry, "Apparel Spending as a Share of Disposable Income: Lowest in U.S. History," March 21, 2010, http://seekingalpha.com/article/194764-apparel-spending-as-a-share-of-disposable-income-lowest-in-u-s-history.

2 Andrea Chang, "Teen 'Haulers' Become a Fashion Force," *The Los Angeles Times*, August 1, 2010.

3 William Meyers, "Retailers Buy Their Own Brands: A Trend Toward Private-Label Goods Leaves Vendors in the Cold," *Adweek*, December 15, 1986.

4 Isadore Barmash, "Gap Finds Middle Road to Success," *The New York Times*, June 24, 1991.

5 "The Gap Inc.: Company History," www.fundinguniverse.com/company-histories/the-gap-inc-history.html.

6 The First Thanksgiving, "Daily Life: Clothes," Scholastic.com, www.scholastic.com/scholastic_thanksgiving/daily_life/clothes.htm.

7 Jan Whitaker, *Service and Style: How the American Department Store Fashioned the Middle Class* (New York: St. Martin's Press, 2006), 55, 66.

8 Neil Reynolds, "Goodwill May be Stunting African Growth," *Globe and Mail* (Toronto), December 24, 2008.

9 Christopher Solomon, "The Swelling McMansion Backlash," MSN.com, http://realestate.msn.com/article.aspx?cp-

documentid=13107733.

10 Bureau of Labor Statistics, *Consumer Expenditures 2010*, www.bls.gov/news.release/cesan.nr0.htm.

11 Eben Shapiro, "Few Riches in Rags These Days," *The New York Times*, January 5, 1991.

12 "Corporations: Jumpers at Jonathan Logan," *Time*, August 31, 1962.

13 Mark Miller, Jerry Adler, with Daniel McGinn, "Isaac Hits His Target," *Newsweek*, October 27, 2003.

14 Teri Agins, *The End of Fashion: How Marketing Changed the Clothing Business Forever* (NY: William Morrow and Company, 1999), 187.（テリー・エイギンス著、安原和見訳『ファッションデザイナー——食うか食われるか』文春文庫）

15 Isadore Barmash, "A Revolution in American Shopping," *The New York Times*, October 23, 1983.

16 Bruce Horovitz and Lorrie Grant, "Changes in Store for Department Stores?" *USA Today*, January 21, 2005.

17 Agins, *The End of Fashion*, 166.

18 Alice Z. Cuneo, "Gap Floats Lower-Priced Old Navy Stores," *Advertising Age*, July 25, 1994.

19 Michael McCarthy and Stephen Levine, "Old Navy Pits 2 Shops Against Each Other," *Adweek*, March 17, 1997.

20 Mark Albright, "Dayton Hudson on Target with New Retail Strategy," *St. Petersburg Times* (Florida), June 23, 1991.

21 Eric Wilson, "Dress for Less and Less," *The New York Times*, May 29, 2008.

22 Marina Strauss, "H&M Seeks High Profits from Low Prices," *The Globe and Mail* (Toronto), September 29, 2004.

23 Eric Wilson, "Is This the World's Cheapest Dress?" *The New York Times*, May 1, 2008.

第二章　アメリカでシャツがつくれなくなった理由《わけ》

1 Toon Von Beeck, "Ten Key Industries that Will Decline, Even After the Economy Revives," *Commercial Insights*, IBISWorld, May 2011, www.ibisworld.com/Common/MediaCenter/Dying%20Industries.pdf.

2 Standard & Poor's Industry Surveys, *Apparel & Footwear: Retailers & Brands*, January 2011.

3 "Made in Midtown?" madeinmidtown.org, accessed November 11, 2011.

4 "Struggling to Stitch," *The New York Times*, Video Library, March 21, 2011, http://video.nytimes.com/video/2011/03/21/nyregion/100000000735431/garmentlabor.html.

5 Anne D'Innocenzio, "Do the Math: Prices on Fall Clothes Up, Despite Gimmicks," *The Washington Post*, August 20, 2011.

6 Vikas Bajaj, "As Labor Costs Rise in China, Textile Jobs Shift Elsewhere," *The New York Times*, July 17, 2010.

7 Christina Binkley, "How Can Jeans Cost $300?: Shoppers Shell Out More for Designer Denim, Lured by Signature Details, 'Made

in America,'" *The Wall Street Journal*, July 7, 2011.

8 Alana Semuels, "L.A.'s Garment Industry Goes from Riches to Rags," *The Los Angeles Times*, October 9, 2009.

9 Leslie Earnest, "Forever 21 Settles Dispute with Garment Workers," *The Los Angeles Times*, December 15, 2004.

10 Ari Paul, "Wolf in Sheep's Clothing: Sexist Antics and Union-busting Cast Doubt on American Apparel's Progressive Cred," *In These Times*, August 4, 2005, Web only feature, www.inthesetimes.com/article/2270.

11 Mark Mittelhauser, "Employment Trends in Textiles and Apparel, 1973-2005," *Monthly Labor Review*, August 1997.

12 United States Department of Labor, Bureau of Labor Statistics, Textile mills workforce statistics, www.bls.gov/iag/tgs/iag313.htm#workforce.

13 Stephen MacDonald and Thomas Vollrath, United States Department of Agriculture, "The Forces Shaping World Cotton Consumption After the Multifiber Arrangement," *Cotton and Wool Outlook*, Economic Research Service, online newsletter, April 2005.

14 Michelle Lee, *Fashion Victim: Our Love-Hate Relationship With Dressing, Shopping, and the Cost of Style*（New York: Broadway Books, 2003）, 183.（ミッシェル・リー著、和波雅子訳『ファッション中毒――スタイルに溺れ、ブランドに操られるあなた』ＮＨＫ出版）

15 Amy Kaslow, "The Price of Low-Cost Clothes: US Jobs," *Christian Science Monitor*, August 29, 1995.

16 T. A. Frank, "Confessions of a Sweatshop Inspector," *Washington Monthly*, April 2008.

17 Kaslow, "The Price of Low-Cost Clothes."

18 Edna Bonacich and Richard P. Appelbaum, *Behind the Label: Inequality in the Los Angeles Apparel Industry*（London: University of California Press, 2000）, 262.

19 同上、66頁

20 Michael F. Martin, Congressional Research Service Report for Congress, "U.S. Clothing and Textile Trade with China and the World: Trends Since the End of Quotas," July 10, 2007.

21 Elizabeth Becker, "U.S. Puts Limits on Clothing from China," *The New York Times*, May 4, 2005.

22 Tiffany Hsu, "Trade Deficit with China Cost Nearly 2.8 Million U.S. Jobs Since 2001," *The Los Angeles Times*, Money & Company Blog, September 22, 2011, http://latimesblogs.latimes.com/money_co/2011/09/trade-deficit-with-china-cost-nearly-28-million-us-jobs-since-2001.html.

23 Michael Lu, "New Job Means Lower Wages for Many, Studies Find," *The New York Times*, August 31, 2010.

24 Valli Herman, "With Robinsons-May Stores Closing, Few Midrange Department Stores Are Left. Is Shopping Becoming

"Polarized? Yes, and No." *The Los Angeles Times*, August 6, 2005.

第三章　高級ファッションと格安ファッションの意外な関係

1 "Comments of Prof. Kal Raustiala (University of California at Los Angeles School of Law) and Prof. Christopher Sprigman (University of Virginia School of Law), Re: Innovative Design Protection and Piracy Prevention Act," Submitted July 13, 2011, to the Committee on the Judiciary, U.S. House of Representatives, Subcommittee on Intellectual Property, Competition and the Internet; data drawn from a table from data from the U.S. Bureau of Labor Statistics.

2 Agins, *The End of Fashion*, 214.

3 Hitha Prabhakar, "Price of Admission," *Forbes*, February 2, 2007.

4 同上

5 Information about how Wall Street changed fashion in the 1990s is from Teri Agins's book *The End of Fashion*.（一九九〇年代に株式市場がいかにファッション業界を変えたかについては、テリー・エイギンス著『ファッションデザイナー』に基づく）

6 Dana Thomas, *Deluxe: How Luxury Lost Its Luster* (New York: The Penguin Press, 2007), 168.（ダナ・トーマス著、実川元子訳『堕落する高級ブランド』講談社）

7 同上

8 同上

9 CNN Live, September 14, 2011.

10 Stephen Todd, "Le Cheap, C'est Chic: Why Would the Designer of Chanel and Fendi Agree to Work for H&M?" *The Independent* (London); October 14, 2004.

11 同上

12 Armorel Kenna, "H&M Looks to Lanvin to Bring Back Lagerfeld Effect," *Bloomberg Businessweek*, November 19, 2010.

13 Missoni Fashion Label Profile, 5 Min Media Life Videopedia, online video, www.5min.com/video/missoni-fashion-label-profile-284064055.

14 Adrienne Royer, "Missoni for Target: Is the Hype Worth the Quality," *BlogHer*, posted September 12, 2011, www.blogher.com/missoni-target-hype-worth-quality.

15 John Colapinto, "Just Have Less," *The New Yorker*, January 3, 2011.

16 John Duka, "A Farsighted Man of Fashion Steps Down," *The New York Times*, September 8, 1981.

17 Agins, *The End of Fashion*, 12.
18 "Shopping: The Rich and the Rest," *Time*, October 10, 2011.
19 Jeffrey D. Sachs, "Why America Must Revive Its Middle Class," *Time*, October 10, 2011.
20 Rachel Brown, Emili Vesilind, and Khanh T. L. Tran, "Price Insensitivity: Contemporary Designers Continue to Buy, Regardless of Cost," *Women's Wear Daily*, March 8, 2007.
21 同上
22 Whitaker, *Service and Style*, 66.
23 Lauren Sherman, "The Cult of Couture," *Forbes*, June 28, 2006.
24 For background on the history of early couture, see Gavin Waddell, *How Fashion Works* (Oxford: Blackwell Science Ltd, 2004), 94.
25 Whitaker, *Service and Style*, 55.
26 同上、41頁
27 Standard & Poor's Industry Survey, 1955.
28 Whitaker, *Service and Style*, 66.
29 Rachel Worth, *Fashion for the People: The History of Clothing at Marks & Spencer* (London: Berg, 2007), 50.
30 *The Fiber Year 2009/2010: A World Survey on Textile and Nonwovens Industry* (Oerlikon, May 2010), 92.
31 "Recycled Polyester," *Textile Exchange*, http://textileexchange.org/node/959.
32 John Luke, "A Polyester Saga Geography And All," *Textile World*, September 2004, www.textileworld.com/Articles/2004/September/Fiber_World/A_Polyester_Saga_Geography_And_All.html. Updated figures are from the Oerlikon Fiber Year report.
33 Agins, *The End of Fashion*, 12.
34 Teri Agins, "Why Cheap Clothes Are Getting Respect," *The Globe and Mail* (Toronto), November 9, 1995.
35 Leslie Kaufman with Laura Duncan Gatland and Adrian Maher, "Downscale Moves Up," *Newsweek*, July 27, 1998.
36 Whitaker, *Service and Style*, 70.
37 Todd, "Le Cheap, C'est Chic."

第四章　ファストファッション——流行という名の暴君

1 Rachel Dodes, "Penney Weaves New Fast-Fashion Line," *The Wall Street Journal*, August 11, 2010.

2 Rana Foroohar, "A New Fashion Frontier: The Arrival of Fast Fashion European Giants Is Starting to Shake up the American Retail Scene," *Newsweek*, March 20, 2006.

3 同上

4 Nancy M. Funk, "Retailers Keep Fingers Crossed On Leaner Holiday Inventories," *The Morning Call*, December 18, 1988.

5 Stryker McGuire with Anna Kuchment, Mar Roman, Leila Moseley, and Dana Thomas, "Fast Fashion," *Newsweek*, September 17, 2001.

6 Stephanie Strom, "U.S. Garment Makers Come Home," *The New York Times*, October 8, 1991.

7 Kasra Ferdows, Michael A. Lewis, and Jose A. D. Machuca, "Rapid-Fire Fulfillment," *Harvard Business Review 82*, No. 11, November 2004.（カスラ・フェルドーズ、マイケル・A・ルイス、ホセ・A・D・マチューカ著、訳者不詳「ザラ：スペイン版トヨタ生産方式　アパレルSCMのベスト・プラクティス」『ハーバード・ビジネス・レビュー』二〇〇五年六月号、ダイヤモンド社）

8 同上

9 Ruth La Ferla, "Faster Fashion, Cheaper Chic," *The New York Times*, May 10, 2007.

10 Ferdows, Lewis, and Machuca, "Rapid-Fire Fulfillment."

11 Liz Barnes and Gaynor Lea-Greenwood, "Fast Fashioning the Supply Chain: Shaping the Research Agenda," *Journal of Fashion Marketing and Management* 10（3）: 259-71.

12 Håcan Andersson, H&M Press Officer, e-mail to author, April 19, 2011.（H&Mの広報担当役員、ホーカン・アンダーソン氏から著者への二〇一一年四月一九日付Eメールによる）

13 Maxine Firth, "M&S Used to Be the Biggest Initials on the High Street...Make Way for H&M," *The Independent*, November 18, 2004.

14 Graham Keeley, "Conquistador Who Took on the World of Fast Fashion and Won," *Times*（London）, April 1, 2011.

15 "Fast-fashion Chains Thriving," *Nikkei Weekly*（Japan）, November 16, 2009.（『日経ウィークリー』二〇〇九年一一月一六日）

16 Lynn Yaeger, "Do I Get a Coffee? A Snack? Or Something to Wear? The H&M $4.95 Dress," *Vogue Daily*, vogue.com, last modified August 19, 2010.

17 Eva Wiseman, "The Gospel According to Forever 21," *The Observer*, July 16, 2011.

18 Leah Bourne, "H&M's Head of Design Ann-Sofie Johansson on Sustainable Fashion and Managing a Team of 140," *Thread New York*, www.nbcnewyork.com/blogs/threadny.

19 Julian Lee, "Buckle Up, Fast Fashion Is Here," *Sydney Morning Herald*, April 16, 2011.

20 Craig Lambert, "Real Fashion Police: Copyrighting Clothing," *Harvard Magazine*, July-August 2010.
21 La Ferla, "Faster Fashion, Cheaper Chic."
22 Wiseman, "The Gospel According to Forever 21."
23 Jenna Sauers, "How Forever 21 Keeps Getting Away with Designer Knockoffs," Jezebel.com, July 20, 2011.
24 Sarah Raper Larenaudie, "Inside the H&M Fashion Machine," *Time*, February 16, 2004.
25 Norman Lear, Laurie Racine, Tom Ford, and Guy Trebay, "The Ecology of Creativity in Fashion," Ready to Share: Fashion & the Ownership of Creativity, a Norman Lear Center conference, USC Annenberg School for Communication, January 29, 2005.
26 Agins, *The End of Fashion*, 24.
27 Izzy Grinspan, "Ever-Slippery Forever 21 Settles with Trovata," Racked.com, October 12, 2009, http://ny.racked.com/archives/2009/10/12/lawsuits_forever_21_keeps_perfect_record_settle_with_trovata.php.
28 Raustiala and Sprigman, "Innovative Design Protection."
29 Yaeger, "Do I Get a Coffee?"
30 Binkley, "How Can Jeans Cost $300?"
31 Suzy Menkes, "Galliano's Departure from Dior Ends a Wild Fashion Ride," *The New York Times*, March 1, 2011.
32 Barnes and Lea-Greenwood, "Fast Fashioning the Supply Chain."
33 Arianne Cohen, "A Clothing Store: H&M Flagship," *New York Magazine*, June 3, 2007.

第五章　格安の服が行き着くところ

1 "Jeaneology: ShopSmart Poll Finds Women Own 7 Pairs of Jeans, Only Wear 4," PR Newswire, www.prnewswire.com/news-releases/jeaneology-shopsmart-poll-finds-women-own-7-pairs-of-jeans-only-wear-4-98274009.html.
2 "A Closet Obsession," *Time*, October 24, 2005.
3 Jana Hawley, "Sustainable Fashion: Why now? A Conversation Exploring Issues, Practices, and Possibilities," *Economic Impact of Textile and Clothing Recycling* (New York: Fairchild Books, 2008): 207-32.
4 "Avtex Fibers, Inc.," Mid-Atlanta Superfund, U.S. Environmental Protection Agency, www.epa.gov/reg3hwmd/npl/VAD070358684.htm.
5 Thomas Olson, "China Poised to Take Manufacturing Crown," *Pittsburgh Tribune-Review*, July 18, 2010.
6 Lucy Siegle, *To Die For: Is Fashion Wearing Out the World?* (London: Fourth Estate, 2011), 117.

7 Stan Cox, "Dress for Excess: The Cost of Our Clothing Addiction," November 30, 2007, alternet.org.

8 For an exhaustive look at the environmental impact of textile production, see the chapter "Fashion's Footprint" in Siegle, *To Die For*, 103-22.（繊維生産の環境への影響についての詳細は、Lucy Siegle 著『To Die For』の「Fashion's Footprint」を参照のこと）

9 Ibid., 105.

10 Karen Tranberg Hansen, "Secondhand Clothing," *Berg Encyclopedia of World Dress and Fashion*, vol. 10 (London: Berg Publishers, 2010), www.bergfashionlibrary.com/view/bewdf/BEWDF-v10/EDch10032.xml.

11 Hansen, "Secondhand Clothing."

12 "Your Donations and Purchases Change Lives," Goodwill Industries, www.meetgoodwill.org/about/statistics.

13 Randy Cohen, "His and Not Hers," *The New York Times*, June 10, 2007.

14 "Use of Shoddy Is Greatest in America," *The New York Times*, July 10, 1904.

15 For figures on the fiber and wiping rag market, see the SMART Media Kit, www.smartasn.org/about/SMART_PressKitOnline.pdf.（再生用繊維および工業用ウェスの取引価格については、ウェブサイト SMART Media Kit を参照のこと）

16 Siegle, *To Die For*, 222.

17 Jacqueline L. Salmon, "Goodwill Shutting Down Some Area Thrift Shops: Sinking Quality Hurting Bottom Line," *The Washington Post*, April 12, 2002.

18 Hansen, "Secondhand Clothing."

19 同上

20 This statistic comes from an industry insider, 2004, told to Jana Hawley, "Economic Impact of Textile and Clothing Recycling," 225.（古着の量に関する統計は、業界関係者が二〇〇四年に『Economic Impact of Textile and Clothing Recycling』の著者ジャナ・ホーリーに語り、同書225頁に掲載されたもの）

21 Siegle, *To Die For*, 217.

22 Hawley, "Economic Impact of Textile and Clothing Recycling," 228.

23 Siegle, *To Die For*, 226.

第六章　縫製工場の現実

1 For a broader understanding of how the Workers Rights Consortium calculates their living wage, see "WRC: Living Wage Analysis for the Dominican Republic," www.workersrights.org/linkeddocs/WRC%20Living%20Wage%20Analysis%20for%20

the%20Dominican%20Republic.pdf.（ワーカーズ・ライツ・コンソーシアム〈WRC〉による生活賃金の計算方法についてのより詳しい説明は「WRC: Living Wage Analysis for the Dominican Republic」www.workersrights.org/linkeddocs/WRC%20Living%20Wage%20Analysis%20for%20the%20Dominican%20Republic.pdf.を参照のこと）

2 Alexandra Harney, *The China Price: The True Cost of Chinese Competitive Advantage* (New York: Penguin Books, 2009), 40.（アレクサンドラ・ハーニー著、漆嶋稔訳『中国貧困絶望工場』日経BP社）

3 Bob Egelko, "Wal-Mart not responsible for factory conditions," *SF Gate*, July 11, 2009.

4 Siegle, *To Die For*, 68.

5 Nikki F. Bas, "Saipan Sweatshop Lawsuit Ends with Important Gains for Workers and Lessons for Activists," Clean Clothes Campaign, press release dated January 8, 2004, www.cleanclothes.org/newslist/617.

6 Barnes and Lea-Greenwood, "Fast Fashioning the Supply Chain."

7 T. A. Frank, "Confessions of a Sweatshop Inspector," *Washington Monthly*, April 2008.

8 Harney, *The China Price*, 53.

9 Anna McMullen and Sam Maher, "Let's Clean Up Fashion 2009" (Labour Behind the Label, April 2009).

10 For more information on subcontracting and Chinese "shadow factories," see *The China Price*, "The Five-Star Factory," 33-55.（中国の生産工場における外注および「見えない下請工場」に関する詳細は、アレクサンドラ・ハーニー著『中国貧困絶望工場』第一一章「五ツ星工場」を参照のこと）

11 同上

12 Frank, "Confessions of a Sweatshop Monitor."

13 "Non-Poverty Wages for Countries Around the World," see the 2007/2008 table, www.sweatfree.org/nonpovertywages.

14 McMullen and Maher, "Let's Clean Up Fashion," 2009.

15 Labour Behind the Label interview with M. K. Shefali, executive director of Nari Uddug Kendra, www.labourbehindthelabel.org/news/item/523-how-low-can-you-go?-support-minimum-wage-increase-in-bangladesh.

16 For a history of the BJ&B factory case, see the UK-based No Sweat campaign Web site: www.nosweat.org.uk/story/2007/03/20/bjb-garments-closure-threat.（BJ&B社の工場閉鎖までの経緯は、英国の搾取労働撲滅キャンペーンのウェブサイトを参照のこと）

17 Simon Clark, "A Furor over Fair Trade: An American Certifier of Fair-trade Goods Leaves the Mother Ship, and Purists are Appalled," *Bloomberg Businessweek*, November 3, 2011.

18 Peter Dreier, "NPR Debate Moderators All Wet On Sweatshop Labor," *Huffington Post*, December 6, 2007.

19 同上

第七章　中国の発展と格安ファッションの終焉

1 Michael Wei and Luzi Ann Javier, "Gap, Wal-Mart Clothing Costs Rise on 'Terrifying' Cotton Prices," *Bloomberg News*, November 15, 2010.

2 Liu Shiying and Martha Avery, *Alibaba: The Inside Story Behind Jack Ma and the Creation of the World's Biggest Online Marketplace* (New York: CollinsBusiness, 2009).

3 "China Still Shines: Each Day, More Countries Are Trying to Replace Economic Powerhouse China as the Main Sourcing Point for Consumer Goods Companies," *National Post*, November 1, 2011.

4 Jon Hilsenrath, Laurie Burkitt, and Elizabeth Holmes, "Change in China Hits U.S. Purse," *The Wall Street Journal*, June 21, 2011.

5 Clay Boswell, "Garment Makers Feel the Heat: Textile Manufacturing Has Provided Much of the Thrust Behind China's Ascent as an Economic Powerhouse, but Changing Priorities Could Require Throttling Back," *ICIS Chemical Business*, October 31, 2011.

6 Keith Bradsher, "Wages Up in China as Young Workers Grow Scarce," *The New York Times*, August 29, 2007.

7 Harney, *The China Price*, 8.

8 Keith Bradsher, "Chinese Exports Surge, and Prices Rise; Trade Surplus Widens to $11.43 Billion, Raising Concerns in United States," *International Herald Tribune*, May 11, 2011.

9 Keith Bradsher, "As China's Workers Get a Raise, Companies Fret," *The New York Times*, May 31, 2011.

10 Harney, *The China Price*, 15.

11 Zhang Haizhou, "From Manufacturing Hub to Fashion Capital," Chinadaily.com.cn, September 21, 2011.

12 George Wehrfritz and Alexandra A. Seno, "Succeeding at Sewing," *Newsweek*, January 10, 2005.

13 Standard & Poor's January 2011 Industry Surveys, Apparel & Footwear: Retailers & Brands.

14 For a more in-depth discussion of China's manufacturing clusters, see Harney, *The China Price*, 9-10.（中国の製造業集団についてのより詳しい情報は、アレクサンドラ・ハーニー著『中国貧困絶望工場』を参照のこと）

15 David Barboza, "In Roaring China, Sweaters Are West of Socks City," *The New York Times*, December 24, 2004.

16 Victoria de Grazia, *Irresistible Empire: America's Advance Through Twentieth-Century Fashion* (Cambridge, MA: The Belknap Press, 2006), 11, 131.

17 David Barboza, "China Turns into a Stage for Designer's Second Act," *International Herald Tribune*, December 18, 2010.

18 Caroline Wheeler, "'Made in China' Labels Go Chic: Homegrown Firms Trying to Wean Wealthy Young Trend-setters off Hot Foreign Brands," *The Globe and Mail*（Toronto）, June 7, 2011.

19 Jon Hilsenrath, Laurie Burkitt, and Elizabeth Holmes, "Change in China Hits U.S. Purse," *The Wall Street Journal*, June 21, 2011.

20 *The Fiber Year 2009/2010*, 37.

21 Wheeler, "'Made in China' Labels Go Chic."

22 Leslie T. Chang, *Factory Girls: From Village to City in a Changing China*（New York: Spiegel & Grau, 2008）, 19.（レスリー・T・チャン著、栗原泉訳『現代中国女工哀史』白水社）

23 "Two Sides to the Boom in China Textile Towns," *South China Morning Post*, February 16, 2005. Converted from yuan.（人民元からドルに換算）

24 Jim Boyd, "In record time, Economic Boom Hits Guangdong," *Minneapolis Star Tribune*, February 6, 1995.

25 Harney, *The China Price*, 157.

26 Tiffany Hsu, "Trade Deficit with China Cost Nearly 2.8 Million U.S. Jobs Since 2001," *The Los Angeles Times*, *Money & Company* blog, September 22, 2011, http://latimesblogs.latimes.com/money_co/2011/09/trade-deficit-with-china-cost-nearly-28-million-us-jobs-since-2001.html.

27 "Falling Through the Floor: Women Workers' Quest For Decent Work in Dongguan, China," *China Labour Bulletin*, Hong Kong, September 2006.（「一〇元から八〇元」を二〇一一年のレートで換算すると、「一ドル五〇セントから一二ドル五〇セント」になる）

28 For a gripping and exhaustively researched look at the lives of China's factory workers, see Chang's *Factory Girls*.（中国の工場労働者の生活についての徹底調査を踏まえた興味深いリポートは、レスリー・T・チャン著『現代中国女工哀史』を参照のこと）

29 Bradsher, "As China's Workers Get a Raise, Companies Fret."

30 同上

31 Julian M. Allwood, Søren Ellebæk Laursen, Cecilia Malvido de Rodríguez, and Nancy M. P. Bocken, *Well Dressed? The Present and Future Sustainability of Clothing and Textiles in the United Kingdom*（University of Cambridge Institute for Manufacturing, 2006）, 59.

32 Syed Tashfin Chowdhury, "Bangladesh Gears Up for Knitwear Export Boom," *South Asia Times*, December 23, 2010.

33 Bradsher, "Chinese Exports Surge."

34 D'Innocenzio, "Do the Math."

35 Yaeger, "Do I Get a Coffee?"

36 "H&M Profits Fall Again on Higher Materials and Wages," BBC.com, June 22, 2011, www.bbc.co.uk/news/business-13872449.

第八章　縫う、つくり変える、直す

1 "History of the Sewing Machine," Museum of American Heritage, www.moah.org/exhibits/virtual/sewing.htm.
2 同上
3 同上
4 Whitaker, *Service and Style*, 56.
5 Anita Hamilton, "Circling Back to Sewing," *Time*, November 27, 2006.
6 Juliet Schor and Betsy Taylor, *Sustainable Planet: Solutions for the 21st Century* (Boston: Beacon Press, 2003).

第九章　ファッションのこれから

1 Abigail Doan, "Sustainable Style: Plastic Fantastic 'Melissa Shoes,'" March 2, 2008, http://inhabitat.com/sustainable-style-plastic-fantastic-melissa-shoes.
2 Booth Moore, "Essential Elements; Keeping It Local: More Clothing Makers Are Producing in the U.S. Again, Finding the Investment Pays Off," *The Los Angeles Times*, June 19, 2011.
3 同上
4 "'Made in America' series begins on ABC News," abc7.com, March 1, 2011, http://abclocal.go.com/kabc/story?section=news/national_world&id=7988789, accessed November 12, 2011.

あとがき——ペーパーバック版原書によせて

1 "We Wear Our Mission," A 2011 online report by the American Apparel & Footwear Association, accessed March 13, 2013, https://www.wewear.org/industry-resources/we-wear-our-mission/.
2 The 1991 figures are based on Juliet B. Schor's research in *Plenitude: The New Economics of True Wealth* (New York: The Penguin Press, 2010), 29, which says Americans "bought an average of thirty-four" items of clothes; the 2011 figures are from the American Apparel & Footwear Association, which says "American spent more than $1,100 on 68 new garments and seven

pairs of shoes" in 2011.（一九九一年の数値は Juliet B. Schor の『Plenitude: The New Economics of True Wealth』（New York: The Penguin Press, 2010）29頁に基づく。アメリカ人は「平均三四点の衣料品を購入していた」とある。二〇一一年の数値はアメリカ衣類・はきもの協会に取材した。「アメリカ人が二〇一一年に衣料品の新規購入に費やした額は一一〇〇ドル。購入点数は衣服六八点、はきもの七足だった」という）

3 Council for Textile Recycling, "The Facts About Textile Waste," based on 2009 EPA figures, accessed March 13, 2013, www.weardonaterecycle.org/about/issue.html.

4 Krista Mahr, "Bangladesh Factory Collapse: Uncertain Future for Rana Plaza Survivors," *Time*, June 10, 2013, http://world.time.com/2013/06/10/bangladesh-factory-collapse-uncertain-future-for-rana-plaza-survivors/.

5 Keith Bradsher, "After Bangladesh, Seeking New Sources," *The New York Times*, May 15, 2013, www.nytimes.com/2013/05/16/business/global/after-bangladesh-seeking-new-sources.html?pagewanted=all&_r=0.

6 Ann Zimmerman and Neil Shah, "American Taste for Cheap Clothes Fed Bangladesh Boom," *The Wall Street Journal*, May 12, 2013, http://online.wsj.com/article/SB10001424127887324059704578475581983412950.html.

7 Four million garment workers is a 2010-2011 figure from "Number of Employment in Garment," Bangladesh Garment Manufacturers and Exporters Association, www.bgmea.com.bd/.（四〇〇万人という数字は、バングラデシュ縫製品製造業・輸出業協会発表の二〇一〇年〜二〇一一年「服飾産業従事者数」による）

8 Stephanie Clifford, "Some Retailers Say More About Their Clothing's Origins," *The New York Times*, May 8, 2013, www.nytimes.com/2013/05/09/business/global/fair-trade-movement-extends-to-clothing.html?pagewanted=all.

9 Worker Rights Consortium press release, "Worker Rights Consortium Decries Latest Garment Factory Disaster in Bangladesh, Calls on Brands and Retailers to Sign Binding Building Safety Agreement and 'Put an End to this Parade of Horror,'" April 24, 2013.

10 For an updated list of brands who've signed onto Greenpeace's Detox Campaign, visit www.greenpeace.org/international/en/campaigns/toxics/water/detox/Detox-Timeline/.

11 Jessica Iredale, "Holmes & Yang: Away from the Circus," *Women's Wear Daily*, February 8, 2013.

12 Charles Fishman, "The Insourcing Boom," *The Atlantic*, December 2012, www.theatlantic.com/magazine/archive/2012/12/the-insourcing-boom/309166/.

13 Alex Williams, "A Label That Has Regained Its Luster," *The New York Times*, September 14, 2012, www.nytimes.com/2012/09/16/fashion/made-in-the-usa-has-a-new-meaning.html.

14 Claire Whitcomb, "Conversations on China," *&*, Issue 2, Spring 2013, http://eileenfisherampersand.com/Conversations-on-China.

15 Dan Reimold, "Student clothing swaps, thrifting soar in popularity," *USA Today College*, June 11, 2012, www.usatodayeducate.com/staging/index.php/campus-beat/student-clothing-swaps-thrifting-soar-in-popularity.

16 Council for Textile Recycling, "The Facts About Textile Waste."

17 Patagonia's Common Threads Partnership allows consumers to return any Patagonia product for reuse or recycling into a new fabric or product. More information is available at www.patagonia.com/us/common-threads/recycle?src=vty_recyc.（パタゴニアが展開する「コモンスレッズ・パートナーシップ」プロジェクトによって、同社の製品はすべて回収の対象となった。回収された製品は再生または再利用され、新たな繊維や製品になる。詳しくはwww.patagonia.com/us/common-threads/recycle?src=vty_recycを参照のこと）

18 For more on Jensen's experiments, read Dan Ariely, *The Upside of Irrationality: The Unexpected Benefits of Defying Logic at Work and at Home* (New York: HarperCollins, 2010), 58-62.（ジェンセンの実験についての詳細は、ダン・アリエリー著、櫻井祐子訳『不合理だからうまくいく――行動経済学で「人を動かす」』ハヤカワ文庫、を参照のこと）

19 Kate Fletcher, "Local Wisdom," accessed March 13, 2013, http://katefletcher.com/projects/local-wisdom/.

著者略歴

エリザベス・L・クライン（Elizabeth L. Cline）
ニューヨーク、ブルックリン在住の作家・編集者。シラキュース大学にて政治哲学の学位取得。雑誌 The Nation、New York、The New Republic、GOOD、ニュース専門ウェブサイト The Daily Beast、週刊タブロイド紙 The Village Voice、The Etsy Blog 他で執筆。

本書のウェブサイト：overdressedthebook.com.

訳者略歴

鈴木 素子（すずき もとこ）
埼玉大学教養学部卒業。翻訳家。スイス系保険会社、アメリカ系コンサルティング会社勤務を経て、書籍や経済紙の国際ニュースなどの翻訳を手がける。訳書に『酵素を摂れば、元気な身体がよみがえる』（徳間書店、青山夏野名義）がある。

ファストファッション クローゼットの中の憂鬱

2014年5月20日 初版第1刷発行
2021年6月10日 第7刷発行

著 者＝エリザベス・L・クライン
訳 者＝鈴木素子
発行者＝神田 明
発行所＝株式会社 春秋社
〒101-0021 東京都千代田区外神田2-18-6
電話 (03)3255-9611（営業）・(03)3255-9614（編集）
振替 00180-6-24861
https://www.shunjusha.co.jp/
印刷所＝萩原印刷 株式会社
装 丁＝小口翔平＋西垂水 敦（tobufune）

ISBN 978-4-393-33332-7 C0036
定価はカバー等に表示してあります

E・L・クライン／加藤輝美訳

シンプルなクローゼットが地球を救う

ファッション革命実践ガイド

リセールや修理のコツから、環境改善運動の方法まで。衣類の大量生産・大量廃棄の現状を告発した『ファストファッション』の著者が贈る、あなたと地球を輝かせるガイド。　1980円

J・ブルーダー／鈴木素子訳

ノマド　漂流する高齢労働者たち

一見、キャンピングカー好きの気楽なリタイア族。その実、車上生活しながら過酷な労働現場を渡り歩く人々がいる。ジャーナリストが数百人に取材、老後なき現代社会をルポ。　2640円

C・G・アルヴァイ／長谷川圭訳

オーガニックラベルの裏側

21世紀食品産業の真実

環境と人に優しいと謳いつつ大量生産・廃棄されるオーガニック食品の実態をルポ。共食いする鶏。ゴミ箱行きの不揃いの野菜……。食を私達の手に取戻す方法とは？　2420円

山田利明＋河本英夫＋稲垣諭編著

エコロジーをデザインする

エコ・フィロソフィの挑戦

現実の手がかりとして我々に働きかける力を持つ「デザイン」の視点から人工的里山〜ゴミ処理問題、水資源〜環境ビジネスを考える。環境・身体・思考を繋ぎ設計する新しい哲学。　3080円

K・M・フリーズ＋K・クラフト＋G・P・ナバーン／田内しょうこ訳

トウガラシの叫び　〈食の危機〉最前線をゆく

温暖化、洪水、大干ばつ。気候変動は私たちの食にどんな影響を及ぼしているのか？　太古の気候変動を生きのび、世界に広がったトウガラシを「レンズ」に、地球の今をかいまみる。　2530円

▼価格は税込（10％）。